高等职业院校教学改革创新示范教材·软件开发系列

Access 2010数据库应用
任务驱动教程

陈承欢　赵志茹　肖素华　编著

电子工业出版社

Publishing House of Electronics Industry

北京·BEIJING

内 容 简 介

本书以真实工作任务为载体组织教学内容，在真实工作环境中探索数据库的创建与设计。按照如下顺序传授知识与训练技能：体验数据库应用与试用Access 2010→创建与保护Access数据库→创建与编辑Access数据表→维护与使用Access数据表→创建与使用Access查询→应用SQL语句操作Access数据表→创建与使用Access报表→创建与使用Access窗体→分析与设计Access数据库。在讲解数据库知识和训练操作技能的过程中，遵循学生的认知规律和技能形成规律，有效提高学生的学习效率。

本书采用"项目导向、任务驱动"教学方法讲解知识与训练技能，体现了"做中学、学以致用"的教学理念，融"教、学、做"于一体，适用于理论、实践一体化教学。每个教学单元面向课堂教学全过程设置合理的教学环节：教学导航→知识导读→操作实战→疑难解析→同步训练→单元小结→单元习题，将讲解知识、训练技能、提高能力有机结合。

本书适应面非常广，既可以作为计算机类专业学习数据库技术的入门教材，也可以作为非计算机类专业开设数据库应用课程的教材，还可以作为计算机培训教材以及自学教材。

图书在版编目（CIP）数据

Access 2010 数据库应用任务驱动教程/陈承欢，赵志茹，肖素华编著. —北京：电子工业出版社，2016.8
ISBN 978-7-121-29627-7

Ⅰ. ①A… Ⅱ. ①陈… ②赵… ③肖… Ⅲ. ①关系数据库系统－高等学校－教材 Ⅳ. ①TP311.138

中国版本图书馆CIP数据核字（2016）第183326号

策划编辑：程超群
责任编辑：程超群 文字编辑：薛华强
印　　刷：三河市双峰印刷装订有限公司
装　　订：三河市双峰印刷装订有限公司
出版发行：电子工业出版社
　　　　　北京市海淀区万寿路 173 信箱　邮编 100036
开　　本：787×1 092　1/16　印张：17.25　字数：442 千字
版　　次：2016 年 8 月第 1 版
印　　次：2016 年 8 月第 1 次印刷
印　　数：3 000 册　定价：39.00 元

PREFACE 前言

  数据库技术是目前计算机领域发展最快、应用最广泛的技术之一，数据库技术的应用已遍及各行各业，如银行业务系统、火车票订票系统、电子商务系统、超市进销存系统、学校的教务管理系统、图书馆的图书管理系统、ERP 系统等，这些系统都是数据库应用的具体实例，这些系统所处理的数据都存储在数据库中。

  Access 2010 是一种关系数据库管理系统，其操作简便、易于学习，并且功能强大，使用 Access 可以轻松地开发出中、小型关系数据库应用系统。

  俗话说"授人以鱼，不如授之以渔"，课程教学的主要任务固然是传授知识、训练技能，但更重要的是要教会学生怎样学，掌握科学的学习方法。科学的学习方法将会给学生带来事半功倍的效率和优秀的成绩，还能启迪智慧，激发潜能。

  本书具有以下特色和创新。

  （1）定位准确、适应面广。Access 数据库通常用作信息系统或动态网站的后台数据库，其主要功能是存储和管理数据，而使用 Access 开发应用系统不常见。本书的定位是将 Access 数据库作为信息系统或动态网站的后台数据库，而不是将 Access 作为简单应用系统开发工具，所以本书的核心内容是数据表的浏览、创建、修改与设计，而不会过多介绍宏、模块和 VBA 等程序开发方面的内容，查询和报表也将重点讲解，窗体只进行一般了解。学习查询主要是为熟练掌握 SQL 语句奠定基础，学习报表是为了让学生对数据表中数据的输出有一定了解，为后续课程学习报表的设计奠定基础，介绍窗体主要是对窗体、控件等有初步了解，为学习界面设计奠定基础。

  （2）合理编排单元顺序，提高学习效率。《Access 2010 数据库应用》虽作为学习数据库技术的入门课程，但对学生而言，在其初学阶段可能没有任何数据库方面的基础。而本书大胆打破常规，创新单元的编排顺序，按照如下顺序传授知识与训练技能：体验数据库应用与试用 Access 2010→创建与保护 Access 数据库→创建与编辑 Access 数据表→维护与使用 Access 数据表→创建与使用 Access 查询→应用 SQL 语句操作 Access 数据表→创建与使用 Access 报表→创建与使用 Access 窗体→分析与设计 Access 数据库。在讲解数据库知识和训练操作技能的过程中，遵循学生的认知规律和技能形成规律，由易到难，由浅入深，由具体到抽象，由已知的知识解决未知的问题。

  （3）以真实工作任务为载体组织教学内容，在真实工作环境中探索数据库的创建与设计。

本书主要以图书管理系统中的"图书管理"数据库为教学案例，该数据库来自真实的数据库应用系统，数据表的结构信息和记录数据真实有效，数据库的创建与设计全部为真实工作环境，所建立的数据库都可以直接用作信息系统或动态网站的后台数据库。

（4）采用"项目导向、任务驱动"教学方法讲解知识与训练技能，体现了"做中学、学以致用"的教学理念，融"教、学、做"于一体，适用于理论、实践一体化教学。操作实战先提出操作任务，然后介绍操作步骤、归纳知识要点，符合由浅入深、由易到难的认知规律。

（5）面向课堂教学全过程设置教学环节，将讲解知识、训练技能、提高能力有机结合。每个教学单元设置了合理完整的教学环节：教学导航→知识导读→操作实战→疑难解析→同步训练→单元小结→单元习题。从传统的"以教师的教为主体"的观念转变为"以学生为中心，以学生的学、练、思为教学主体"，在教学的每一个环节充分考虑学生的知识现状、能力现状和认知能力，力求每一堂课都让全体学生受益。

（6）突出知识重点，激发学习兴趣。由于课时有限，教学内容应精心安排，不面面俱到，教学过程中把握知识重点，如果整节课时满堂灌，学生得到的反而少，而有重点地讲，学生反而记住的内容多，学会的技能也多。

只有激发了学生的学习兴趣，学生才会主动学习，最好的学习动机是学生对所学知识本身有内在的兴趣。本书合理设计课堂教学内容和训练内容，让学生有成功的喜悦，让学生体会学习的乐趣，在轻松、愉快的环境中增长知识、提高技能，引导学生主动学习、快乐学习。

（7）强调动手动脑，倡导学以致用。按照建构主义的学习理论，学生作为学习的主体在与客观环境的交互过程中构建自己的知识结构，教师应引导学生在数据库、数据表、查询、报表、窗体的创建、修改等操作过程中认识知识本身存在的规律，让感性认识升华到理性思维，只有这样，学生才能举一反三。数据库、数据表、查询等对象只有动手操作才能掌握其创建的方法，不是听会的，也不是看会的。确认是否学会某一种技能最好的方法就是：使用这种技能去实际地解决某个问题，如果可以顺利地解决，那么这项技能就具备了。教学过程中不能只列举一大堆知识点，而知识的应用却交给学生自己完成，应让学生知道所学的知识在实际工作中如何运用，并且能够灵活运用相关的知识。本书强调课堂教学让学生多动手、动脑，更多地上机实践。

本书由陈承欢、赵志茹、肖素华老师编著，包头轻工职业技术学院的张尼奇、湖南铁道职业技术学院的朱彬彬、王姿、颜珍平、林保康、王欢燕、张丹、颜谦和、谢树新、吴献文、冯向科、宁云智、张丽芳等老师参与了教学案例的设计与部分教学单元的编写工作。

由于编者水平有限，教材中的疏漏之处敬请专家与读者批评指正，编者的 QQ 为1574819688，本书免费提供电子教案、PPT 等相关教学资源。

编　者
2016 年 6 月

CONTENTS 目录

体验数据库应用与试用 Access 2010

　　如今，各行各业都在使用信息系统管理数据与处理数据。图书馆使用图书管理信息系统管理图书数据，完成借书还书过程；学校的教务部门使用教务管理信息系统管理学生数据，录入学生成绩；超市使用 POS 信息系统管理商品数据和收银。这些信息系统虽然使用场合不同，但他们有一个共同的特点——都是使用数据库存储数据。在此，我们将信息系统称之为数据库应用系统。

　　Access 数据库是一种桌面型关系数据库，主要用于各种中小型的管理信息系统中。Access 除了能够作为信息系统的后台数据库之外，本身也是数据库开发工具。Access 以其快速、方便、系统资源占用低、数据交换方便等优点，经常用作小型信息系统的后台数据库。在 Access 中，数据浏览是查看数据、验证操作结果的重要手段，可以根据自己的需要，调整数据表的显示方式，形成个性化的数据浏览方式。同时，Access 还提供了一些数据库及其对象的操作功能，以方便管理数据库对象。

教学目标	（1）了解 Access 2010 的基本特点和基本对象
	（2）了解数据库的基本应用并初识数据库
	（3）学会启动与关闭 Access 2010
	（4）熟悉 Access 2010 窗口的组成和布局
	（5）熟悉 Access 2010 的功能区及其主要操作
	（6）熟悉 Access 2010 的导航窗格及其主要操作
	（7）掌握在导航窗格中显示或隐藏对象的方法
教学方法	任务驱动法、分组讨论法、理论实践一体化、探究学习法
课时建议	6 课时

1. Access 2010 的基本特点

　　Microsoft Access 2010 非常简单易用。通过新增加的 Web 数据库，它可以增强运用数据的能力，从而可以更轻松地跟踪、报告以及与他人共享数据。

　　（1）入门比以往更快速更轻松。利用 Access 2010 中的社区功能，以他人创建的数据库模板为基础开展工作，并共享用户自己的设计。使用 Office Online 上提供的专为经常请求的任务设计的新预建数据库模板，或从社区提交的模板中选择一些数据库模板并对其进行自定义，从而满足用户的具体需求。

（2）为用户的数据创建一个集中化的录入平台。利用多重数据连接以及从其他来源链接或导入的信息来集成用户的 Access 报表。使用改进的条件格式和计算工具，用户可以创建内容丰富且具有视觉影响力的动态报表。现在，Access 2010 报表支持数据条，从而使受众可以更轻松地跟踪趋势和深入了解情况。

（3）几乎可以从任何地方访问用户的应用程序、数据或表格。将用户的数据库扩展到 Web，这样没有 Access 客户端的用户就可以通过浏览器打开 Web 表格和报表，而所做更改会自动进行同步。也可以脱机处理 Web 数据库，更改设计和数据，然后在重新联网时将所做更改同步到 Microsoft SharePoint Server 2010。通过 Access 2010 和 SharePoint Server 2010，可以集中保护用户的数据以满足数据合规、备份和审核要求，从而使用户可以更容易地访问和管理自己的数据。

（4）在用户的 Access 数据库中应用专业设计。利用熟悉且具有吸引力的 Office 主题，并通过高保真的 Access 客户端和 Web 将其应用到用户的数据库中。从各种主题中进行选择，或者设计用户自己的主题，以制作出美观的表格和报表。

（5）使用拖放功能将导航添加到用户的数据库中。创建外观专业、类似 Web 的导航表格，从而不用编写任何代码或逻辑，即可更容易地访问用户经常使用的表格或报表。可以使用多层水平选项卡来显示带有大量 Access 表格或报表的应用程序。只须拖放表格或报表即可进行显示。

（6）更快速更轻松地完成用户的工作。Access 2010 简化了用户查找和使用功能的方式。新的 Microsoft Office Backstage 视图替代了传统的"文件"菜单，从而只需鼠标单击几下即可发布、备份和管理用户的数据库。并且，通过改进的功能区，用户可以通过自定义选项卡或创建用户自己的选项卡来更快速地访问最常用的命令，从而个性化定义用户的工作方式体验。

（7）使用智能感知轻松编写用户的表达式。使用简化的表达式生成器，用户可以在自己的数据库中更快速更轻松地编写逻辑和表达式。使用智能感知-快速信息、工具提示和自动完成，用户可以减少错误、用更少的时间来记住表达式名称和语法，并用更多的时间重点关注编写应用程序逻辑。

（8）比以往更快速地设计用户的宏。Access 2010 具有一个改进的宏设计器，使用该设计器可以更轻松地创建、编辑和自动化数据库逻辑。使用这个宏设计器，用户可以更高效地工作、减少编码错误，并轻松地整合更复杂的逻辑以创建功能强大的应用程序。通过使用数据宏将逻辑附加到用户的数据中来增加代码的可维护性，从而实现源表逻辑的集中化。使用功能更强大的宏设计器和数据宏，用户可以将自动化扩展到 Access 客户端以外的 SharePoint Web 数据库和可更新用户的表格的其他应用程序。

（9）将用户数据库的若干部分转变为可重复使用的模板。在用户的数据库中重复使用其他用户创建的数据库部分可以节省时间和精力。现在，用户可以将经常使用的 Access 对象、字段或字段集合保存为模板，并将这些模板添加到用户现有的数据库中，从而使用户能够更加高效地工作。应用程序部分可以在用户公司中共享，从而在创建数据库应用程序方面保持一致性。

（10）将用户的 Access 数据与实时 Web 内容集成。现在，用户可以通过 Web 服务协议连接到数据源。可以通过业务连接服务（Business Connectivity Services），在用户创建的数据库中包括 Web 服务和业务应用程序数据。并且通过新的 Web 浏览器控件，用户可以在自己的 Access 表格中集成 Web 2.0 内容。

2．Access 2010 的基本对象

Access 2010 中的基本对象有数据表、查询、报表、窗体、宏和模块。其中数据表、查询、报表、窗体 4 个对象将在本书以后的各单元予以介绍，宏和模块不是本书的重点内容，只在本单元进行简单说明。

（1）数据表（Table）。数据表是 Access 数据库的核心对象，主要用于存储数据，是创建其他 5 种对象的基础。

Access 中数据表与 Excel 中的工作表一样，是以行、列来显示数据记录，是同一类数据的集合体。表由记录组成，记录由字段组成，是 Access 数据库中存贮数据的地方，故又称数据表。一个数据库中可以包含一个或多个数据表，数据表之间可以根据需要创建关系。

为了数据的安全性和准确性，一般不建议让用户直接操作表，而是通过窗体来完成录入、删除或者修改等功能。

（2）查询（Query）。查询是指根据事先设定的限制条件从一个或多个数据表中检索出符合条件的数据，并加以整理、统计与分析。可以将查询保存，成为数据库中的"查询"对象，在实际操作过程中，就可以随时打开现有的查询浏览数据。

查询可以按索引快速查找到需要的记录，按要求筛选记录并能连接若干个表的字段组成新表。

（3）报表（Report）。报表用于将检索的数据或者原始数据以特定的版式显示或打印，报表中的数据可以来自某一个数据表或来自某个查询。在 Access 中，报表既能对数据进行分组，还支持对数据的各种统计计算，如求和、求平均值等。此外，通过格式化，可以更加个性化地设计报表，在加强数据可读性的同时，可以使得报表更加美观。

（4）窗体（Form）。窗体提供了一种便于浏览、输入及更改数据的窗口。还可以创建子窗体显示相关联表的内容。

窗体是人机交互界面，利用各种窗体控件进行搭配组合设计出一个美观的操作窗口，通过该操作窗口可以方便用户执行查询、输入、修改、删除数据源中的数据以及打印报表等操作。一方面窗体可以增加录入过程的趣味性，另一方面也保护了数据的完整性、准确性和安全性。

数据表、查询、报表与窗体等对象之间的关系如图 1-1 所示。

● 在窗体中输入的数据可以保存到数据表中。
● 数据表可以作为查询、报表和窗体等对象的数据源。
● 查询也可以作为报表和窗体等对象的数据源。

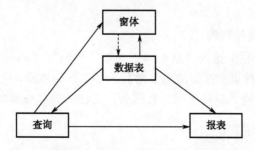

图 1-1 数据表、查询、报表和窗体之间的关系

（5）宏（Macro）。宏是一个或多个命令的集合，其中每个命令都可以实现特定的功能，通过将这些命令组合起来，可以自动完成某些经常重复或复杂的操作。按照不同的触发方式，宏又分为事件宏和条件宏等类型，事件宏当发生某一事件时执行，条件宏则是满足某一条件时执行。

Access 的大部分功能是可以通过宏的组合（即宏组）来完成的。例如，多步运行的查询，组合成一个宏，而最后只须执行一次宏即可完成所有查询，从而简化了工作。

（6）模块（Module）。模块是指由一段代码组成能完成一定功能的"程序"，其功能与宏类似，但它定义的操作比宏更精细和复杂，用户可以根据自己的需要编写程序。

Access 提供了 VBA（Visual Basic for Application）语言，可以编写程序，实现一定的功能。模块可以实现以下几种功能。① 使用自定义公式。用户可以建立自定义公式并运用到查询当中。② 自定义函数。用户可以自定义函数，赋值后被窗体其他控件命令所调用（当然，函数也可以用宏来调用）。③ 操作其他命令。如打开注册表写入注册信息、通过 Shell 函数打开一些文件或者程序等。④ 美化登录界面。如建立无边框界面等。

1.1 数据库应用体验

【任务 1-1】 体验数据库应用与初识数据库

 【任务描述】

首先我们通过京东网上商城实例体验数据库的应用，对数据库应用系统、数据库管理系统、数据库和数据表有一个直观认识。这些数据库应用涉及的相关内容如表 1-1 所示，这些数据库事先都已设计完成，然后通过应用程序对数据库中的数据进行存取操作。

表 1-1　体验京东网上商城数据库应用涉及的相关项

数据库应用系统	开 发 模 式	数 据 库	主要数据表	典 型 用 户	典 型 操 作
京东网上商城	B/S	购物数据库	商品类型、商品信息、供应商、客户、支付方式、提货方式、购物车、订单等	客户、职员	商品查询、商品选购、下订单、订单查询、用户注册、用户登录、密码修改等

 【任务实施】

1．查询商品与浏览商品列表

启动浏览器，在地址栏中输入"京东网上商城"的网址"www.jd.com"，按"Enter"键显示"京东网上商城"的首页，首页的左上角显示了京东商城的"全部商品分类"，这些商品分类数据源自后台数据库的"商品类型"数据表，其部分商品分类参考数据如表 1-2 所示。

表 1-2　商品分类参考数据

类型编号	类型名称	父类编号	显示名称	类型编号	类型名称	父类编号	显示名称
01	家电产品	0	家用电器	030302	硬盘	0303	硬盘
0101	电视机	01	电视机	030303	内存	0303	内存
0102	洗衣机	01	洗衣机	030304	主板	0303	主板
0103	空调	01	空调	030305	显示器	0303	显示器
0104	冰箱	01	冰箱	0304	外设产品	03	外设产品
02	数码产品	0	数码	030401	键盘	0304	键盘
0201	通信产品	02	通信	030402	鼠标	0304	鼠标
020151	手机	0201	手机	030403	移动硬盘	0304	移动硬盘
020152	对讲机	0201	对讲机	030404	音箱	0304	音箱
020153	固定电话	0201	固定电话	04	图书音像	0	图书音像
0202	摄影机	02	摄影机	0401	图书	04	图书
0203	摄像机	02	摄像机	0402	音像	04	音像
03	电脑产品	0	电脑	05	办公用品	0	办公用品
0301	笔记本	03	笔记本	06	服饰鞋帽	0	服饰鞋帽
0302	电脑整机	03	整机	07	食品饮料	0	食品饮料
0303	电脑配件	03	电脑配件	08	皮具箱包	0	皮具箱包
030301	CPU	0303	CPU	09	化妆洗护	0	化妆洗护

在京东网上商城的首页的"搜索"框中输入"手机",按"Enter"键,显示的部分手机信息如图 1-2 所示,这些商品信息源自后台数据库的"商品信息"数据表,其部分查询商品的参考数据如表 1-3 所示。

图 1-2　部分手机信息

表 1-3　部分查询商品的参考数据

序号	商品编码	商品名称	商品类型	价格	品牌
1	1509659	华为 P8	数码产品	2,588.00	华为
2	1157957	三星 S5	数码产品	2,358.00	三星

续表

序号	商品编码	商品名称	商品类型	价格	品牌
3	1217499	Apple iPhone 6	数码产品	4,288.00	Apple
4	1822034	HTC M9w	数码产品	2,999.00	HTC
5	1256865	中兴 V5 Max	数码产品	688.00	中兴
6	1490773	佳能 IXUS 275	数码产品	1,1920.00	佳能
7	1119116	尼康 COOLPIX S9600	数码产品	1,099.00	尼康
8	1777837	海信 LED55EC520UA	家电产品	4,599.00	海信
9	1588189	创维 50M5	家电产品	2,499.00	创维
10	1468155	长虹 50N1	家电产品	2,799.00	长虹
11	1309456	ThinkPad E450C	电脑产品	3,998.00	ThinkPad
12	1261903	惠普 G14-a003TX	电脑产品	2,999.00	惠普
13	1466274	华硕 FX50JX	电脑产品	4,799.00	华硕

在京东网上商城的首页的"全部商品分类"列表中单击【图书】超链接,切换到"图书"页面,然后在"搜索"框中输入图书作者姓名"陈承欢",按"Enter"键显示的部分图书信息如图 1-3 所示,这些图书信息源自后台数据库的"图书信息"数据表,其部分查询图书的参考数据如表 1-4 所示。

图 1-3　部分图书信息

表 1-4　部分查询图书的参考数据

序号	商品编码	商品名称	商品类型	价格	作者
1	11253419	Oracle 11g 数据库应用、设计与管理	图书	37.50	陈承欢
2	10278824	数据库应用基础实例教程	图书	29.00	陈承欢
3	11721263	数据结构分析与应用实用教程	图书	36.20	陈承欢
4	11640811	软件工程项目驱动式教程	图书	34.20	陈承欢
5	11702941	跨平台的移动 Web 开发实战	图书	47.30	陈承欢
6	11537993	实用工具软件任务驱动式教程	图书	26.10	陈承欢

续表

序号	出版社	ISBN	版次	页数	开本
1	电子工业出版社	9787121201478	1	348	16 开
2	电子工业出版社	9787121052347	1	321	16 开
3	清华大学出版社	9787302393221	1	350	16 开
4	清华大学出版社	9787302383178	1	316	16 开
5	人民邮电出版社	9787115374035	2	319	16 开
6	高等教育出版社	9787040393293	1	272	16 开

【思考】：这里查询的商品列表数据是如何从后台数据库获取的？

2．查看商品详情

京东网上商城查看商品详情有多种方式可供选择。

（1）快速浏览商品信息。在图书浏览页面的"网格"浏览状态下，鼠标指针指向图书的图片，会自动显示该图书的相关信息，如图 1-4 所示。

图 1-4　快速浏览图书相关信息

（2）切换到列表显示方式查询商品信息。在图书信息显示区域的右上角单击【列表】按钮 ▤ 列表，切换至"列表"显示方式，显示每本图书更多的信息内容。例如，《Oracle 11g 数据库应用、设计与管理》一书的详细信息如图 1-5 所示。

图1-5　通过列表显示方式查询图书详细信息

（3）切换至商品详情页面浏览商品信息。在图书浏览页面，单击图书图片或名称，切换到图书详情浏览页面，显示的图书的主要参数，如图1-6所示。

图1-6　在图书详情浏览页面下查看图书主要参数

这3种商品详情查看方式所显示的图书信息基本相同，源自于相同的数据源，即后台数据库的"图书信息"数据表。

【思考】：这里查询的商品详细数据是如何从后台数据库获取的？

3. 通过"高级搜索"方式搜索所需商品

在京东商城首页的"全部商品分类"列表中单击【图书】超链接，切换到"图书"页面，然后单击【高级搜索】超链接，打开"高级搜索"页面，在中部的"书名"输入框中输入"Oracle 11g 数据库应用、设计与管理"，在"作者"输入框中输入"陈承欢"，在"出版社"输入框中输入"电子工业出版社"，设置高级搜索的查询条件如图1-7所示。

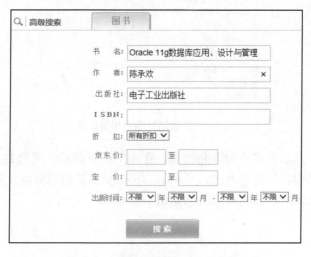

图1-7　设置高级搜索的查询条件

然后单击【搜索】按钮，高级搜索的结果如图 1-8 所示。

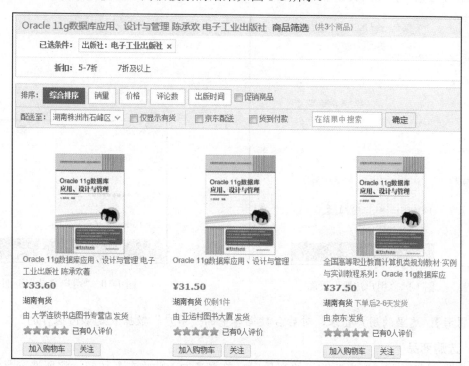

图 1-8　高级搜索的结果

这里，所看到的查询条件输入页面（图 1-7 所示）和查询结果页面（图 1-8 所示）等都属于 B/S 模式的数据库应用程序的一部分。购物网站为用户提供了友好界面，为用户搜索所需图书提供了方便。从图 1-8 可知，查询结果中包含了书名、价格、经销商等信息，该网页显示出来的这些数据到底是来自哪里呢？又是如何得到的呢？应用程序实际上只是一个数据处理者，它所处理的数据必然是从某个数据源中取得的，这个数据源就是数据库（Database，DB）。数据库好像是一个数据仓库，保存着数据库应用程序相关数据，如每本图书的 ISBN、书名、出版社、价格等，这些数据以数据表的形式存储。这里的查询结果也源自于后台数据库的图书信息数据表。

 【思考】：这里高级搜索的图书数据是如何从后台数据库获取的？

4．实现用户注册

在京东商城首页顶部单击【免费注册】超链接，打开"用户注册"页面，切换到"个人用户"选项卡，分别在"用户名"、"请设置密码"、"请确认密码"、"验证手机"、"短信验证码"和"验证码"输入框中输入合适的内容，如图 1-9 所示。

然后，单击【立即注册】按钮，显示"注册成功"页面，这样便在后台数据库的"用户"数据表中新增一条用户记录。

 【思考】：这里注册新用户在后台数据库是如何实现的？

5．实现用户登录

在京东商城首页顶部单击【请登录】超链接，打开"用户登录"页面，分别在"用户名"和"密码"输入框中输入已成功注册的用户名和密码，如图 1-10 所示。然后单击【登录】按钮，登录成功后，会在网页顶部显示用户名。

图 1-9 "用户注册"页面   图 1-10 "用户登录"页面

【思考】：这里的用户登录，对后台数据库中的"用户"数据表是如何操作的？

6．选购商品

在商品浏览页面，选中要购买的商品后，单击【加入购物车】按钮，将所选商品添加到购物车中。例如，挑选好 5 本图书，并将它们全部添加到购物车中，则可以在购物车商品列表中找到已选购的 5 本图书，如图 1-11 所示。

图 1-11　购物车商品列表中显示已购图书

【思考】：这些选购的图书信息如何从后台"图书信息"数据表中获取，又如何添加到"购物车"数据表中？

7．查看订单中所订购的商品信息

进入网上商城的"订单"页面，可以查看订单中全部订购商品的相关信息，如图 1-12 所示，并且是以规范的列表方式显示订购的商品信息。

商品编号	商品图片	商品名称	京东价	京豆数量	商品数量	库存状态
11253419		全国高等职业教育计算机类规划教材·实例与实训教程系列：Oracle 11g数据库应用、设计与管理	¥37.50	0	1	有货
11537993		实用工具软件任务驱动式教程/"十二五"职业教育国家规划教材	¥26.10	0	1	有货
11640811		软件工程项目驱动式教程/高等院校计算机任务驱动教改教材	¥34.80	0	1	有货
11702941		跨平台的移动Web开发实战（HTML5+CSS3）	¥42.30	0	1	有货
11721263		数据结构分析与应用实用教程/高等院校计算机任务驱动教改教材	¥36.20	0	1	有货

图 1-12　订购商品的相关信息

【思考】：订单中订购商品的相关信息源自哪里？

8．查看订单信息

进入网上商城的"订单"页面，可以查看订单信息，如图 1-13 所示。

订单信息	
订单编号	10182483130
支付方式	在线支付
配送方式	普通快递
下单时间	2015-09-28 07:39:22
取消时间	2015-09-28 07:43:45
取消原因	主动取消订单

图 1-13　订单信息

【思考】：这些订单信息源自于哪里？

由此可见，数据库不仅存放单个实体的信息，如商品类型、商品信息、图书、用户等，而且还存放着它们之间的联系数据，如订单中的数据。我们可以先通俗地给出一个数据库的定义，即数据库由若干个相互有联系的数据表组成，如任务 1-1 的购物管理数据库。数据表可以从不同的角度进行观察，从横向来看，表由表头和若干行组成，表中的行也称为记录，表头确定表的结构。从纵向来看，表由若干列组成，每列有唯一的列名。例如，表 1-3 所示的部分查询商品的参考数据表，包含有多列，列名分别为序号、商品编码、商品名称、商品类型、价格和品牌，列也可以称为字段或属性。每列有一定的取值范围，也称之为域。例如，商品类型这列，其取值只能是商品类型的名称，如数码产品、家电产品、电脑产品等，假设有 10 种商品类型，那么商品类型的每个取值只能是这 10 种商品类型名称之一。这里浅显地解释了与数据库有关的术语，有了数据库，即有了相互关联的若干个数据表，就可以将数据存入这些数据表中，以后数据库应用程序就能找到所需的数据了。

数据库应用程序是如何从数据库中取出所需的数据呢？数据库应用程序通过一个名为数据库管理系统（Database Management System，DBMS）的软件来取出数据的。DBMS 是一个商品化的软件，它管理着数据库，使得数据以记录的形式存放在计算机中。例如，图书馆利用 DBMS 保存藏书信息，并提供按图书名称、出版社、作者、出版日期等多种方式进行查询。网上购物系统利用 DBMS 管理商品数据、订单数据等，这些数据组成购物数据库。可见，DBMS 的主要任务是管理数据库，并负责处理用户的各种请求。例如，以我们熟悉的图书馆的图书借阅为例，在图书借阅过程中，图书管理员使用条形码读取器对所借阅的图书进行扫描时，图书管理系统将查询条件转换为 DBMS 能够接收的查询命令，将查询命令再传递给 DBMS，该命令传给 DBMS 后，DBMS 负责从借阅数据库中找到对应的图书数据，并将数据返回给图书管理系统，并在屏幕上显示出来。当图书管理员找到需要借阅的所有图书数据后，输入相关的借阅信息，并单击借阅界面中的【保存】按钮后，图书管理系统将要保存的数据转换为插入命令，该命令传给 DBMS 后，DBMS 负责执行命令，将借阅数据保存到借阅数据表中。

通过以上分析，我们对数据库应用系统和数据库管理系统的工作过程有一个初步认识，其基本工作过程如下：用户通过数据库应用系统从数据库取出数据时，首先输入所需的查询条件，应用程序将查询条件转换为查询命令，然后将该命令发给 DBMS，DBMS 根据收到的查询命令从数据库中取出数据返回给应用程序，再由应用程序以直观易懂的格式显示出查询结果。用户通过数据库应用系统向数据库存储数据时，首先在应用程序的数据输入界面输入相应的数据，所需数据输入完毕，用户向应用程序发出存储数据的命令，应用程序将该命令发送给 DBMS，DBMS 执行存储数据命令且将数据存储到数据库中。该工作过程可用图 1-14 表示。

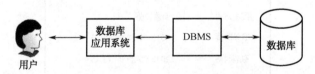

图 1-14　数据库应用系统工作过程示意图

通常一个完整的数据库系统由数据库（DB）、数据库管理系统（DBMS）、数据库应用程序、用户和硬件组成。用户与数据库应用程序交互，数据库应用程序与 DBMS 交互，DBMS 访问数据库中的数据。一个完整的数据库系统还应包括硬件，因为数据库存放在计算机的外存中，并且 DBMS、数据库应用程序等软件都需要在计算机上运行，因此，数据库系统中必然会包含硬件，但本书不涉及硬件方面的内容。

数据库系统中只有 DBMS 才能直接访问数据库，Microsoft Access 2010 最大优点是使用简便，是一种最容易上手的数据库管理系统，本书将利用 Access 2010 有效管理数据库。

1.2　Access 2010 的启动与退出

【任务 1-2】 启动与退出 Access 2010

Access 2010 的启动与退出方法有很多种，这里只介绍常用方法。

【任务描述】

（1）从 Windows 操作系统的【开始】菜单启动 Access 2010。

（2）在 Access 2010 窗口中退出 Access 2010。

【任务实施】

（1）启动 Access 2010。单击 Windows 操作界面左下方的【开始】按钮，然后依次选择【程序】→【Microsoft Office】→【Microsoft Access 2010】命令，即可启动 Access 2010。

> 提示
>
> 鼠标双击桌面上已建立的 Access 2010 的快捷图标，也可以启动 Access 2010。

（2）Access 2010 启动成功后，将出现如图 1-15 所示的首窗口。

该窗口主要包括【文件】等 5 个选项卡、快速访问工具栏、标题栏、创建空白数据库按钮、各种可用模板类型和最近曾打开的数据库列表。该窗口内可以实现创建新的数据库、打开现有数据库等操作。

图 1-15　Access 2010 启动成功后的首窗口

（3）退出 Access 2010。选择菜单【文件】→【退出】命令，即可退出 Access 2010。

> **提示**
>
> 单击 Access 2010 标题栏右边的【关闭】按钮 ✕ 或双击主窗口左上角标题栏中的 Access 图标 A，都可以退出 Access 2010。在退出 Access 2010 时，如果还有文档未被保存，将弹出保存文档的提示对话框。

1.3 Access 2010 窗口的组成与布局

Access 2010 提供了新的用户界面（UI），该界面用一种单一机制取代了 Access 早期版本中的菜单、工具栏、大部分任务窗格和数据库窗口，这种机制非常简单，并且使命令更易于查找。

Access 2010 中的新用户界面由多个元素构成，选择这些新元素不仅能帮助用户熟练运用 Access，还有助于更快速地查找所需命令。这项新设计还使用户能够轻松发现以不同方式隐藏在工具栏和菜单后的各项功能。

【任务 1-3】 熟悉 Access 2010 的窗口组成与布局

【任务描述】

（1）熟悉 Access 2010 主窗口中主要的界面元素及其布局。

（2）认识 Access 2010 的功能区、快速访问工具栏、上下文命令选项卡、选项卡式文档的基本结构、主要功能和常用操作。

【任务实施】

Access 2010 中主要的界面元素如图 1-16 所示。

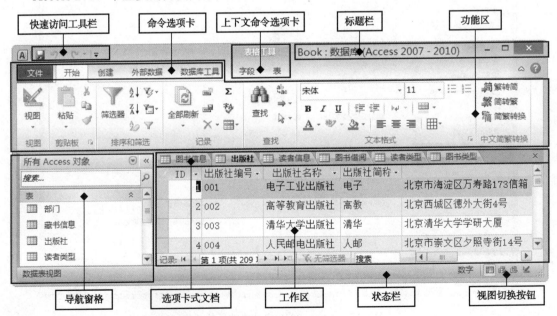

图 1-16　Access 2010 主窗口的界面元素及布局

1．快速访问工具栏

默认情况下，快速访问工具栏位于窗口标题栏的左侧。

（1）快速访问工具栏的基本组成。快速访问工具栏集成了多个经常使用的命令，默认状态下会在快速访问工具栏中显示"保存"、"撤销"和"恢复"等命令。也可以改变工具栏的位置，并将其从默认的小尺寸更改为大尺寸。

快速访问工具栏是一个可自定义的工具栏，它包含一组独立于当前所显示功能区的命令，可以向快速访问工具栏中添加命令按钮。

（2）向快速访问工具栏添加所需的命令。单击工具栏最右侧的下拉箭头 打开下拉菜单，可看到其包含的命令，如图 1-17 所示，然后单击菜单项【其他命令】，打开如图 1-18 示的【Access 选项】对话框，在该对话框中选择要添加的一个或多个命令，然后单击【添加】按钮，添加命令完成后单击【确定】按钮即可。

图 1-17　快速访问工具栏
包含的命令

图 1-18　【Access 选项】对话框

若要删除命令，在右侧的列表中单击该命令，然后单击【删除】按钮。或者，在右侧的列表中双击该命令，删除命令完成后单击【确定】按钮即可。

（3）改变快速访问工具栏的位置。默认情况下，快速访问工具栏位于 Access 窗口的顶部，利用它可以快速访问频繁使用的工具。快速访问工具栏可以位于以下两个位置之一：功能区的上方和下方，默认位置位于功能区的上方，如图 1-16 所示。

如果需要将快速访问工具栏移动到功能区的下方，单击快速访问工具栏右侧的按钮 打开下拉菜单，单击菜单项【在功能区下方显示】即可。如果要重新移动到功能区的上方，采用类似的方法可以实现。

2．功能区

Access 2010 窗口中最突出的界面元素称为功能区，位于标题栏的下方，其中包含多个围绕特定方案或对象进行处理的选项卡，在每个选项卡中包含多个命令组，每个命令执行特定的功能。功能区为命令提供了一个集中区域，是菜单和工具栏的主要替代工具。功能区中集成多个选项卡，各选项卡以直观的方式将命令组合在一起。在 Access 2010 中，主要的功能区选项卡包括【文件】、【开始】、【创建】、【外部数据】和【数据库工具】，如图 1-19 所示，每个选项卡都包含多组相关命令。打开数据库时，功能区显示在 Access 2010 主窗口的顶部，它在此处显示了活动命令选项卡中的命令。

图 1-19　Access 2010 的功能区

3．Backstage 视图

Backstage 视图是功能区的【文件】选项卡上显示的命令集合，它是 Access 2010 中的新功能。它包含应用于整个数据库的命令和信息，例如【压缩和修复数据库】、【用密码进行加密】等命令，以及早期版本中【文件】菜单的命令。单击主窗口中的【文件】选项卡，即可看到 Backstage 视图，如图 1-20 所示。

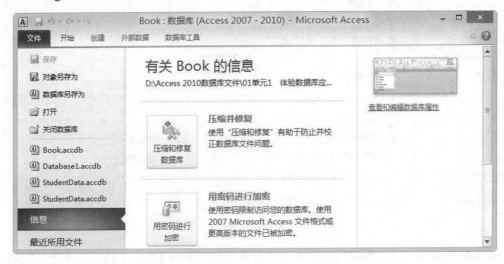

图 1-20　Access 2010 的 Backstage 视图

4．命令选项卡

默认状态下，功能区会显示 5 个常用的选项卡：【文件】、【开始】、【创建】、【外部数据】和【数据库工具】，选项卡将命令集成在一起。切换到不同的选项卡，将显现相对应的命令选项。默认情况下，显示【开始】选项卡对应的选项组。

5．上下文命令选项卡

有一种特殊的选项卡，会根据上下文（即进行操作的对象或正在执行的任务）显示不同命令选项卡，这种选项卡称为上下文命令选项卡，这些选项卡平时不显示，只在进行某项操作时才出现。例如，打开数据表，显示记录时，会相应地出现"表格工具"。其中，"表格工具"包括【字段】选项卡和【表】选项卡，如图 1-21 所示。

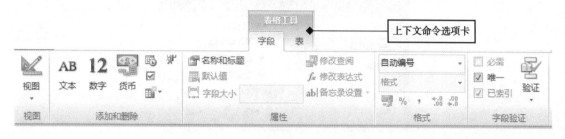

图 1-21　Access 2010 的上下文命令选项卡

6．导航窗格

打开一个数据库后，就可以看到导航窗格，它位于主窗口左侧的区域，该区域显示了数据库对象。导航窗格取代了早期版本 Access 中的数据库窗口。导航窗格有折叠和展开两种状态。在展开状态下，单击导航窗格右上角的 « 按钮，可以折叠导航窗格；在折叠状态下，单击导航窗格上部的 » 按钮，可以展开导航窗格。

7．状态栏与视图切换按钮

与早期版本 Access 一样，在 Office Access 2010 中也会在窗口底部显示状态栏，状态栏位于程序窗口底部的条形区域，用于显示状态信息、属性提示、进度指示或操作提示等。在状态栏的右侧还包括可用于切换视图的按钮，如图 1-22 所示，从左至右依次为"数据表视图"、"数据透视表视图"、"数据透视图视图"和"设计视图"按钮。

图 1-22　可用于切换视图的按钮

另外状态栏右下角还可以实现窗口的缩放功能。

8．选项卡式文档

表、查询、窗体、报表和宏均显示为选项卡式文档。

启动 Access 2010 后，可以用选项卡式文档代替重叠窗口来显示数据库对象，如图 1-23 所示。通过设置 Access 选项可以启用或禁用选项卡式文档。不过，如果要更改选项卡式文档设置，则必须先关闭然后重新打开数据库，新设置才能生效。

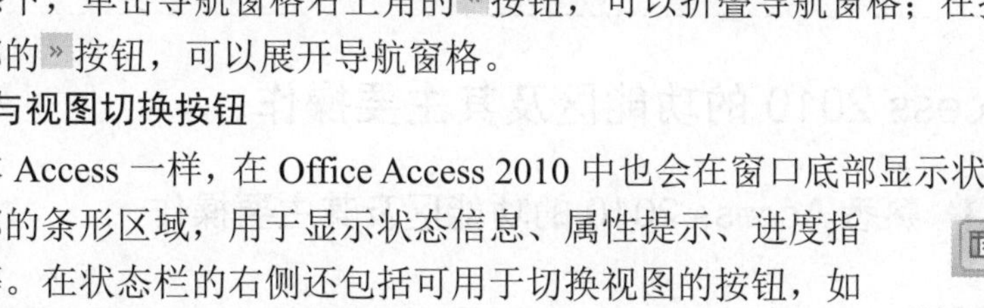

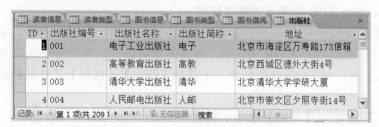

图 1-23　选项卡式文档

显示或隐藏文档选项卡的方法如下。

在【文件】下拉菜单选择【选项】命令，打开【Access 选项】对话框。在该对话框的左侧窗格中，选择【当前数据库】菜单项，在"应用程序选项"区域的"文档窗口选项"下，单击"选项卡式文档"单选按钮。若要显示文档选项卡，则选中"显示文档选项卡"复选框（若要隐藏文档选项卡，则清除复选框后，文档选项卡将关闭），最后单击【确定】按钮，如图 1-24 所示。

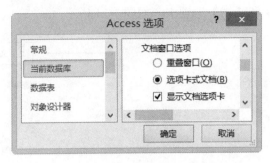

图1-24　显示或隐藏文档选项卡

注意

"显示文档选项卡"设置是针对单个数据库的，必须为每个数据库单独设置此选项。更改"显示文档选项卡"设置之后，必须关闭然后重新打开数据库，更改才能生效。

1.4　Access 2010 的功能区及其主要操作

【任务 1-4】熟悉 Access 2010 的功能区及其主要操作

【任务描述】

（1）熟悉 Access 2010 功能区的基本组成。

（2）学会隐藏和显示功能区。

（3）使功能区始终处于最小化状态。

【任务实施】

在 Access 2010 中，为了便于浏览，功能区包含若干个围绕特定方案或对象进行组织的选项卡，选项卡是面向任务进行设计的。而且，每个选项卡的控件又细化为几个组，每个选项卡上的组都将一个任务细分成多个子任务。

1. 认识 Access 2010 功能区的基本组成

功能区用于快速找到完成某一任务所需的命令，由包含一系列命令的选项卡组成，每个命令选项卡都与一种类型的活动相关。为了使屏幕更有条理，某些命令选项卡只在需要时才显示。在 Access 2010 中，主要的命令选项卡包括【开始】、【创建】、【外部数据】和【数据库工具】。

（1）【开始】选项卡。【开始】选项卡包括 "视图"、"剪贴板"、"排序和筛选"、"记录"、"查找"、"文本格式" 和 "中文简繁转换" 等组，如图 1-25 所示。当打开不同的数据库对象时，这些组显示有所不同。每个组中的选项都有两种状态，即可用和禁止。可用状态时，图标和字体是黑色的；禁止状态时，图标和字体是灰色的。并且当对象处于不同视图时，组的状态是不同的。当没有打开数据表之前，选项卡上大部分按钮都是灰色的，即禁用状态。

图 1-25　【开始】选项卡

（2）【创建】选项卡。【创建】选项卡包括"模板"、"表格"、"查询"、"窗体"、"报表"、"宏与代码"6 个组，如图 1-26 所示，这些组的命令可用于创建不同的对象。

图 1-26　【创建】选项卡

（3）【外部数据】选项卡。【外部数据】选项卡包括"导入并链接"、"导出"与"收集数据"3 个组，如图 1-27 所示，该选项卡主要实现对内部和外部数据交换的管理及操作。

图 1-27　【外部数据】选项卡

（4）【数据库工具】选项卡。【数据库工具】选项卡包括"工具"、"宏"、"关系"、"分析"、"移动数据"与"加载项"6 个组，如图 1-28 所示，这是 Access 2010 提供的一个管理数据库后台的工具。

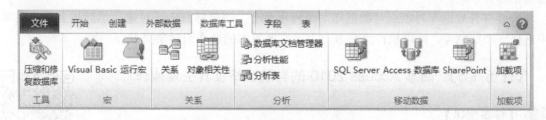

图 1-28　【数据库工具】选项卡

2．隐藏和显示功能区

功能区可以进行折叠，只保留一个包含命令选项卡的条形，以增大屏幕上可用的空间。

若要隐藏功能区，则鼠标左键双击活动的命令选项卡（突出显示的选项卡即为活动选项卡），如图 1-29 所示。鼠标左键双击活动的命令选项卡之后，功能区被隐藏，如图 1-30 所示。此时功能区处于最小化状态。鼠标右击命令选项卡，打开快捷菜单，发现菜单项【功能区最小化】处于选中状态，如图 1-31 所示。

若要再次打开功能区，再次鼠标左键双击或单击任一个命令选项卡，如图 1-32 所示，此时功能区恢复为正常状态。

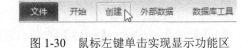

图 1-29　鼠标左键双击实现隐藏功能区　　　　图 1-30　鼠标左键单击实现显示功能区

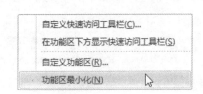

图 1-31　【功能区最小化】菜单项被选中　　　图 1-32　【功能区最小化】菜单项取消选中

隐藏和显示功能区还可以通过按"Ctrl+F1"组合键来隐藏或显示功能区。

3．使功能区始终处于最小化状态

鼠标右击功能区的选项卡，打开如图 1-32 所示的快捷菜单，单击菜单项【功能区最小化】，该菜单项被选中，功能区处于最小化状态。

1.5　Access 2010 的导航窗格

在打开数据库或创建新数据库时，数据库对象的名称将显示在导航窗格中。数据库对象包括表、查询、窗体、报表、宏和模块。导航窗格取代了早期版本的 Access 中所用的数据库窗口（如果在以前版本中使用数据库窗口执行任务，那么现在可以在 Office Access 2010 中使用导航窗格来执行同样的任务）。例如，如果要在数据表视图中向表中添加行，则可以从导航窗格中打开该表。

若要打开数据库对象或对数据库对象应用命令，则鼠标右击该对象，然后从上下文菜单中选择一个菜单项，即可执行该命令。上下文菜单中的命令因对象类型而不同。

【任务 1-5】 熟悉 Access 2010 的导航窗格及其主要操作

【任务描述】

（1）认识 Access 2010 导航窗格的基本组成。

（2）认识导航窗格中对象的组。

（3）隐藏或显示导航窗格。

（4）设置导航窗格中对象的查看方式。

（5）设置导航窗格的导航选项。

（6）显示和关闭导航窗格。

（7）显示或隐藏组和对象。

（8）查看和设置数据库对象的属性。

（9）使用导航窗格管理数据库对象。

【任务实施】

1. 认识 Access 2010 导航窗格的基本组成

导航窗格如图 1-33 所示。

（1）图 1-33 的位置 1 处表示导航窗格的"菜单"，用于设置或更改该窗格对数据库对象组所依据的类别。单击该菜单将会打开下拉子菜单，如图 1-34 所示，可以查看正在使用的类别。

图 1-33　导航窗格

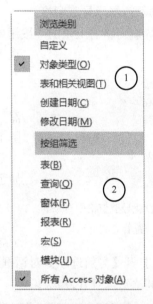

图 1-34　导航窗格的菜单

鼠标右击该菜单将会打开快捷菜单，如图 1-35 所示，可以执行其他任务，如打开"导航选项"对话框，显示"搜索栏"等。

（2）图 1-33 的位置 2 处表示"百叶窗开/关"按钮，用于展开或折叠导航窗格。该按钮不会全部隐藏该窗格。

（3）图 1-33 的位置 3 处表示"搜索框"，用于通过输入部分或全部对象名称，在数据库中快速查找对象。

（4）图 1-33 的位置 4 处表示"组"，默认情况下，该导航窗格会将可见的组显示为多组栏。若要展开或关闭组，单击向上键或向下键。注意，更改类别时，组名会随着发生更改。

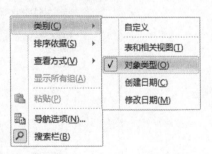

图 1-35　导航窗格的快捷菜单

（5）图 1-33 的位置 5 处表示"数据库对象"，包括数据库中的表、窗体、报表、查询以及其他对象。在给定组中出现的对象取决于父类别后的逻辑。例如，如果使用"对象类型"类别，则该窗格将为表、窗体、报表等创建单独的组。

（6）图 1-33 的位置 6 处为空白，鼠标右击"导航窗格"底部的空白，打开如图 1-35 所示的快捷菜单，可以更改类别、对窗格中的项目进行排序。

2．认识导航窗格中对象的组

默认情况下，导航窗格显示数据库中的所有对象，并且将这些对象置于不同的类别中。该窗格会将每种类别中的对象进一步划分为不同的组。在 Office Access 2010 中创建的新数据库的默认类别为"对象类型"，而且该类别中的默认组为"所有 Access 对象"。默认组名显示在导航窗格的顶部。

如果想以其他方式将导航窗格中的对象进行分组，则可以选择另一种类别。单击"导航窗格"，打开下拉菜单，菜单的上半部分包含类别；下半部分包含组。选择不同的类别时，组将发生更改。例如，如果选择"表和相关视图"类别，则 Access 将自动创建名为"所有表"的组。图 1-35 中"类别"选择了"对象类型"，"组"选择了"所有 Access 对象"。

3．隐藏或显示导航窗格

单击导航窗格右上角的《按钮或按"F11"键可以隐藏窗格。当导航窗格隐藏时，单击垂直于导航窗格的》按钮或者按"F11"键可显示导航窗格。

图 1-36　设置导航窗格中对象的
查看方式

4．设置导航窗格中对象的查看方式

鼠标右击位于导航窗格顶部的菜单，指向【查看方式】，然后单击菜单项【详细信息】或者【图标】或者【列表】，如图 1-36 所示。

另外，通过鼠标右击导航窗格底部的空白区域，也可以显示【查看方式】菜单。

5．设置导航窗格的导航选项

可以设置和更改导航窗格的多个导航选项。鼠标右击位于导航窗格顶部的菜单，然后在快捷菜单中单击菜单项【导航选项】，打开【导航选项】对话框，如图 1-37 所示。在该对话框中设置"分组选项"、"显示选项"和"对象打开方式"。

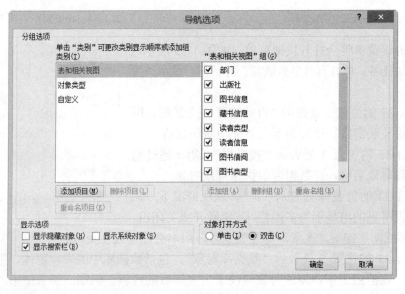

图 1-37　【导航选项】对话框

（1）设置组选项。在"分组选项"区域，"类别"列表框中选择"表和相关视图"，右侧列表框则会显示相应的表及视图，如图 1-37 所示。在【导航选项】对话框中切换到"对象类型"类别，如图 1-38 所示。

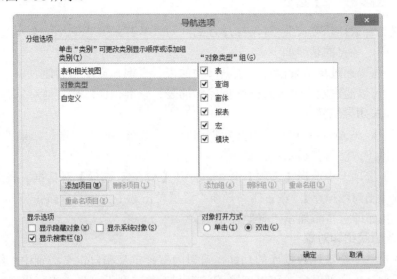

图 1-38　【导航选项】对话框中切换到"对象类型"类别

在【导航选项】对话框中切换到"自定义"类别，如图 1-39 所示。

（2）设置"显示选项"。"显示选项"包括"显示隐藏对象"、"显示系统对象"和"显示搜索栏"三项，各自的功能和默认状态如下。

① 显示隐藏对象：在导航窗格中显示隐藏的数据库对象。默认情况下，该复选框处于未选中状态。

② 显示系统对象：在导航窗格中显示系统表和其他系统对象。默认情况下，该复选框处于未选中状态。

③ 显示搜索栏：在导航窗格中显示"搜索栏"。默认情况下，该复选框处于未选中状态。

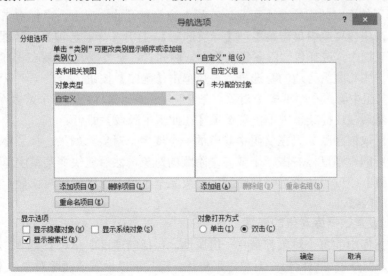

图 1-39　【导航选项】对话框中切换到"自定义"类别

！注意

默认情况下，某些系统对象在 Access 中处于隐藏状态。要显示所有系统对象，还必须启用【显示隐藏对象】选项。

（3）设置"对象打开方式"。对象打开方式分为"单击"和"双击"，默认状态下"双击"单选按钮被选中，各自的功能如下。

① 单击：可以通过单击鼠标打开数据库中的表、查询、窗体和其他对象。

② 双击：可以通过双击鼠标打开数据库中的表、查询、窗体和其他对象。

6．显示和关闭导航窗格

默认情况下，在 Access 2010 中打开数据库时，导航窗格即会出现。如果"导航窗格"被关闭，必须用以下方法将其显示：

在【文件】选项卡中选择【选项】命令，打开【Access 选项】对话框。在该对话框的左侧窗格中选中【当前数据库】，在右侧"导航"区域单击选中"显示导航窗格"复选框，最后单击【确定】按钮即可重新显示"导航窗格"。

7．显示或隐藏组和对象

隐藏组和对象不会破坏数据库的功能。可以隐藏预定义和自定义类别中的组，并且可隐藏给定组中的部分或全部对象。可以使隐藏的组和对象完全不可见，也可以在导航窗格中将它们作为半透明的禁用图标显示。通过设置或清除【导航选项】对话框中的"显示隐藏对象"选项可进行该选择。同样，需要取消隐藏或还原隐藏对象时，也必须设置此选项。

（1）将组和对象显示为半透明禁用的。在导航窗格打开的情况下，鼠标右击该窗格顶部的菜单栏，然后单击【导航选项】，在【导航选项】对话框中的"显示选项"下，选中【显示隐藏的对象】复选框，然后单击【确定】按钮。

（2）在类别中隐藏组。在导航窗格中，鼠标右击要隐藏的组的标题栏，如"查询"，然后在快捷菜单中单击菜单项【隐藏】即可。

（3）将隐藏的组还原到类别中。如果选择了将隐藏的组显示为半透明禁用的，则鼠标右击该隐藏组，如"查询"，然后在快捷菜单中单击菜单项【取消隐藏】即可。

如果选择了使隐藏的组完全不可见，在导航窗格打开的情况下，鼠标右击该窗格顶部的菜单栏，然后在快捷菜单中单击菜单项【导航选项】，打开【导航选项】对话框。在该对话框的"类别"列表框中，选择包含隐藏组的类别，例如"对象类型"，然后在"'对象类型'组"窗格中，单击选中隐藏组旁边的复选框，最后单击【确定】按钮。

（4）只在父组中隐藏一个或多个对象。在导航窗格中，鼠标右击一个或多个对象，如"出版社 查询"，然后在快捷菜单中单击菜单项【在此组中隐藏】即可。

（5）还原（取消隐藏）只在父组中隐藏的一个或多个对象。如果选择了将隐藏的对象显示为半透明禁用的，则鼠标右击一个或多个隐藏的对象，然后在快捷菜单中单击菜单项【取消在此组中隐藏】即可。如果选择使隐藏的对象完全不可见，则先将对象显示为半透明的，然后取消对象的隐藏。

8．查看和设置数据库对象的属性

Access 数据库中的每个对象都带有一组属性，包括创建日期和对象类型。Access 自动生成大部分属性，但是也可以向每个对象添加描述，而且可以设置或清除对象的【隐藏】属性。

在导航窗格中，鼠标右击想要查看或设置其属性的项，如"出版社"表，然后在快捷菜单中单击选择菜单项【表属性】，如图 1-40 所示。打开【出版社 属性】对话框，Access 将该对象的名称追加到对话框标题中，如图 1-41 所示。

图 1-40　在快捷菜单中选中"表属性"菜单项　　　图 1-41　【出版社 属性】对话框

在【出版社属性】对话框的"说明"框中输入"出版社"表的"说明"信息，即该表用于描述出版社的属性。在该属性对话框中可以单击选中【隐藏】复选框，使对象不可见。

9. 使用导航窗格管理数据库对象

（1）使用搜索框查找数据库对象。数据库可以包含大量对象（表、查询、报表、窗体等）。如果需要快速查找对象，则可以使用搜索框。在搜索框中，输入数据库对象的部分或全部名称即可实现查找。

输入搜索文本时，如输入"出版社"，导航窗格中的组列表将发生更改，如图 1-42 所示。若要停止搜索并还原所有隐藏的组，可以删除搜索文本，或单击位于搜索框右侧的【清除搜索字符串】按钮。

（2）打开数据库对象。在导航窗格中，双击想要打开的表、查询、报表或其他对象。或者将对象拖至 Access 工作区，或者将焦点置于对象上并按"Enter"键，即可打开数据库对象。

如果要在设计视图中打开数据库对象，则在导航窗格中，鼠标右击数据库对象打开快捷菜单，然后单击快捷菜单上的【设计视图】按钮即可。或者将焦点置于对象上并按"Ctrl+Enter"组合键也能在设计视图中打开数据库对象。

图 1-42　搜索"出版社"

（3）重命名数据库对象。更改数据库对象的名称时，默认情况下 Access 会尝试将所做的更改传播到其他任何相关的数据库对象。要使 Access 传播名称更改，必须启用名称自动更正。

启用名称自动更正的方法是：在【文件】选项卡选中【选项】，在【Access 选项】对话框中，单击【当前数据库】项。在"名称自动更正选项"区域，单击【跟踪名称自动更正信息】项，然后单击【确定】按钮。

重命名数据库对象的方法是：在导航窗格中，找到并鼠标右击要重命名的对象打开快捷菜单，然后单击快捷菜单中【重命名】菜单项。或者单击对象将焦点置于该对象上并按"F2"键，Access将使对象名进入可编写状态，接着输入新名称并按"Enter"键即可。

（4）删除数据库对象。删除对象可能破坏数据库的功能，由于数据库是共同工作的组件的集合。例如，某个表可以为某个窗体、报表和查询提供数据，而该查询又可以为另一个窗体和报表提供数据。如果删除该组件集中的某个对象，则可能破坏数据库的部分或全部功能。

删除数据库对象的方法是：在导航窗格中，鼠标右击要删除的对象打开快捷菜单，然后单击快捷菜单中【删除】菜单项。或者，将焦点设置在对象上，然后按"Delete"键即可删除对象。

（5）剪切、复制和粘贴数据库对象。

① 剪切对象。删除数据库对象的规则也适用于剪切对象，如果剪切不当，则可能会破坏部分或全部数据库。

如果要剪切的对象已经打开，则先将其关闭，且在导航窗格中选择要剪切的对象，然后鼠标右击要剪切的对象并在快捷菜单中单击菜单项【剪切】；或者在【开始】选项卡的"剪贴板"组中，单击【剪切】按钮；或者将焦点置于要剪切的对象上，然后按"Ctrl+X"组合键即可。

② 复制对象。如果要复制的对象已经打开，则先将其关闭，且在导航窗格中选择要复制的对象，然后鼠标右击要复制的对象并在快捷菜单中单击菜单项【复制】；或者在【开始】选项卡的"剪贴板"组中，单击【复制】按钮；或者将焦点置于要复制的对象上，然后按"Ctrl+C"组合键即可。

③ 粘贴对象。在导航窗格中，为剪切或复制的对象选择目标位置。此目标位置可以是同一导航窗格中的另一个位置或者是另一个数据库中的导航窗格中的位置。

在【开始】选项卡上的"剪贴板"组中，单击【粘贴】按钮；或者将焦点置于某个组上，然后按"Ctrl+V"组合键；或者鼠标右击导航窗格中的组，然后在快捷菜单中单击菜单项【粘贴】即可。

【问题1】：目前常用的关系数据库管理系统有哪几种？并说明各自的适用场合。

答：目前常见的关系数据库管理系统主要有：Access、Microsoft SQL Server、Oracle、Sybase、Informix、Ingres等。其中Access是微软公司的产品，是Office办公软件的组成部分，是一种小型桌面应用程序开发工具，也经常作为信息系统或动态网站的后台数据库管理工具。Microsoft SQL Server也是微软公司的产品，适用于作为动态网站和信息系统的后台数据库管理系统，是一种中型数据库管理系统。Oracle是标准SQL数据库语言的产品，是一种大型数据库管理系统，实际开发大型网站或信息系统，经常使用Oracle作为后台数据库管理系统。其他几种数据库产品都有其优势和适用场合。

【问题2】：在【文件】选项卡的"最近所用文件"列表如果未显示最近用过的文件列表，怎样才能显示最近用过的文件列表？

在【文件】选项卡中选择【选项】命令，打开【Access对话框】对话框，在该对话框中选择【客户端设置】选项，在"显示"区域的【显示此数目的"最近使用的文档"】框中键入一个数字，如"17"，如图 1-43 所示。

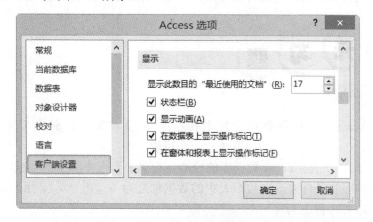

图 1-43　【Access 选项】对话框的【客户端设置】选项

【问题 3】：启动 Access 后，能否同时打开多个数据库？

在单个 Access 实例中，每次只能打开一个数据库。换句话说，在启动 Access 并打开一个数据库后，必须关闭第一个数据库，才能打开另一个数据库。但可以同时运行多个 Access 实例，每个实例都可以有一个打开的数据库，每个 Access 实例都在独立的窗口中运行。每次启动 Access 时，就会打开它的一个新实例。例如，要想同时打开两个 Access 数据库，需要启动 Access，打开第一个 Access 数据库，然后启动 Access 的新实例，打开第二个数据库。

能同时运行的 Access 实例数受可用内存的限制，可用内存取决于计算机的 RAM 大小，以及此时其他正在运行的程序所占用的内存大小。

【问题 4】：如何利用【导航选项】对话框设置"对象打开方式"为"单击"？

鼠标右击【导航窗格】标题栏，在弹出的快捷菜单中选择【导航选项】菜单项，打开如图 1-37 所示【导航选项】对话框，在该对话框中"对象打开方式"区域选中【单击】单选按钮，然后单击【确定】按钮即可。

（1）将"功能区"最小化，然后恢复原状。

（2）将导航窗格的"浏览类型"改为"表和相关视图"。

以上操作都可以利用快捷菜单的命令完成。

本单元引导读者初步体验了数据库应用系统的操作，读者对数据库应用系统处理数据的方法有了一定的了解。对数据库作为数据库应用系统的后台，如何存储与管理数据有了初步

印象。学会了 Access 2010 的启动与退出，熟悉了 Access 2010 的窗口组成与布局，功能区及其主要操作，导航窗格的功能区及其主要操作，对 Access 2010 的界面风格、使用特点有了全面的认识。

单元习题

1. 填空题

（1）一个 Access 2010 数据库文件主要包含 6 个对象，分别是（　　　　　　）、（　　　　）、（　　　　　　）、窗体、宏和模块。

（2）（　　　　　）是 Access 数据库的核心，存储了数据库的全部数据。

（3）使用一些限制条件来选取数据表中的数据称之为（　　　），用于将选定的数据以特定的版式显示或打印称之为（　　　　）。

（4）Access 2010 中对数据库对象的管理，可以通过 Access 工作窗口左侧的（　　　　）来实现。

（5）按（　　　　）键可以启动"Microsoft Office Access"的帮助系统。

2. 选择题

（1）Access 数据库中（　　）对象是其他数据库对象的基础。

A. 报表　　　　　　B. 数据表　　　　　　C. 查询　　　　　　D. 窗体

（2）在 Access 中，用户可以利用（　　），操作按照不同的方式查看、更改和分析数据，形成所谓的动态的数据集。

A. 报表　　　　　　B. 数据表　　　　　　C. 查询　　　　　　D. 窗体

（3）（　　）用于创建数据表的用户界面，是数据库与用户之间的主要接口。

A. 报表　　　　　　B. 数据表　　　　　　C. 查询　　　　　　D. 窗体

（4）如果想从数据表中打印某些数据可以使用（　　　）。

A. 报表　　　　　　B. 数据表　　　　　　C. 查询　　　　　　D. 窗体

（5）下面有关快速访问工具栏的描述错误的是（　　　）。

A. 用户可以在快速访问工具栏中添加或删除按钮

B. 快速访问工具栏可以放置在 Access 窗口的任意位置

C. 用户可以在快速访问工具栏中调整命令按钮的先后顺序

D. 在功能区中右击命令按钮，在弹出的快捷菜单中提供直接将该按钮添加到快速访问工具栏的命令

（6）下面关于使用数据库对象的说法错误是（　　　）。

A. 只要在搜索文本框中输入了文本，导航窗格中的组列表就会发生更改

B. 在导航窗格中，选中拖动对象到工作区可以打开该对象

C. 用户可以查看数据库对象的属性，但是不能更改数据库对象的属性

D. 用户可以完全隐藏数据库的对象，也可以使对象呈半透明状态

（7）下列（　　）不是 Access 主窗口的组成部分。

A. 快捷工具栏　　　B. 功能区　　　　　　C. 导航窗格　　　　　D. 任务栏

（8）下列（　　）方式可以启动 Access 2010。

A．双击桌面上的 Access 快捷方式图标

B．双击以".accdb"为扩展名的数据库文件

C．鼠标右击以".accdb"为扩展名的数据库文件，在弹出的快捷菜单中单击【打开】命令

D．以上三种方式都可以

単元 **2**

创建与保护 Access 数据库

数据库好比是一个容器，在一个数据库中通常包含多个数据表，根据数据处理的要求会创建多个查询，为了人机交互更方便，会创建窗体，并利用报表输出数据等。这些对象集合在一起，便形成了一个数据库。我们首先必须创建数据库，然后才能在其中创建数据表、查询、报表等对象。

教学目标	（1）熟练掌握在 Access 2010 中创建数据库的方法 （2）熟练掌握数据库的打开与关闭方法 （3）掌握数据库文件的格式转换方法 （4）掌握数据库的备份与还原的方法 （5）掌握创建和设置受信任位置、将数据库置于受信任位置、在受信任位置打开数据库等操作的方法 （6）掌握设置和撤销数据库访问密码的方法
教学方法	任务驱动法、分组讨论法、理论实践一体化、探究学习法
课时建议	6 课时

1．创建数据库的方法

在 Access 2010 中创建数据库有两种方法：一是使用模板创建，模板数据库可以原样使用，也可以对它们进行自定义，以便更好地满足用户需要；二是先建立一个空数据库，然后再建立数据表、查询、报表和窗体等对象。

2．压缩和修复数据库

数据库在不断增加、删除数据库对象过程中会出现碎片，压缩数据库实际上是重新组织数据库文件在磁盘上的存储方式，从而除去碎片，重新组织数据，以达到优化数据库的目的。在对数据库进行压缩之前，系统会对数据库文件进行错误检查，一旦检测到数据库损坏，会要求修复数据库。压缩和修复数据库是对数据库进行定期维护，确保数据完整性的有效措施。

压缩和修复数据库的操作方法：在【数据库工具】选项卡中单击【压缩和修复数据库】命令项，系统将会直接对当前数据库进行压缩和修复。

3．Access 2010 和 Access 2007 中新增的安全性功能

Access 提供了经过改进的安全模型，该模型有助于简化将安全性应用于数据库以及打开

已启用安全性的数据库的过程。

> ⚠ **注 意**
>
> 　　尽管这里讨论的模型和技术可以提高安全性，但可帮助保护Access数据最安全的方式是将数据表存储在服务器（如运行Windows SharePoint Services 3.0或Microsoft Office SharePoint Server 2010的计算机）上。

（1）Access 2010中安全性的新增功能，有以下2点。

① 新的加密技术：Office 2010提供了新的加密技术，该加密技术比Office 2007提供的加密技术更加强大。

② 对第三方加密产品的支持：在Access 2010中，用户可以根据自己的意愿使用第三方加密技术。

（2）Access 2007中安全性的新增功能，有以下6点。

① 具有更强的易用性。如果将数据库文件（无论使用新的Access文件格式还是早期文件格式）置于受信任位置（例如，用户指定为安全位置的文件夹或网络共享），则在打开并运行这些文件时，将不会显示警告消息或让用户启用任何禁用的内容。另外，如果在Access 2010中打开使用Access早期版本创建的数据库（例如".mdb"或".mde"文件），并且这些数据库已经过数字签名，而用户也已选择信任发布者，则不需要用户做出信任决定即可运行这些文件。但是已签名数据库中的VBA代码只有在用户信任发布者时才会运行。另外，当数字签名无效时，将不会运行该代码。如果签署者之外的人对数据库的内容进行了篡改，则签名将变为无效。

② 拥有设置安全选项的"信任中心"。"信任中心"是一个对话框，它为设置和更改Access的安全设置提供了一个集中的位置。通过"信任中心"，不仅可以创建或更改受信任位置，还可以设置Access的安全选项。这些设置会影响新数据库和现有数据库在Access实例中打开时的行为。此外，"信任中心"中包含的逻辑还可以评估数据库中的组件，并确定该数据库可以被安全地打开，还是应由"信任中心"禁用该数据库，以便让用户来决定是否要启用它。

③ 更少的警告消息。早期版本的Access强制用户处理各种警报消息，宏安全性和沙盒模式就是其中的两个例子。默认情况下，如果打开一个非信任的".accdb"文件，用户将看到一个称为【安全警告】的提示信息框，如图2-1所示。

图2-1　【安全警告】的提示信息框

当打开的数据库中包含一个或多个禁用的数据库内容（如动作查询（添加、删除或更改数据的查询）、宏、ActiveX控件、表达式（计算结果为单个值的函数）以及VBA代码时，若要信任该数据库，可以使用"安全警告"消息栏来启用这样的数据库内容。

④ 以新方式签名和分发Access数据库文件。在Access 2007之前的Access版本中，使用Visual Basic编辑器将安全证书应用于各个数据库组件。现在用户可以将数据库打包，然后签名并分发该包。

如果将数据库从签名的包中解压缩到受信任位置，则数据库将打开而不会显示消息栏。如果将数据库从签名的包中解压缩到不受信任位置，但用户信任包证书并且签名有效，则数据库将打开而不会显示消息栏。

> **注意**
>
> 当用户打包并签名不受信任或包含无效数字签名的数据库时，如果没有将它放在受信任的位置，则必须在每次打开它时使用消息栏来表示信任该数据库。

⑤ 使用更强的算法来加密那些使用数据库密码功能的".accdb"文件格式的数据库。加密数据库将打乱表中的数据，有助于防止不请自来的用户读取数据。当使用密码对数据库进行加密时，加密的数据库将使用页面级锁定，而不管用户的应用程序设置如何。但这会影响数据在共享环境中的可用性。

⑥ 禁用数据库时会运行宏操作的一个新子类。这些安全性得到增强的宏还包含错误处理功能。用户也可以将宏（甚至是包含 Access 禁用的操作的宏）直接嵌入到能在逻辑上与 VBA 代码模块或 Access 早期版本中的宏配合使用的任意窗体、报表或控件属性中。

4．Access 2010 的安全体系结构

对于以新文件格式（".accdb"和".accde"文件）创建的数据库，Access 2010 不提供用户级安全。但是，如果在 Access 2010 中打开早期版本的 Access 数据库，并且该数据库应用了用户级安全，那么这些设置仍然有效。

如果将具有用户级安全的早期版本 Access 数据库转换为新的文件格式，则 Access 将自动剔除所有安全设置，并应用保护".accdb"或".accde"文件的规则。在打开创建于 Access 2010 中的数据库时，所有用户始终可以看到所有数据库对象。

Access 数据库与 Excel 工作簿或 Word 文档相比，是具有不同意义的文件。Access 数据库是一组对象（数据表、查询、报表、窗体、宏等），这些对象通常必须相互配合才能发挥作用。例如，当用户创建数据输入窗体时，如果不将窗体中的控件绑定（链接）到数据表或查询，就无法使用该窗体输入或存储数据。

为了使数据库中的数据更加安全，每当用户打开数据库，Access 2010 和信任中心都将执行一组安全检查。此过程如下。

（1）在 Access 2010 中打开".accdb"或".accde"文件时，Access 会将数据库的位置提交到信任中心。如果该位置受信任，则数据库将以完整功能运行。如果在 Access 2010 中打开早期版本的 Access 数据库，则 Access 会将文件位置和有关文件的数字签名（如果有）的详细信息提交到信任中心。

信任中心将审核"证据"，以评估该数据库是否值得信任，然后通知 Access 如何打开数据库。Access 或者禁用数据库，或者打开具有完整功能的数据库。

（2）如果信任中心禁用数据库内容，则在打开数据库时将出现消息栏。

若要启用数据库内容，则单击"选项"菜单项，然后在出现的对话框中选择相应的选项。Access 将启用已禁用的内容，并重新打开具有完整功能的数据库。否则，禁用的组件将不工作。

（3）如果打开的数据库是以早期版本的文件格式（".mdb"或".mde"文件）创建的，并且该数据库未签名且未受信任，则默认情况下，Access 将禁用任何可执行内容。

5. 打开数据库时启用被禁用的内容

默认情况下，如果打开不信任的数据库并且没有将数据库放在受信任位置，Access 将禁用数据库中所有可执行内容。打开数据库时，Access 将禁用该内容，并显示【安全警告】消息栏。此外，与 Access 2003 不同，在默认情况下，当打开数据库时，Access 不再显示模式对话框（需要用户先做出选择，然后才能执行其他操作的对话框）。

（1）信任数据库。不管 Access 在打开数据库时的行为如何，如果数据库来自可靠的发布者，就可以选择启用文件中的可执行组件以信任数据库，操作方法如下。

在【安全警告】消息栏中，单击【启用内容】按钮，Access 将启用所有禁用的内容（包括潜在的恶意代码）。如果恶意代码损坏了数据或计算机，Access 无法弥补该损失。

（2）隐藏消息栏。单击【安全警告】消息栏右上角的【关闭】按钮，消息栏即会关闭。除非将数据库移到受信任位置，否则在下次打开数据库时仍会重新显示消息栏。

2.1 数据库的创建

创建数据库的操作结果就是在磁盘上生成一个磁盘文件。对于 Access 2000 数据库文件格式和 Access 2002-2003 数据库文件格式，该文件的扩展名为 ".mdb"；对于 Access 2007 及以上版本的数据库文件格式，该文件的扩展名为 ".accdb"。这两种数据库文件格式之间可以相互转换。

【任务 2-1】 创建空数据库

通常情况下，我们可以先创建一个空数据库，然后再在其中添加数据表、查询和报表等对象。

【任务描述】

创建一个名为 "Book2.accdb" 的空数据库。

【任务实施】

（1）启动 Access 2010，打开【Microsoft Access】主窗口。在该主窗口的左侧单击【新建】按钮，然后在中间 "可用模板" 中单击【空数据库】按钮，并在窗口右侧的 "文件名" 文本框中输入数据库名称 "Book2.accdb"，如图 2-2 所示。

（2）在图 2-2 中单击 "文件名" 右侧的【浏览文件夹】按钮，打开【文件新建数据库】对话框，找到保存新建数据库文件的文件夹，也就是本单元对应的文件夹，如图 2-3 所示。然后单击【确定】按钮，关闭该对话框，返回如图 2-2 所示界面。

（3）在图 2-2 中单击【创建】按钮，一个空白数据库 "Book2" 便创建完成，如图 2-4 所示。一个空白数据库创建完成后，接下来便可以灵活地向该数据库中添加数据表、查询、报表和窗体等数据库对象。

图 2-2　Access 2010 的主窗口

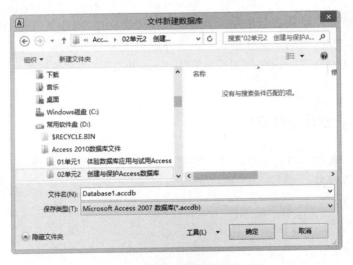

图 2-3　【文件新建数据库】对话框

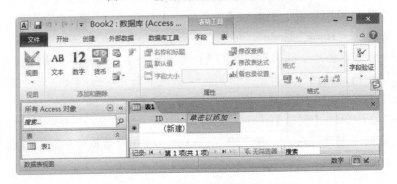

图 2-4　创建一个空白数据库"Book2"

【任务 2-2】　使用模板创建数据库

Access 2010 提供了多种模板，使用模板创建的数据库，会同时生成多个数据表、查询、报表和窗体，可以对这些数据库对象进行修改，以满足特定需要。使用模板创建数据库可以为用户提供许多参考信息。

【任务描述】

使用现有的模板，在文件夹中创建一个名称为"学生"的数据库。

【任务实施】

（1）启动 Access 2010，打开【Microsoft Access】的主窗口。

（2）在"可用模板"类别列表中选择"样本模板"选项，然后在"样本模板"类别的模板中选择"学生"模板，此时主窗口的右侧显示创建的数据库名称和保存路径，如图 2-5 所示。

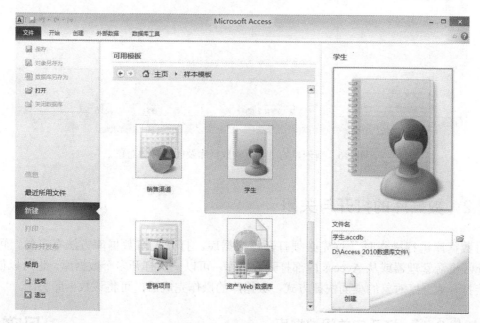

图 2-5　选择"学生"模板

（3）在图 2-5 中单击"文件名"右侧的【浏览文件夹】按钮，打开【文件新建数据库】对话框，找到保存新建数据库文件的文件夹，也就是本单元对应的文件夹，然后单击【确定】按钮，关闭该对话框。

（4）在图 2-5 所示的窗口单击【创建】按钮，此时所选择的模板应用到新创建的数据库中，一个包含多个数据表、查询、报表和窗体等对象的数据库被创建完成，如图 2-6 所示。

"学生"数据库创建完成后，可以根据实际需求进行修改、完善，一般信息系统的数据库并没有使用模板创建的数据库那么复杂，我们可以直接创建空数据库，然后自行添加数据表、查询、报表等对象，使用模板创建的数据库可以为用户创建空数据库提供参考。

图 2-6 新创建的"学生"数据库及所包含的对象

2.2 数据库的打开与关闭

对数据库进行操作时，首先必须打开该数据库。打开现有数据库方法有多种，可以从 Windows 资源管理器或从 Access 内部打开数据库。可以一次打开多个数据库，也可以创建用于直接打开数据库对象的桌面快捷方式。数据库的操作完成后，可将该数据库关闭。

【任务 2-3】 打开与关闭数据库

 【任务描述】

（1）从 Windows 资源管理器中打开现有的 Access 数据库"Book2.accdb"。

（2）使用快捷方式打开最近使用的数据库"Book2.accdb"。

（3）关闭已打开的数据库"Book2.accdb"。

（4）利用 Access 2010 的【打开】对话框打开数据库"Book2.accdb"。

 【任务实施】

1. 从 Windows 资源管理器中打开现有的 Access 数据库"Book2.accdb"

在 Windows 资源管理器中，导航到包含希望打开的 Access 数据库文件的驱动器或文件夹，双击该数据库文档"Book2.accdb"。Access 将启动，并打开该数据库，如图 2-7 所示。

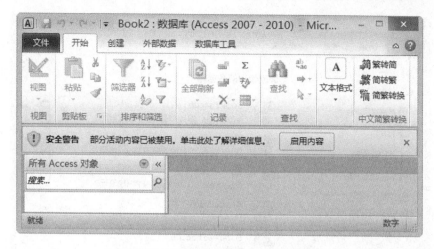

图 2-7　打开数据库"Book2.accdb"

2. 使用快捷方式打开最近使用的数据库"Book2.accdb"

使用快捷方式打开最近使用的数据库的方式有两种。

方法一：使用【文件】选项卡中的数据库列表打开数据库。

首先启动 Access 2010，单击【文件】选项卡标签，然后单击要打开的数据库"Book2.accdb"，该数据库随即打开，如图 2-8 所示。

图 2-8　利用【文件】选项卡中的数据库列表打开数据库

方法二：在主窗口"最近使用的数据库"列表中打开最近使用的数据库。

首先启动 Access 2010，在【Microsoft Access】主窗口左侧选择【最近所用文件】选项，然后在"最近使用的数据库"列表中，单击要打开的数据库"Book2.accdb"，Access 将打开该数据库，如图 2-9 所示。

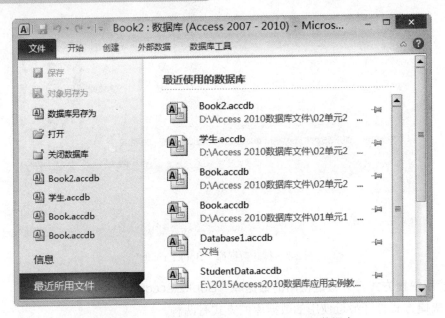

图2-9 利用"最近使用的数据库"列表打开数据库

3．关闭已打开的数据库"Book2.accdb"

数据库处于打开状态时，在【文件】选项卡中单击【关闭数据库】按钮，即可关闭已打开的数据库。

4．利用 Access 2010 的【打开】对话框打开数据库"Book2.accdb"

首先启动 Access 2010，在【文件】选项卡中单击【打开】按钮，显示【打开】对话框，在文件夹列表中，找到包含数据库的文件夹，如图 2-10 所示。

找到数据库后，执行以下操作之一。

（1）直接双击该数据库，或者先选择该数据库然后单击【打开】按钮，即可打开该数据库。使用这种方法打开的数据库允许多用户环境中进行共享访问。

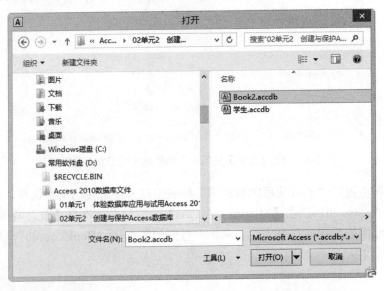

图2-10 在【打开】对话框找到待打开的数据库

（2）如果要以只读方式打开数据库，以便可以查看数据库但不可以编辑数据库，则单击【打开】按钮旁边的下拉箭头，显示其下拉菜单，如图 2-11 所示，然后在该下拉菜单中选择【以只读方式打开】菜单项即可。

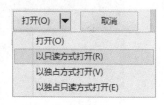

（3）如果要以独占访问方式打开数据库，则单击【打开】按钮旁边的下拉箭头，然后在下拉菜单中选择【以独占方式打开】菜单项即可。当以独占访问方式打开数据库时，试图打开该数据库的任何其他人将收到"文件已在使用中"消息。

图 2-11　【打开】按钮旁的
下拉菜单

（4）如果要以独占只读方式打开数据库，则单击【打开】按钮旁边的下拉箭头，然后选择【以独占只读方式打开】菜单项即可。

2.3　数据库文件的格式转换

默认情况下，Access 2010 和 Access 2007 以".accdb"文件格式创建数据库，该文件格式通常称为 Access 2007 文件格式。此格式支持较新的功能，例如，多值字段、数据宏以及发布到 Access Services。可以将使用 Microsoft Office Access 2003、Access 2002、Access 2000 或 Access 97 建的数据库转换为".accdb"文件格式。但是请注意使用 Access 2007 之前版本的 Access 无法打开或链接到".accdb"文件格式的数据库。

【任务 2-4】 转换数据库文件的格式

【任务描述】

将 Access 2003 文件格式的数据库"BookData.mdb"转换为".accdb"文件格式，数据库名称为"BookData.accdb"，数据库文件仍保存在本单元对应的文件夹中。

【任务实施】

若要将 Access2003 数据库使用的".mdb"文件格式转换为".accdb"文件格式，必须先使用 Access 2007 或 Access 2010 打开该数据库，然后将其保存为".accdb"文件格式。

（1）在【文件】选项卡上，单击【打开】选项。在弹出的【打开】对话框中，选择要转换的 Access 2003 数据库"BookData.mdb"，并将其打开。

（2）在【文件】选项卡上，选择【保存并发布】→【数据库另存为】命令，然后在"数据库文件类型"下选择"Access 数据库（*.accdb）"，如图 2-12 所示。

（3）单击右下方的【另存为】按钮。

如果在单击【另存为】按钮时任何数据库对象处于打开状态，Access 会提示用户在创建副本之前关闭它们。单击【是】按钮以便让 Access 关闭对象，或者单击【否】按钮来取消整个过程。如果需要，Access 还将提示用户保存任何更改。

在【另存为】对话框的"文件名"框中，输入文件名，然后单击【保存】按钮。此时系统会打开如图 2-13 所示的提示信息对话框，单击【确定】按钮，Access 创建数据库的副本，然后打开该副本，Access 会自动关闭原始数据库。

图 2-12 在"数据库文件类型"中选择"Access 数据库(*.accdb)"

图 2-13 Microsoft Access 提示信息对话框

2.4 数据库的备份与还原

有时需要数据库的备份副本,以便在发生系统故障的情况下还原整个数据库,或者在"撤销"命令不足以修复错误的情况下还原对象。

如果有多个用户在更新数据库,那么定期创建备份就很重要。没有备份副本,将无法还原损坏或丢失的对象,也无法还原对数据库设计所做的任何更改。

【任务 2-5】 备份与还原数据库

 【任务描述】

(1)将数据库"BookData.mdb"备份到指定文件夹中。

（2）将备份的数据库进行还原。

【任务实施】

备份数据库时，Access 首先会保存并关闭在"设计"视图中打开的对象，然后使用指定的名称和位置保存数据库文件的副本。

1．备份数据库

（1）打开要为其创建备份副本的数据库"BookData.mdb"。

（2）单击【文件】选项卡，然后选择【保存并发布】选项。在"数据库另存为"区域中的"高级"项目下，单击【备份数据库】按钮，弹出【另存为】对话框，如图 2-14 所示。

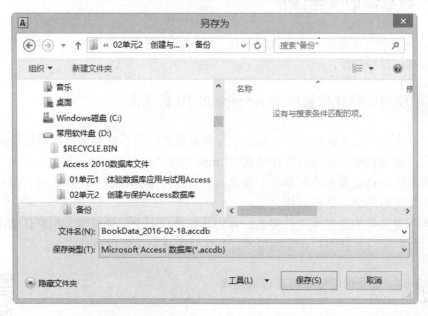

图 2-14　在备份数据库时弹出【另存为】对话框

（3）在【另存为】对话框中的"文件名"文本框中，查看数据库备份的名称。用户可以根据需要更改该名称，不过默认名称既捕获了原始数据库文件的名称，也捕获了执行备份的日期。

> 💡 提　示
>
> 在从备份还原数据或对象时，需要知道备份来自哪个数据库以及创建备份的时间。因此，一般建议使用默认的文件名。

在"保存类型"列表中选择希望将备份数据库保存为的文件类型，然后单击【保存】按钮即可完成备份。

2．还原数据库

备份是指数据库文件的"已知正确副本"，也就是说，用户可以充分相信该副本的数据完整性和设计。我们可以使用 Access 中的"备份数据库"命令创建备份，也可以使用任何已知正确副本来还原数据库。例如，可以使用存储在 USB 外部备份设备上的副本还原数据库。

> **注 意**
> 只有在具有数据库备份副本的情况下，才能还原数据库。

还原整个数据库时，将会使用数据库的备份副本来替换已经损坏、存在数据问题或完全丢失的数据库文件。

打开 Windows 资源管理器，浏览并找到数据库的已知正确副本。然后将已知正确副本复制到应替换损坏或丢失数据库的位置。如果提示用户替换现有文件，照做即可。

2.5 数据库的安全保护

数据库的安全主要是指防止非法用户使用或访问数据库中的数据，避免数据遭到破坏而采取的一系列的保护措施。

2.5.1 使用受信任位置中的 Access 2010 数据库

如果打开受信任位置的数据库，则会运行所有组件，而不需要用户做出信任决定。

在打包、签名和部署使用旧文件格式（".mdb"或".mde"文件）的数据库时，如果该数据库包含来自受信任发布者的有效数字签名，并且用户信任该证书，那么所有组件都将直接运行，而不需要用户决定是否信任它们。

如果对不受信任的数据库进行签名，并将其部署到不受信任位置，则默认情况下信任中心将禁用该数据库，并且用户必须在每次打开它时选择是否启用数据库。

【任务 2-6】 在受信任位置打开该数据库

 【任务描述】

将指定文件夹中的数据库文件"Book2.accdb"置于受信任位置，然后在受信任位置打开该数据库。

 【任务实施】

1. 将数据库文件移动到受信任位置

若要指定给定的数据库是可信的并且应该在默认情况下启用，请确保数据库文件位于受信任位置。受信任位置是计算机上的某个文件夹或文件路径，或者是 Intranet 上的某个位置，从该位置运行代码将被视为是安全的。默认的受信任位置包括 Templates、AddIns 和 Startup 文件夹。用户还可以指定自己的受信任位置。

打开数据库文件当前所在的文件夹，然后将数据库文件复制到受信任位置。

2. 指定受信任位置

（1）在【文件】选项卡上，单击【选项】菜单命令，在打开的【Access 选项】对话框中，选择左侧的"信任中心"选项，如图 2-15 所示。

（2）在【Access 选项】对话框右侧的"Microsoft Access 信任中心"下，单击【信任中心设置】按钮，在打开的【信任中心】对话框的左窗格中，选择"受信任位置"选项，如图 2-16 所示。从图 2-16 可以看出默认的受信任位置的路径为"C:\Program Files (x86)\Microsoft

Office\Office14\ACCWIZ\"。

图 2-15　在【Access 选项】对话框中选择"信任中心"选项

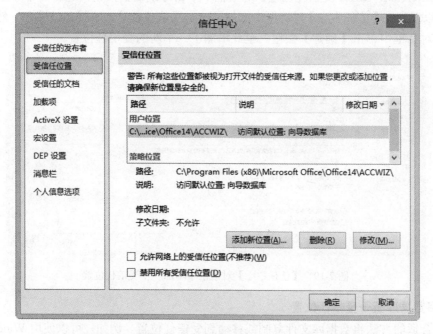

图 2-16　【信任中心】对话框的"受信任位置"选项

说明

> 若要添加网络位置，则在右窗格中选中"允许网络上的受信任位置"复选框。

（3）在【信任中心】对话框中，单击右下角的【添加新位置】按钮，打开【Microsoft Office 受信任位置】对话框，如图 2-17 所示。

在【Microsoft Office 受信任位置】对话框中，在"路径"文本框中，输入要添加位置的完整路径。也可以单击【浏览】按钮打开【浏览】对话框，通过浏览方式找到该位置。设置新的受信任位置，如图 2-18 所示。

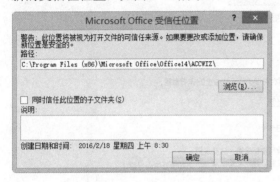

图 2-17 【Microsoft Office 受信任位置】对话框　　　　图 2-18 设置新的受信任位置

若要指定新的受信任位置的子文件夹也应受到信任，则选中"同时信任此位置的子文件夹"复选框。还可以在"说明"框中，输入对受信任位置的描述。

在【Microsoft Office 受信任位置】对话框中单击【确定】按钮，返回到【信任中心】对话框，可以发现在【信任中心】对话框中增加了一个受信任位置，如图 2-19 所示。然后在【信任中心】对话框中单击【确定】按钮。至此增加了一个新的受信任位置。

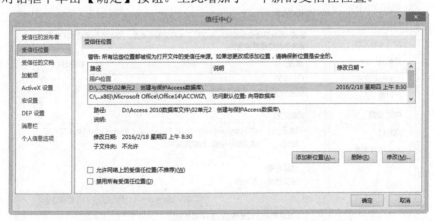

图 2-19 【信任中心】对话框中增加一个受信任位置

3. 将数据库置于受信任位置

使用合适的方法将数据库文件复制或移动到受信任位置。例如，可以使用 Windows 资源管理器复制或移动文件，也可以在 Access 2010 中打开文件，然后将它保存到受信任位置。

4. 在受信任位置打开数据库

启动 Access 2010，打开新增的受信任位置的数据库"Book2.accdb"，打开数据库时可以发现，不再出现如图 2-1 所示的【安全警告】的提示信息。

2.5.2　数据库加密

当用户希望防止未经授权使用 Access 数据库时，可以考虑通过设置密码来加密数据库。如果知道加密数据库的密码，还可以解密该数据库并删除其密码。本任务介绍如何使用数据库密码加密数据库以及如何解密数据库并删除其密码。

如果加密 Web 数据库，Access 将在发布数据库时对其进行解密。因此，加密功能不能帮助用户确保 Web 数据库的安全。

如果用户在加密了一个数据库后丢失了密码，将无法使用该数据库。如果用户不知道密码，将无法删除数据库密码。

【任务 2-7】 设置与撤销数据库文件的访问密码

【任务描述】

（1）为数据库文件"Book2.accdb"设置访问密码，密码为"lucky2"。

（2）打开已设置密码的数据库"Book2.accdb"。

（3）撤销数据库"Book2.accdb"的访问密码。

【任务实施】

1．设置数据库访问密码

数据库访问密码是指为打开数据库而设置的密码，它是一种保护 Access 数据库的简便方法。

（1）以"独占方式"打开要加密的数据库"Book2.accdb"。

启动 Access 2010，在【文件】选项卡上，单击【打开】命令，在【打开】对话框中，通过浏览找到要打开的文件，然后选择文件。单击【打开】按钮旁边的箭头，然后单击【以独占方式打开】命令即可。

（2）在【文件】选项卡上，选择【信息】选项，然后单击【用密码进行加密】按钮，如图 2-20 所示。

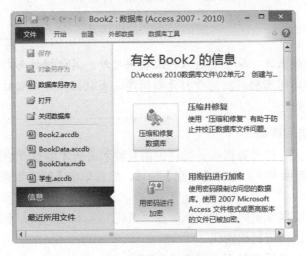

图 2-20　单击【用密码进行加密】按钮

随即出现【设置数据库密码】对话框，在"密码"文本框中输入密码，在"验证"文本框中再次输入，如图 2-21 所示。然后单击【确定】按钮，完成数据库密码的设置。

图 2-21　【设置数据库密码】对话框

> **提 示**
>
> 建议使用由大写字母、小写字母、数字和符号组合而成的强密码，例如，Y6dh!et5 是强密码，House27 是弱密码。密码长度应大于或等于 8 个字符。最好使用包括 14 个或更多个字符的密码。记住密码很重要，如果忘记了密码，Microsoft 将无法找回。最好将密码记录下来，保存在一个安全的地方，这个地方应该尽量远离密码所要保护的信息。

2．打开已设置密码的数据库

设置密码后，每次打开数据库时，将会显示【要求输入密码】的对话框，只有输入正确密码的用户才能打开数据库。

以通常打开其他任何数据库的方式打开加密的数据库，随即出现【要求输入密码】对话框，如图 2-22 所示。在【输入数据库密码】文本框中输入密码，然后单击【确定】按钮即可打开加密码的数据库。

图 2-22　【要求输入密码】对话框

> **提 示**
>
> 打开带密码的数据库，除了要输入一次密码之外，其他操作与打开未加密码的数据库没有什么区别。访问密码只应用于打开数据库，当数据库打开之后，数据库中的所有对象通常都是可用的。

3．撤销数据库访问密码

（1）以"独占方式"打开数据库。同样也需要输入密码才能打开该数据库。

（2）在【文件】选项卡上，选择【信息】选项，然后单击【解密数据库】按钮，如图 2-23 所示。

随即出现【撤销数据库密码】对话框。在"密码"文本框中输入密码，如图 2-24 所示，然后单击【确定】按钮即可撤销密码。

密码撤销后，打开数据库时不再需要输入密码。

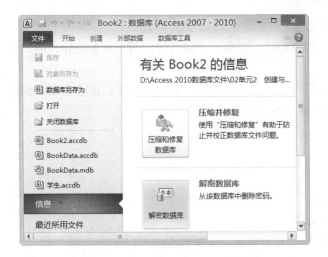

图 2-23 单击【解密数据库】按钮 　　图 2-24 【撤销数据库密码】对话框

【问题 1】：Access 数据库的扩展名是什么？

Access 2003 以及以前版本的数据库扩展名是 ".mdb"，Access 2007 及以上版本的数据库扩展名是 ".accdb"。当然还有其他的扩展名，如 ".mde"、".accde"。高版本的软件能打开低版本的数据库，向下兼容。

【问题 2】：拆分数据库有哪些优点？Access 2010 中如何拆分数据库？

如果数据库由多位用户通过网络共享，则应考虑对其进行拆分。拆分共享数据库不仅有助于提高数据库的性能，还能降低数据库文件损坏的风险。

拆分数据库时，数据库将被重新组织成两个文件：后端数据库和前端数据库，其中前者包含各模拟运算表，后者则包含查询、窗体和报表等所有其他数据库对象。每个用户都使用前端数据库的本地副本进行数据交互。

（1）拆分数据库具有下列优点。

① 提高性能。拆分数据库通常可以极大地提高数据库的性能，因为网络上传输的将仅仅是数据。而在未拆分的共享数据库中，在网络上传输的不只是数据，还有表、查询、窗体、报表、宏和模块等数据库对象本身。

② 提高可用性。由于只有数据在网络上传输，因此可以迅速完成记录编辑等数据库事务，从而提高了数据的可编辑性。

③ 增强安全性。如果将后端数据库存储在使用 NTFS 文件系统的计算机上，则可以使用 NTFS 安全功能来帮助保护数据。由于用户使用链接表访问后端数据库，因此入侵者不太可能通过盗取前端数据库或佯装授权用户对数据进行未经授权的访问。

（2）拆分数据库的操作过程如下。

① 在计算机上，为要拆分的数据库创建一个副本。在本地硬盘驱动器而不是网络共享上处理数据库文件。如果数据库文件的当前共享位置是用户的本地硬盘驱动器，则可以将其保留在原来的位置。

② 打开本地硬盘驱动器上的数据库副本。

③ 在【数据库工具】选项卡上的"移动数据"组中，单击【访问数据库】按钮，随即将启动数据库拆分器向导。

④ 单击【拆分数据库】按钮，在打开的【创建后端数据库】对话框中，指定后端数据库文件的名称、文件类型和位置。该向导完成后将显示确认消息。

（1）创建数据库"BookData2.accdb"。

（2）使用模板创建数据库"教师.accdb"。

（3）打开数据库"Book2.accdb"，然后打开数据表"出版社"。

（4）将新创建的数据库"教师.accdb"进行备份操作。

（5）设置数据库"教师.accdb"的访问密码，然后予以撤销。

本单元主要介绍了数据库的创建方法、数据库文件的格式转换方法和数据库的打开与关闭方法，还介绍了数据库备份与还原、数据库的压缩与修改、数据库的安全保护与加密等操作方法。

1. 填空题

（1）在 Access 2010 中创建数据库有两种方法，分别是（　　　　　　　　　　）和（　　　　　　　　　　）。

（2）（　　　　　　）是关系型数据库系统的基本结构，是关于特定主题的数据集合。

（3）为数据库设置访问密码，需要将数据库以（　　　　）方式打开。

（4）数据库（　　　　　　）是指为打开数据库而设置的密码，它是一种保护 Access 数据库的简便方法。

（5）数据库的（　　　　　　　　）功能可以修复数据库中的表、报表、窗体或模块的损坏。

2. 选择题

（1）下列创建 Access 2010 数据库不正确的方法是（　　　）。

A. 先创建一个空数据库，然后向其中添加数据表、查询、报表和窗体等对象

B. 利用系统提供的模板创建数据库

C. 使用数据库向导创建数据库

D. 复制一个现有的数据库，然后添加或修改该数据库的对象

（2）下列哪个选项不是 Access 2010 提供的打开已有数据库的方式？（　　　）

A. 共享方式打开　　　　　　　　　　　　B. 独占方式打开

C．只读共享方式打开　　　　　　　　D．只读方式打开

（3）若使打开的数据库文件不能被其他用户使用，则选择打开数据库文件的方式为（　　）。

A．以只读方式打开　　　　　　　　　B．以独占方式打开

C．以独占只读方式打开　　　　　　　D．共享方式打开

（4）Access 2010 数据库的文件扩展名是（　　）。

A．.accdb　　　　　　B．.accdb　　　　　　C．.mde　　　　　　D．.exe

（5）为了防止一些错误的操作和一些意外事件对数据库中数据的影响，经常要做的一项工作是（　　）。

A．备份数据库　　　　B．压缩数据库　　　　C．转换数据库　　　　D．修复数据库

创建与编辑 Access 数据表

数据表是数据库的基本对象，一个数据库中可以包含一个或多个数据表，表的设计关系到数据库中数据的组成、维护、访问等性能。由于 Access 数据表由表结构和记录两部分构成，创建一个新表时就需要先创建表结构，然后输入表记录。创建表结构时，需要指定字段的名称、数据类型、长度及有效性规则等内容。数据表创建后，经常需要在数据表中输入、编辑记录和筛选数据。

教学目标	（1）掌握字段的数据类型 （2）熟悉创建数据表、打开数据表的方法 （3）熟悉记录的选择与定位方法 （4）熟练掌握使用"表设计器"创建表结构和输入记录数据的方法 （5）熟练掌握通过输入数据创建数据表的方法 （6）熟练掌握记录数据的编辑方法 （7）掌握数据表导入与导出的操作方法 （8）学会记录的排序和数据筛选，了解数据筛选的多种方法 （9）学会设置数据表的字体格式、网格属性，调整字段的显示次序，调整字段的显示高度和宽度
教学方法	任务驱动法、分组讨论法、理论实践一体化、探究学习法
课时建议	6 课时

1. 字段的数据类型

Access 2010 定义了 11 种数据类型，在表的"设计视图"中，"数据类型"下拉列表中列出了这 11 种数据类型，在设计数据表时，需要为表中的每个字段选择一个数据类型，该过程有助于确保数据输入更为准确。有关数据类型的说明如表 3-1 所示。

表 3-1　Access 2010 的数据类型说明

数据类型名称	使 用 说 明	应 用 举 例
文本	可以接受文本或数字字符，包括分隔项目列表。在某些情况下，可以使用转换函数对"文本"字段中的数据执行计算。与"备注"字段相比，"文本"字段所接受的字符数较少，文本类型字段的大小必须在 0～255 之间，表示最多可以容纳 255 个字符	图书编号、图书名称、作者、出版社、姓名、课程名称等

续表

数据类型名称	使 用 说 明	应 用 举 例
备注	类似于文本字段，可以输入大量文本和数字数据。此外，如果数据库设计者将字段设置为支持 RTF 格式，则可以应用字处理程序（如 Word）中常用的格式类型。例如，可以对文本中的特定字符应用不同的字体和字号、将它们加粗或倾斜等。还可以向数据添加超文本标记语言（HTML）标记。此外，"备注"字段还有一个名为"仅追加"的新属性。启用该属性后，可以在"备注"字段中追加新数据，但不能更改现有数据。这种类型的字段最多可以存储 1GB 的字符，或者说存储容量为 2GB（每个字符为 2 字节），这样可以在窗体或报表上的一个控件中显示 65 535 个字符	图书简介、个人简历
数字	只能输入数字，而且可以对"数字"字段中的值执行计算。字段大小有如下几种情况：字节、整型、长整型、单精度型、双精度型、同步复制 ID、小数	页数、版次、成绩、销售数量等
日期/时间	只能输入日期和时间。如果为字段设置了输入掩码则必须按照掩码所提供的空间和格式输入数据。如果未设置输入掩码，则在输入值时可以采用任意有效的日期或时间格式	出版日期、出生日期、办证日期等
货币	只能输入货币值。此外，无须手动输入货币符号。默认情况下，Access 会应用在 Windows 区域设置中指定的货币符号（¥、£、$等）	价格、工资、罚款金额等
自动编号	任何时候在此类型字段中都无法输入或更改数据。只要向数据表中添加了新的记录，Access 就会递增"自动编号"字段中的值	编号、序号等
是/否	字段设置为该数据类型时，会显示一个复选框或一个下拉列表。如果将字段格式设置为显示一个列表，则可以从该列表中选择"是"/"否"、"真"/"假"或"开"/"关"。不能在该列表中输入值，也不能直接从窗体或数据表中更改该列表中的值	婚否、及格否等
OLE 对象	如果要显示用其他程序创建的文件中的数据，可以使用此字段类型。例如，可以在"OLE 对象"字段中显示图形、声音、文本文件、Excel 图表或 PowerPoint 幻灯片等	封面图片、照片等
超链接	在此类型字段中可以输入任何数据，Access 会将其封装在 Web 地址中。例如，如果在此字段中输入一个值，Access 将在该文字周围加上前、后缀，使其成为"http://www.所输入的文本.com"形式。如果输入一个有效的 Web 地址，则链接将有效。否则，链接会导致错误消息。而且，编辑现有超链接会较困难，因为用鼠标单击超链接字段会启动浏览器并转到链接中指定的网站。要编辑超链接字段，可以选择相邻的字段，按"Tab"键或方向键将焦点移动到超链接字段，然后按"F2"键启用编辑	
附件	可以将其他程序中的数据附加到该类型字段，但不能采用输入或以其他方式输入文本或数字数据	
查阅向导	查阅向导不是数据类型。可以使用该向导创建两种类型的下拉列表：值列表和查阅字段。值列表使用在查阅向导中手动输入的分隔项目列表。这些值可以与数据库中的其他任何数据或对象无关。查阅字段则使用查询从数据库中的一个或多个其他表中检索数据，或者在其他位置检索数据。然后查阅字段在下拉列表中显示数据。默认情况下，查阅向导将该表字段设置为"数字"数据类型。 　可以直接在表、窗体和报表中使用查阅字段。默认情况下，查阅字段中的值显示在一种称为"组合框"的列表控件中，该控件是一个具有下拉箭头的列表	

　　Access 的数据类型分为可变字段大小和固定字段大小两种，"日期/时间"、"是/否"等类型的字段具有固定的字段大小，"备注"类型的字段则限制存储数据的最大容量，"文本"、"数字"和"货币"类型的字段则可以根据实际需要灵活改变字段大小，但不能超过其允许的最

大容量。

"文本"类型的默认大小为"255",可以根据该字段所存储的数据字符的多少设置合适的大小。例如,"姓名"字段的大小设置为4,则最多只允许输入4个字符(4个字母或4个汉字)。数据表的结构定义完成后,如果存储的数据超出了预先设定的大小,则可以增加字段大小。"文本"类型的字段大小一般根据所存储数据的最大数量设置。

"数字"类型的字段大小有如下几种情况:字节(1字节整数)、整型(2字节整数)、长整型(4字节整数)、单精度型(4字节浮点数,最多7个有效位)、双精度型(8字节浮点数,最多15个有效位)、同步复制ID(16字节的全局唯一标识符)、小数(具有指定小数精度的12字节整数,默认小数位数为18,最多可以将小数位数设置为28)。最常用的设置为双精度和长整型。"数字"类型的字段可以根据其存储的数据大小灵活确定字段大小,例如,"成绩"字段可以设置为单精度型,"班级人数"可以设置为整型,"销售数量"字段可以设置为单精度型。

2. 创建数据表的方法

数据表是数据库中用来存储数据的对象,是整个数据库系统的基础,应在创建查询、报表等其他数据库对象之前先创建数据表。Access允许在一个数据库中包含多个数据表,用户可以在不同的数据表中存储不同类型的数据。

Access 2010创建数据表的方法主要有3种:(1)使用表的"设计视图"创建表;(2)使用表的"模板"创建表;(3)通过输入数据创建表。其中使用"设计视图"创建表是Access最常用的一种方法。

3. 打开数据表的方法

打开数据表的方法主要有如下几种。

(1)在导航窗格中,双击数据表,即可打开数据表,这是最简便的方法。

(2)在导航窗格中,选择一个数据表,然后按"Enter"键,即可打开数据表。

(3)在导航窗格中,鼠标右击数据表,然后在弹出的快捷菜单中单击【打开】命令,即可打开数据表。

> **注意**
>
> 在【导航选项】对话框中,如果"对象打开方式"选择了"单击"方式,那么单击数据表也能快速打开数据表。

4. 记录的选择与定位

在数据表视图中,单击某个数据项,其所在行左侧的记录选择区域会呈现为深色,表示当前行就是正在操作的记录对象,称其为"当前记录"。

(1)数据表视图中的选择区域与定位工具。在数据表视图中有4种工具可以用来进行记录的选择与定位,包括3个选择区域和1组记录导航按钮,如图3-1所示。

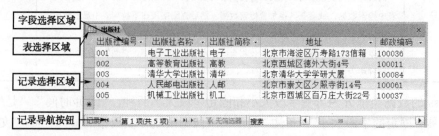

图3-1 数据表视图的选择区域与导航按钮

① 字段选择区域。字段选择区域是指在数据表视图中最上边一行的小矩形按钮，在该位置显示着数据表的字段名称。当鼠标指针移至字段选择区域时，鼠标指针会变为一个黑色的向下箭头↓，此时，单击当前位置便会选中一列。

② 数据表选择区域。数据表选择区域是指在数据表视图左上角的一个小矩形按钮，单击该矩形按钮，可以选择整个数据表。

③ 记录选择区域。记录选择区域是指在数据表视图最左边一列的小矩形按钮。当鼠标指针移至记录选择区域时，鼠标指针会变为一个黑色的向右箭头➡，此时，单击当前位置便会选中一行数据。

④ 记录导航按钮。记录导航按钮是指在数据表视图中窗口下方的一行工具按钮，这些按钮可以用来进行记录的定位和选择，各按钮的功能如表 3-2 所示。

表 3-2　记录导航按钮及其功能

按　　钮	功　　能
◄	将光标直接从当前记录定位到第一条记录
◄	将光标从当前记录定位到前一条记录
►	将光标从当前记录定位到后一条记录
►►	将光标从当前记录定位到最后一条记录
►*	添加一条新（空白）记录
第 1 项(共 5 项)	显示数据表中当前记录号和总记录数，也可以在该文本框中输入记录号，定位到某一条记录
搜索	用于输入数据内容，定位到某一条记录

（2）记录的定位。在数据表视图中，经常要定位到某一条记录对数据进行操作。

① 利用导航按钮定位。利用记录导航按钮 ◄ ◄ ► ►，将记录定位到第一条记录或前一条记录或后一条记录或最后一条记录。利用【开始】选项卡中的"查找"组的【转至】按钮的下拉菜单也能进行记录定位，如图 3-2 所示。

② 利用记录号定位。单击"记录号"文本框，然后输入记录号，如"4"，按"Enter"键，光标将定位在 4 号记录上。记录号是每条记录在数据表中的序号，是按数据输入的先后次序决定的。使用记录号定位记录时，实际上是定位记录的顺序位置。

③ 利用"搜索"文本框定位。在"搜索"文本框输入数据内容，如"100036"，Access 会自动定位到该数据对应的记录，也就是图 3-1 所示的第一条记录。

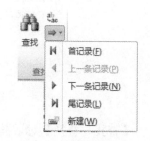

图 3-2　【开始】选项卡的"查找"组中的【转至】按钮的下拉菜单

（3）记录的选择。选择记录是指在数据表视图中选择所需要的记录，有多种选择方法。

① 选择一条记录：单击记录选择区域。

② 选择连续多条记录：在需要选择的第一条记录的记录选择区域上按住鼠标左键不放，并拖动鼠标到需要选择的最后一条记录的记录选择区域，松开鼠标左键，被选中记录的记录选择区域会呈现深色。也可以在记录选择区域单击需要选择的第一条记录，然后按住"Shift"键，再单击需要选择的最后一条记录的记录选择区域。

③ 选择整个数据表：单击表选择区域便可以选中整个数据表。

图 3-3 【开始】选项卡的
"查找"组中的【选择】
按钮的下拉菜单

利用【开始】选项卡中的"查找"组的【选择】按钮的下拉菜单也能选择一条记录或选择全部选择,如图 3-3 所示。下拉菜单中的【选择】命令表示选中一条记录,【全选】命令表示选中数据表的全部记录。

5. 数据表中数据的查找与替换

当需要在数据表中查找所需要的数据内容,或替换某个数据时,可以使用 Access 所提示的查找和替换功能来实现。图 3-4 和图 3-5 分别为【查找与替换】对话框的"查找"选项卡和"替换"选项卡。

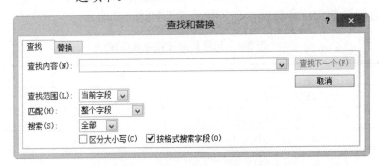

图 3-4 【查找与替换】对话框的"查找"选项卡

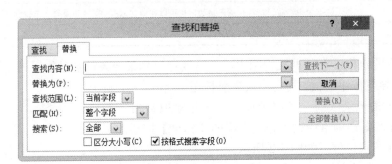

图 3-5 【查找与替换】对话框的 "替换"选项卡

【查找与替换】对话框中部分选项的含义如表 3-3 所示。

表 3-3 【查找与替换】对话框中部分选项的含义

选 项 名 称	含 义
查找内容	输入待查找的内容
替换为	输入替换的内容
查找范围	确定查找的范围,其范围为当前光标所在的字段或整个数据表
匹配	"匹配"下拉列表中有 3 个供选择的选项:"字段任何部分"表示"查找内容"文本框中的文本可以包含在字段内容中的任何位置;"整个字段"表示字段内容必须与"查找内容"文本框中文本完全符合;"字段开头"表示字段必须是以"查找内容"文本框中的文本开头,但后面的文本可以是任意文本。
搜索	"搜索"下拉列表中包含"全部"、"向上"和"向下"三种搜索方式。

3.1　创建数据表

【任务 3-1】 使用表的"设计视图"创建"图书信息"数据表

表的"设计视图"是一种可视化工具，用于设计和编辑数据库中的数据表。创建数据表的第一步工作是创建数据表的结构。

【任务描述】

使用表的"设计视图"在"Book3.accdb"数据库中创建一个名为"图书信息"的数据表。该数据表所包含的基本记录数据如表 3-4 所示，以后根据需要可以进一步增加更多的数据，该数据表的结构信息如表 3-5 所示。

表 3-4　"图书信息"数据表中基本记录数据

图书编号	图书名称	作者	出版社	出版日期	价格	页数
TP3/2601	Oracle 11g 数据库应用、设计与管理	陈承欢	电子工业出版社	2015/7/1	37.5	289
TP3/2602	实用工具软件任务驱动式教程	陈承欢	高等教育出版社	2014/11/1	26.1	398
TP3/2604	网页美化与布局	陈承欢	高等教育出版社	2015/8/1	38.5	275
TP3/2605	UML 与 Rose 软件建模案例教程	陈承欢	人民邮电出版社	2015/3/1	25	240
TP3/2701	跨平台的移动 Web 开发实战	陈承欢	人民邮电出版社	2015/3/1	29	186
TP3/2706	C#网络应用开发例学与实践	郭常圳	清华大学出版社	2016-11-1	28	282

表 3-5　"图书信息"数据表的结构信息

字 段 名 称	数 据 类 型	字 段 大 小	备　　注
图书编号	文本	16	主键
图书名称	文本	50	
作者	文本	20	
出版社	文本	20	
出版日期	日期/时间		
价格	货币		
页数	数字	整型	

 【任务实施】

（1）启动 Access 2010，创建数据库"Book3.accdb"。

（2）在"功能区"单击【创建】选项卡，在"表格"组中单击【表设计】按钮，如图 3-6 所示，打开表的"设计视图"，如图 3-7 所示。在表的设计视图中，上方为"表结构定义区"，下方为"字段属性设置区"。

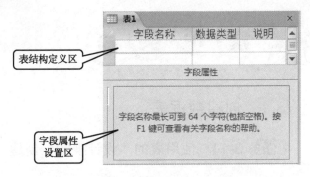

图 3-6 【创建】选项卡与【表设计】按钮　　　　　图 3-7 表的"设计视图"

（3）定义数据表的结构。在第一行的"字段名称"位置输入第一个字段的名称"图书编号"；然后按"Tab"键，将光标定位到"数据类型"列，此时"数据类型"自动显示为"文本"类型，其他数据类型必须在下拉列表中进行选择。也可以直接将鼠标指针移到"数据类型"列进行单击。

然后按"Tab"键，将光标定位到"说明"列。输入有关说明文字，由于"图书编号"是主键，所以说明文字输入"该字段是主键"。也可以直接将鼠标指针移到"说明"列进行单击。

将鼠标指针移到"字段属性"区域设置"字段大小"，一般"文本"类型的字段默认大小为"255"，此处在"字段大小"文本框中输入"16"。

同理，选择"字段名称"列的第二行，重复上述操作步骤完成其余字段的结构定义。

数据表结构定义完成后的设计视图如图 3-8 所示。

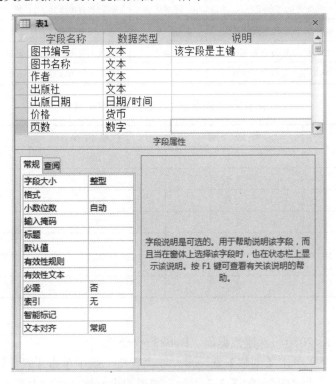

图 3-8 "图书信息"表结构定义完成后的设计视图

提示

　　在表的"设计视图"中，"字段名称"属性列是用来输入字段名称，通常要根据存储数据的内容来设计字段名称。例如，存储人的姓名，就可以使用"姓名"作为字段名称。字段名称必须要符合 Access 的命名规则。

　　① 字段名称可以包含汉字、字母、数字、空格和其他字符。

　　② 字段名不能与同一个表中其他字段重名。

　　③ 字段名应避免与 Access 的内置函数或者属性名称相冲突。

　　"数据类型"属性列是字段对应数据项的数据类型，Access 提供了 11 种可用的数据类型：文本、备注、数字、日期/时间、货币、自动编号、是/否、OLE 对象、超链接、附件和查阅向导。可以根据定义在数据类型列表中选择一种类型。例如，设置"出版日期"字段的"数据类型"属性时，在数据类型列表中选择"日期/时间"类型即可，如图 3-9 所示。

图 3-9　数据类型列表

　　在表的"设计视图"下方的"字段属性"区域可以设置字段的详细属性。在后面的单元将会详细介绍各种属性的使用方法。

　　（4）设置主键。鼠标右击"图书编号"字段定义所在行，在弹出的快捷菜单击【主键】命令，将"图书编号"字段设置为数据表的主键，在该字段所在行的选择区域会出现一个主键标识 。

　　（5）保存数据表。在快速访问工具栏中，单击【保存】按钮，打开【另存为】对话框，在"表名称"文本框中输入表名称"图书信息"，如图 3-10 所示。然后单击【确定】按钮，保存新建的数据表。

　　（6）向"图书信息"数据表中输入数据记录。在"功能区"的【设计】选项卡中单击【视图】按钮，在弹出的快捷菜单中单击【数据表视图】命令，如图 3-11 所示，然后切换到数据表视图。

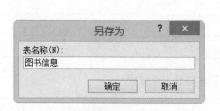

图 3-10　【另存为】对话框

图 3-11　【视图】按钮下的快捷菜单

　　然后在数据表视图中合适位置输入数据即可：在第一个空记录的"图书编号"字段中输入"TP3/2601"；按"Tab"键或"Enter"键，切换到下一个字段，在"图书名称"字段，选择中文输入法，输入"Oracle 11g 数据库应用、设计与管理"；按"Tab"键或"Enter"键，或者也可以直接移动鼠标指针，然后在"作者"字段单击，光标移到该字段，输入"陈承欢"；

再将光标移到"出版社"字段,输入"电子工业出版社";将光标移到"出版日期"字段,输入"2015/7/1";将光标移到"价格"字段,输入"37.5",此时自动显示为"￥37.50";最后将光标移到"页数"字段,输入"289"。

用同样的方法继续输入其他的记录数据,结果如图 3-12 所示。

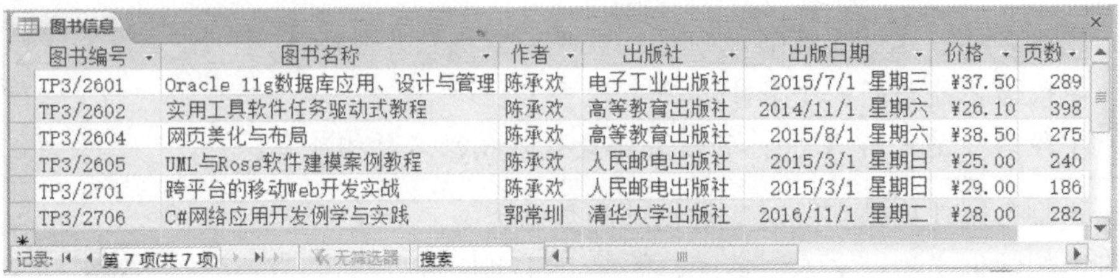

图书编号	图书名称	作者	出版社	出版日期	价格	页数
TP3/2601	Oracle 11g数据库应用、设计与管理	陈承欢	电子工业出版社	2015/7/1 星期三	￥37.50	289
TP3/2602	实用工具软件任务驱动式教程	陈承欢	高等教育出版社	2014/11/1 星期六	￥26.10	398
TP3/2604	网页美化与布局	陈承欢	高等教育出版社	2015/8/1 星期六	￥38.50	275
TP3/2605	UML与Rose软件建模案例教程	陈承欢	人民邮电出版社	2015/3/1 星期日	￥25.00	240
TP3/2701	跨平台的移动web开发实战	陈承欢	人民邮电出版社	2015/3/1 星期日	￥29.00	186
TP3/2706	C#网络应用开发例学与实践	郭常圳	清华大学出版社	2016/11/1 星期二	￥28.00	282

图 3-12　"图书信息"数据表中的记录数据

(7) 保存新输入的记录数据。在快速访问工具栏中,单击【保存】按钮,保存新输入的记录数据。

【任务 3-2】　使用直接输入数据的方法创建"出版社"数据表

通过输入数据创建表是指在空白数据表中同时添加字段名和数据,Access会根据输入的数据自动地生成数据表的结构定义,这种结构定义的字段名和数据类型与用户的要求可能有一定差别,需要对结构定义进一步修改。

【任务描述】

使用直接输入数据的方法创建"出版社"数据表。"出版社"数据表用于存储各出版社的数据,该表的结构信息如表 3-6 所示,部分记录数据如表 3-7 所示。

表 3-6　数据表"出版社"的结构信息

字 段 名 称	数 据 类 型	字 段 大 小	备　注
出版社编号	文本	4	主键
出版社名称	文本	20	
出版社简称	文本	6	
地址	文本	50	
邮政编码	文本	6	
联系电话	文本	15	

表 3-7　数据表"出版社"的部分记录数据

出版社编号	出版社名称	出版社简称	地址	邮政编码	联系电话
1	电子工业出版社	电子	北京市海淀区万寿路 173 信箱	100036	(010)68279077
2	高等教育出版社	高教	北京西城区德外大街 4 号	100011	(010)58581001
3	清华大学出版社	清华	北京清华大学学研大厦	100084	(010)62776969
4	人民邮电出版社	人邮	北京市崇文区夕照寺街 14 号	100061	(010)67170985
5	机械工业出版社	机工	北京市西城区百万庄大街 22 号	100037	(010)68993821

【任务实施】

（1）启动 Access 2010，打开前面所创建的数据库"Book3.accdb"。

（2）在"功能区"选择【创建】选项卡，在"表格"组中单击【表】按钮，如图 3-13 所示，Access 将创建数据表，并选择"单击以添加"列中的第一个空单元格，如图 3-14 所示。

图 3-13　在"表格"组中单击【表】按钮　　　　图 3-14　创建空白数据表

（3）在【字段】选项卡上的"添加和删除"组中，单击要添加的字段的类型，这里选择"文本"类型。如果未看到所需的类型，则单击【其他字段】按钮，将显示常用字段类型列表。单击所需的字段类型，Access 会将新字段添加到数据表中的插入点处。

此时，在"字段 1"单元格内出现闪烁的光标，进入字段名编辑状态，输入字段名"出版社编号"，如图 3-15 所示。

提　示

在"添加新字段"单元格中直接双击，也能进入字段名编辑状态。

（4）然后，按"→"键，单击"单击以添加"位置，在弹出的下拉菜单中选择一种字段类型，这里选择"文本"，如图 3-16 所示，输入"出版社名称"，按照同样的方法在右侧的单元格中继续输入"出版社简称"、"地址"、"邮政编码"和"联系电话"，如图 3-17 所示。

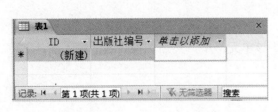

图 3-15　输入第一个字段名"出版社编号"　　　图 3-16　在下拉菜单中选择"文本"类型

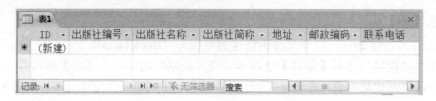

图 3-17　输入数据表中所有的字段名

（5）向"出版社"表中输入记录数据。从第一行开始输入数据，每输入一条新记录，"ID"字段会自动增加 1。5 条记录输入完成后如图 3-18 所示。

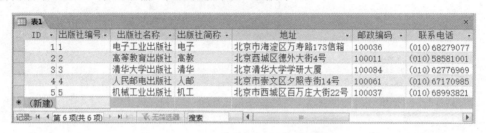

图 3-18　在数据表中输入 5 条记录

（6）保存数据表。在快速访问工具栏中，单击【保存】按钮，打开【另存为】对话框，在"表名称"文本框中输入表名称"出版社"，如图 3-19 所示。然后单击【确定】按钮，保存新建的数据表和输入的记录数据。

图 3-19　【另存为】对话框

3.2　记录数据的编辑

本节主要学习对记录数据的编辑，包括记录数据的修改、添加、插入和排序等操作。

3.2.1　数据的编辑

数据的编辑是指在"数据表视图"输入新数据，修改或删除现有数据，确保数据表中数据的完整性和正确性。

1．输入数据

单击需要输入数据的单元格，将插入点置于该单元格中，然后切换合适的输入法，即可输入数据。

【任务 3-3】 修改"出版社"数据表的"出版社编号"

【任务描述】

将"出版社"数据表的"出版社编号"修改为 3 个字符的形式，即为"001"、"002"等。

【任务实施】

（1）启动 Access 2010，打开数据库"Book3.accdb"。

（2）在"导航窗格"中双击数据表名称"出版社"，打开数据表视图。由于"出版社编号"字段的类型已设置为"文本"类型，可以将"1"修改为"001"。

（3）在第一条记录"出版社编号"字段对应的单元格中单击，然后将光标至"1"的左边，接着输入"00"，如图 3-20 所示。

按同样的方法在其他记录的"出版社编号"字段列中修改数据内容。

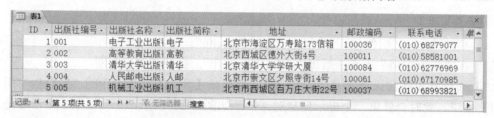

图 3-20　修改"出版社编号"的字段内容

（4）在快捷访问工具栏中单击【保存】按钮，保存所修改的数据。

2．删除数据

按"BackSpace"键，删除插入点位置之前的一个字符；按"Delete"键，删除插入位置之后的一个字符。输入或修改数据也可使用"替换"和"复制"的方法实现。

3.2.2　记录的操作

Access 存储和管理的是关系型数据库，数据表中的每一行数据称为一个条记录，数据表中的每一列称为一个字段。有关记录的操作主要包括添加记录、插入记录、删除记录和移动记录等。

1．添加记录

"添加记录"是指在已建立的数据表最后一条记录的后面，添加新记录。添加记录的方法有多种。

（1）直接添加：将光标移到数据表的最后一行，即记录选择区域显示为 ∗ 的行，直接在该行输入各字段的数据内容即可。

（2）单击【记录导航】按钮，光标会在新记录行的第一个字段中闪烁，等待输入数据，在该行输入各字段的数据内容即可。

（3）在【开始】选项卡的"记录"组中单击【新建】按钮，光标置于新记录行的第一个字段中，然后依次在各字段中输入数据内容即可。

2．插入记录

"插入记录"是指在数据表任意记录前面插入新记录。Access 没有专门提供一个插入操作功能，可以利用系统的剪贴板进行记录的插入操作。

【任务 3-4】 在"出版社"数据表中插入一条记录

 【任务描述】

在"出版社"数据表中的第 2 条记录与第 3 条记录之间插入一条记录，也就是说新插入的记录变成第 3 条记录，原有的第 3 条记录及其以后的记录都依次后移一行。新插入记录的数据内容如表 3-8 所示。

表 3-8　新插入记录的数据内容

出版社编号	出版社名称	出版社简称	地址	邮政编码	联系电话
006	西安电子科技大学出版社	西电	西安市太白南路 2 号	710071	(029)81242818

【任务实施】

（1）启动 Access 2010，打开数据库"Book3.accdb"。

（2）在"导航窗格"中双击数据表名称"出版社"，打开数据表视图。

（3）选择第 3 条记录及其以后各条记录，然后在【开始】选项卡中的"剪贴板"组单击【剪切】按钮，此时会弹出一个提示信息对话框，如图 3-21 所示，在对话框中单击【是】按钮，这时数据表中只剩下第 1 条与第 2 条记录。

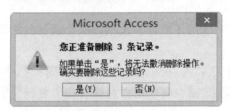

图 3-21　剪切记录时弹出的提示信息对话框

（4）在最后一行空白记录中输入待插入记录的数据内容。

（5）将光标置于新插入记录下一行的"出版社编号"单元格中，在【开始】选项卡中的"剪贴板"组单击【粘贴】按钮，在弹出的下拉菜单中单击【粘贴追加】命令，如图 3-22 所示，则原先被剪切的多条记录会自动添加，同时会弹出一个如图 3-23 所示的对话框，在该对话框中单击【是】按钮，完成数据的粘贴操作。

图 3-22　【粘贴】按钮下的下拉菜单　　图 3-23　"粘贴追加"时出现的提示信息对话框

插入一条新记录后"出版社"数据表如图 3-24 所示。

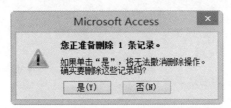

出版社编号	出版社名称	出版社简称	地址	邮政编码
001	电子工业出版社	电子	北京市海淀区万寿路173信箱	100036
002	高等教育出版社	高教	北京西城区德外大街4号	100011
006	西安电子科技大学出版社	西电	西安市太白南路2号	710071
003	清华大学出版社	清华	北京清华大学学研大厦	100084
004	人民邮电出版社	人邮	北京市崇文区夕照寺街14号	100061
005	机械工业出版社	机工	北京市西城区百万庄大街22号	100037

记录：第 3 项(共 6 项) 无筛选器 搜索

图 3-24 插入一条新记录后"出版社"数据表

（6）在快捷访问工具栏中单击【保存】按钮，保存新插入的记录数据。

 提 示

利用与插入记录类似的方法，可以实现记录的移动操作。

3．删除记录

Access 允许删除一条或多条记录，删除记录的方法是：先选中一条或多条记录，然后在【开始】选项卡中的"记录"组单击【删除】按钮或者单击快捷菜单中的【删除记录】命令，这时会弹出如图 3-25 所示的提示信息对话框，在该对话框中单击【是】按钮，则删除选定的记录。如果单击【否】按钮，则取消删除操作，选定的记录并没有被删除。

Microsoft Access

您正准备删除 1 条记录。

如果单击"是"，将无法撤消删除操作。
确实要删除这些记录吗？

是(Y)　　否(N)

图 3-25 "删除记录"时出现的提示信息对话框

注 意

删除记录操作是不可恢复的操作，因此删除记录必须谨慎操作，以免误删有用的记录。

3.2.3 记录的排序

排序是根据当前数据表中的一个或多个字段的值对整个数据表中的所有记录进行重新排列。数据排序有两种方式：升序排序和降序排序，升序排序是将数据从小到大排列，而降序排序是将数据从大到小排列。

记录排序时，不同的数据类型，排序规则有所不同，具体规则如下。

（1）英文字母按字母表顺序排序，升序按 A～Z 的顺序排序，降序按 Z～A 的顺序排序。

（2）"数字"类型的数值数据按数字的大小排序，升序按从小到大的顺序排列，降序按从大到小的顺序排列。

（3）"日期/时间"类型的数据，按日期的先后顺序排序，升序排序时，先出现的日期在前，后出现的日期在后，降序排序则相反。

（4）"文本"类型的数据，汉字按拼音字母的顺序排序，数字按 ASCII 码值的大小排序，注意"文本"类型的数字不是按数值本身的大小排序。

（5）按升序排列记录时，如果排序字段的值为空值，那么包含空值的记录会排列在第一条。

（6）"备注"、"OLE 对象"和"超链接"字段不能进行排序。

【任务 3-5】 将"出版社"数据表中的记录进行排序操作

【任务描述】

将"出版社"数据表中所有记录分别按"出版社简称"的"降序"排列，然后恢复按"出版社编号"的"升序"排列。

【任务实施】

（1）启动 Access 2010，打开数据库"Book3.accdb"。

（2）在"导航窗格"中双击数据表名称"出版社"，打开数据表视图。

（3）在"出版社简称"字段名右侧单击下拉箭头，在弹出的菜单中单击【降序】命令，如图 3-26 所示。

图 3-26　在下拉菜单中单击【降序】命令

此时，"出版社"的排序后的结果如图 3-27 所示。

图 3-27　"出版社"数据表按"出版社简称"的降序排序后的结果

（4）在快速访问工具栏中单击【保存】按钮，保存数据表的排序结果。

（5）单击"出版社编号"字段选择区域，选中该字段，然后在【开始】选项卡的"排序与筛选"组中单击【升序】按钮 ，或者鼠标右击排序字段的任意数据，在弹出的快捷菜单中单击【升序】命令即可。

（6）在快速访问工具栏中单击【保存】按钮，保存数据表的排序结果。

排序操作在数据表视图中进行，排序操作将改变表中原有记录的顺序。在 Access 中，不仅可以按一个字段排序记录，还可以按多个字段排序记录。

3.3　导入数据

使用 Access 的导入功能可以从外部（其他的 Access 数据表、Excel 电子表格、文本文件和 HTML 文件等）获取数据后形成数据库中的数据表对象。

3.3.1　从 Excel 工作表中导入数据

要将一个或多个 Excel 工作表中的某些或全部数据存储在 Access 数据库中，应将工作表的数据导入到一个 Access 数据表。在导入数据时，Access 会在新表或现有的表中创建数据副本，而不更改源 Excel 文件。

【任务 3-6】 将 Excel 工作表中的数据导入到数据库中

 【任务描述】

将 Excel 电子表格"Book3.xlsx"中的工作表"读者信息"中的数据导入到数据库"Book3.accdb"中。

 【任务实施】

1．准备工作表"读者信息"

准备 Excel 文件"Book3.xlsx"，在该文件中准备"读者信息"工作表，并输入一些读者数据。如果只想导入该工作表的部分数据，则可以定义一个命名区域，其中只包含要导入的单元格。

> 💡 提 示
>
> 导入操作一次只能导入一个工作表。要导入来自多个工作表的数据，必须对每个工作表重复执行导入操作。

关闭源文件"Book3.xls"（如果它是打开的），如果源文件处于打开状态可能会导致在导入操作过程中出现数据转换错误。

2．准备目标数据库

打开要在其中存储所导入数据的 Access 数据库"Book3.accdb"，同时确保该数据库不是只读状态，并且具有更改该数据库的权限。

在开始导入操作之前，首先应决定是要将数据存储在新表中还是现有的表中。如果选择在新表中存储数据，Access 就会创建一个数据表，并将导入的数据添加到该数据表。如果使用已经存在的数据表，Access 就会用导入的数据覆盖该表的内容。如果选择将数据追加到现有的数据表中，Excel 文件中的各行将追加到指定的数据表中。

3．开始导入操作

（1）在【外部数据】选项卡的"导入并链接"组中单击【Excel】命令按钮，如图 3-28 所示，然后打开【获取外部数据- Excel 电子表格】对话框。

图 3-28　【外部数据】选项卡的"导入并链接"组中【Excel】按钮

（2）在【获取外部数据- Excel 电子表格】对话框的【文件名】文本框中，指定要导入数据所在的 Excel 文件的路径和文件名。或者单击【浏览】按钮并使用【打开】对话框以找到想要导入的文件。如图 3-29 所示。

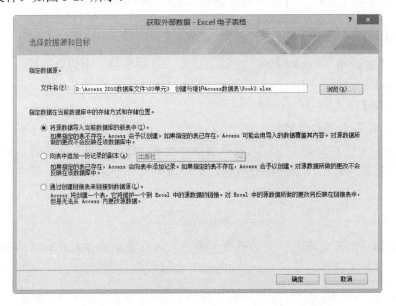

图 3-29　【获取外部数据- Excel 电子表格】对话框

（3）在【获取外部数据- Excel 电子表格】对话框中指定所导入数据的存储方式。

如果要将数据存储在新表中，则选择【将源数据导入当前数据库的新表中】单选框。稍后会提示对该表进行命名。

如果要将数据追加到现有的表中，则选择【向表中追加一份记录的副本】单选框，然后从下拉列表中选择数据表。如果数据库不包含任何数据表，此选项则不可用。

（4）然后单击【确定】按钮。将会启动【导入数据表向导】，并引导操作者完成整个导入过程，继续执行下一组步骤。

4. 使用【导入数据表向导】

（1）在向导的第 1 页上，选择要导入的数据所在的工作表，这里选择"读者信息"工作表，选择【显示工作表】或【显示命名区域】单选框，选择要导入的工作表或命名区域，如图 3-30 所示，然后单击【下一步】按钮。

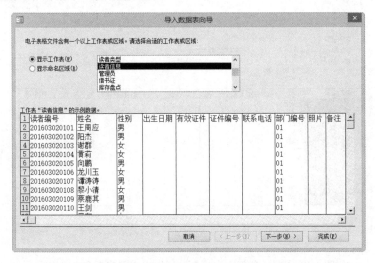

图 3-30 【导入数据表向导】对话框中选择合适的工作表或区域

（2）如果源工作表或区域的第一行包含字段名称，则选择【第一行包含列标题】复选框，如图 3-31 所示。然后单击【下一步】按钮。

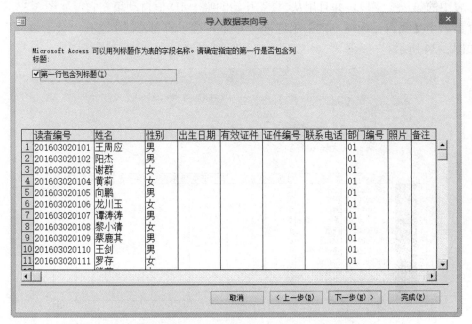

图 3-31 【导入数据表向导】对话框中确定第一行是否包含列标题

（3）如果将数据导入新表中，Access 将使用这些列标题为表中的字段命名。可以在导入操作过程中或导入操作完成后更改这些名称。如果将数据追加到现有的表中，则必须确保源工作表中的列标题完全与目标表中的字段名称相匹配。

（4）单击【下一步】按钮，可在对话框中设置"字段选项"，单击该界面下半部分中的某一列即可显示对应字段的属性，如图 3-32 所示。

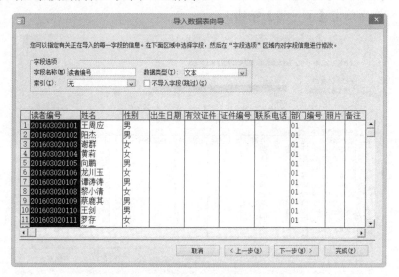

图 3-32 【导入数据表向导】对话框中查看或指定字段选项

（5）字段选项设置完成后，单击【下一步】按钮，切换到向导的下一个对话框，指定数据表的主键。如果选择【让 Access 添加主键】单选框，则 Access 将"自动编号"字段添加为目标表中的第一个字段，并且用从"1"开始的唯一 ID 值自动填充它，如图 3-33 所示。这里选择第二个【我自己选择主键】单选框，并在其右侧的列表框中选择"读者编号"作为主键，如图 3-34 所示。

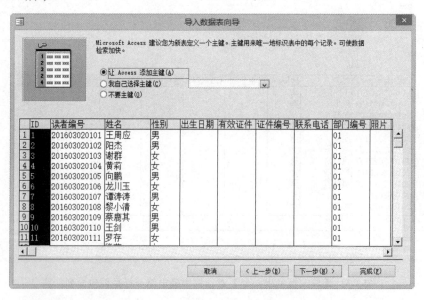

图 3-33 【导入数据表向导】对话框中指定主键

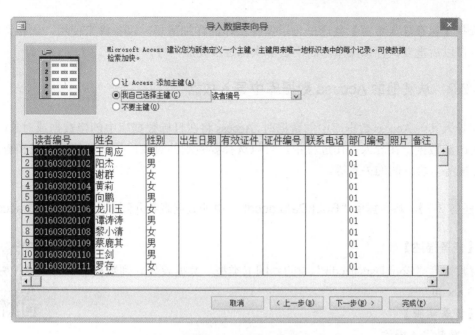

图 3-34　选择【我自己选择主键】单选框

（6）单击【下一步】按钮，在向导的最后一个对话框中，指定目标表的名称。在"导入到表"文本框中，输入数据表的名称"读者信息"，如图 3-35 所示。如果该数据表已存在，Access 会显示一条提示信息，询问是否要覆盖表中现有的内容。单击【是】按钮可继续操作，单击【否】按钮可为目标表指定其他名称。然后单击【完成】按钮以导入数据。

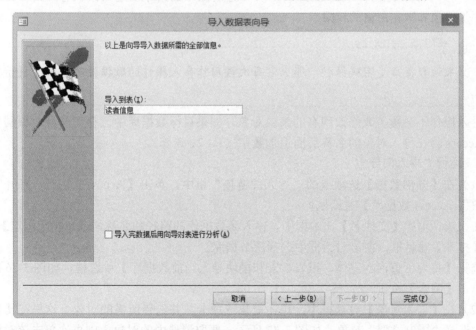

图 3-35　【导入数据表向导】对话框中指定目标表的名称

（7）如果 Access 能够导入某些或全部数据，该向导会显示下一个对话框来指明导入操作的状态；如果导入操作完全失败，Access 就会显示错误消息"尝试导入文件时出错"。

选择【保存导入步骤】复选框可以保存操作的详细信息，以备将来使用，保存详细信息有助于在以后重复执行该操作，而不必每次都逐步完成向导。

3.3.2 从其他的 Access 数据库中导入数据

在导入其他 Access 数据库中的数据时，Access 将在目标数据库中创建数据或对象的副本，而不更改源数据。在导入操作过程中，可以选择要复制的对象，控制如何导入表和查询，指定是否应导入表之间的关系等。

【任务 3-7】 将数据库"BookData.accdb"中的数据表导入到数据库"Book3.accdb"中

 【任务描述】

将数据库"BookData.accdb"中的"图书类型"数据表导入到数据库"Book3.accdb"中。

【任务实施】

1．准备导入操作

（1）找到源数据库"BookData.accdb"并确定要导入的对象。如果源数据库文件为".mdb"或".accdb"文件，则可导入数据库对象（包括：数据表、查询、报表、窗体、宏和模块）。如果源数据库文件为".mde"或".accde"文件，则只能导入数据表。

（2）关闭源数据库"BookData.accdb"，并且确保没有用户以独占模式打开该数据库。

（3）打开目标数据库"Book3.accdb"，并且确保该数据库不是只读状态，具有在该数据库中添加对象和数据所需的权限。

> 提 示
>
> 如果源数据库受密码保护，那么它每次被用作导入操作的数据源时，都会提示输入密码。

导入操作不会覆盖或修改现有的表或对象，如果目标数据库中已存在与源对象同名的对象，Access 将在导入对象的名称后面追加数字（1、2、3 等）。

2．运行"导入向导"

（1）在【外部数据】选项卡的"导入并链接"组中，单击【Access】按钮，打开【获取外部数据-Access 数据库】对话框。

在该对话框中【文件名】文本框中，输入源数据库的路径和名称，或单击【浏览】按钮，打开【打开】对话框，在该对话框中选择源数据库。

选择【将表、查询、窗体、报表、宏和模块导入当前数据库】单选框，如图 3-36 所示，然后单击【确定】按钮。

（2）在【导入对象】对话框中，单击对象选项卡，并选择所需的对象。这里在【表】选项卡中选择"图书类型"对象，如图 3-37 所示。要取消选中的对象，则再次单击该对象。在该对话框中可以单击【选项】按钮指定其他设置。

（3）导入对象选择好后，单击【确定】按钮完成导入操作。Access 开始复制数据，如果遇到任何问题，将显示错误消息。如果导入数据的操作成功，可以在该向导的最后一个界面中将该操作的详细信息予以保存，以备将来使用。

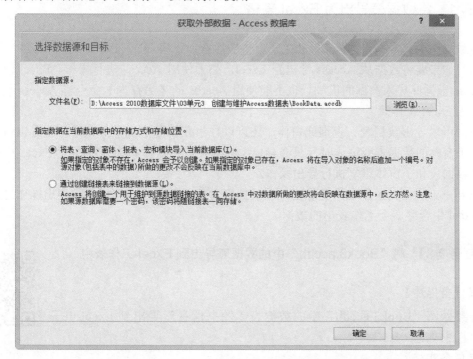

图 3-36　导入 Access 数据库中数据向导的【获取外部数据-Access 数据库】对话框

图 3-37　导入 Access 数据库中数据向导的【导入对象】对话框

3.4　导出数据

可以将 Access 数据表、查询和窗体对象中的数据导出到 Excel 电子表格、Word 文档、文本文件和其他 Access 数据库中。

3.4.1 将数据表导出为 Excel 表格

将数据库中的数据导出为 Excel 电子表格应注意以下事项。

（1）如果要将数据从 Access 导出到 Excel，必须使用 Access 进行操作。Excel 没有提供从 Access 数据库导入数据的机制。也不能使用 Access 的【另存为】命令将 Access 数据库或表另存为 Excel 工作簿。

（2）可以导出数据表、查询或窗体，还可以导出在视图中选中的记录。在导出包含子数据表或子窗体的数据表或窗体时，只会导出主数据表或主窗体。必须对要在 Excel 中查看的每个子数据表和子窗体重复执行导出操作。

（3）在一次导出操作中只能导出一个数据库对象。但是，在完成每次导出操作之后，可以在 Excel 中合并多个工作表中的数据。

【任务 3-8】 将 "Book3.accdb" 中的数据表导出到 Excel 工作表中

【任务描述】

将数据库 "Book3.accdb" 中的数据表 "图书信息" 导出到 Excel 电子表格 "图书信息.xlsx" 中。

【任务实施】

（1）启动 Access 2010，打开数据库 "Book3.accdb"。

（2）在导航窗格中，选择数据表 "图书信息"。

> ⚠ **注 意**
>
> 在导出之前必须检查源数据，以确保它不包含任何错误指示符或错误值。如果有错误，必须先改正错误，然后再将数据导出到 Excel。否则，在导出过程中会发生错误，而且字段中可能会插入 Null 值。

（3）在【外部数据】选项卡的 "导出" 组中单击【Excel】按钮，如图 3-38 所示。

图 3-38 【外部数据】选项卡的 "导出" 组的【Excel】按钮

（4）打开【导出-Excel 电子表格】对话框，如图 3-39 所示，在该对话框单击【浏览】按钮打开如图 3-40 所示的【保存文件】对话框。

（5）在【保存文件】对话框中确定 Excel 电子表格的保存位置，输入新的文件名，然后单击【保存】按钮，返回到【导出-Excel 电子表格】对话框。

（6）在【导出-Excel 电子表格】对话框选择 "文件格式"，并指定导出选项。如果源对象是一个数据表或查询，还要确定导出数据时是否要带有格式。

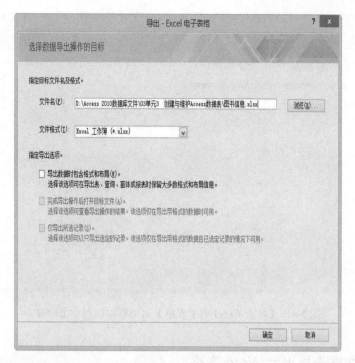

图 3-39　【导出-Excel 电子表格】对话框中选择数据导出操作的目标

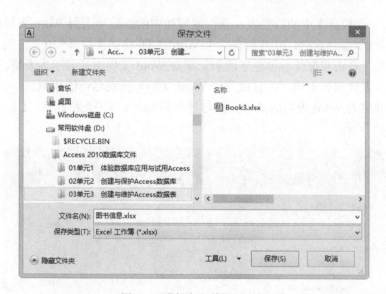

图 3-40　【保存文件】对话框

💡 提　示

　　导出操作时，可以导出到一个新的 Excel 工作簿中，也可以导出到现有的 Excel 工作簿中。如果目标 Excel 工作簿处于打开状态，则必须先将其关闭，然后再继续操作。

　　（7）单击【确定】按钮，系统自动导出数据，数据导出完成后会提示"是否保存这些导出步骤"，如图 3-41 所示，如果需要保存导出步骤则选中【保存导出步骤】复选框即可，最后单击【关闭】按钮，完成导出操作。

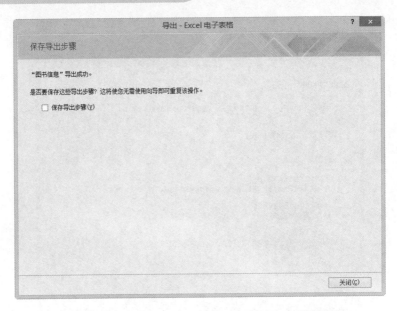

图 3-41 【导出-Excel 电子表格】对话框中保存导出步骤

3.4.2 将数据表导出为 Word 表格

可以将 Access 数据库中的数据表、查询或窗体中的数据导出到 Word 表格中,使用"导出向导"导出数据时,Access 2010 会在一个 Word RTF 格式文件(*.rtf)中创建该对象数据的副本。对于表、查询和窗体,可见字段和记录在 Word 文档中会显示为表格。导出报表时,该向导会导出报表数据和布局,并且试图使 Word 文档与报表尽可能相似。

将数据表导出为 Word 表格的操作步骤与导出为 Excel 电子表格相似,【导出-RTF 文件】对话框如图 3-42 所示。

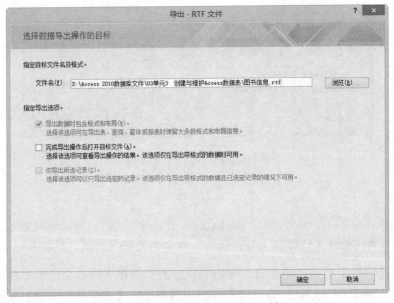

图 3-42 【导出-RTF 文件】对话框

3.5　记录数据的筛选

在使用数据表时，经常需要从众多的数据中挑选出部分满足某种条件的记录进行处理，能够完成此功能的记录操作就是筛选，筛选可以将数据视图局限于特定记录，经过筛选后的数据表，只显示满足条件的记录，而不满足条件的记录将被隐藏起来。

Access 提供了四种筛选方法：按"选定内容"筛选、使用"筛选器"筛选、按"窗体"筛选和高级筛选。

3.5.1　按"选定内容"筛选

【任务 3-9】 从"图书信息"表中按"选定内容"筛选出所需的记录

【任务描述】

从"图书信息"中按"选定内容"筛选出所有"电子工业出版社"出版的图书信息。

【任务实施】

（1）启动 Access 2010，打开数据库"Book3.accdb"。

（2）在"导航窗格"中双击数据表名称"图书信息"，打开数据表视图。

（3）在数据表视图中，单击"出版社"的字段内容为"电子工业出版社"的单元格，然后在【开始】选项卡的"排序和筛选"组中单击【选择】按钮 ，在弹出的下拉菜单中选择【等于"电子工业出版社"】选项，如图 3-43 所示。

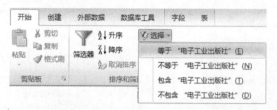

图 3-43　在下拉菜单中选择【等于"电子工业出版社"】选项

> 💡 **提　示**
>
> 也可以鼠标右击字段内容"电子工业出版社"处，弹出如图 3-44 所示的快捷菜单。

图 3-44　使用字段快捷菜单筛选

（4）此时数据表只显示"出版社"字段的值为"电子工业出版社"的信息，如图 3-45 所示。

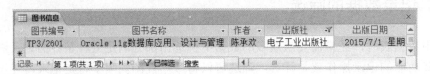

图 3-45　按"选定内容"为"电子工业出版社"筛选后显示的记录

> **提　示**
>
> 　　数据表应用筛选条件后，字段名"出版社"右侧会出现一个筛选标识，说明当前数据表视图是基于"出版社"字段筛选的。

记录导航按钮右侧显示"已筛选"字样，单击"已筛选"字样，则取消筛选，恢复数据表原有的内容，同时"已筛选"字样变成"未筛选"字样。取消筛选不是真正地删除筛选窗口中的筛选条件，而只是暂时让筛选条件失效，恢复数据表原有的显示内容，其中的筛选条件仍保留在"筛选"窗口中，重新单击"未筛选"字样时，将会再次显示筛选结果。

（5）在【开始】选项卡的"排序和筛选"组中单击【高级筛选选项】按钮，在弹出的菜单中单击【高级筛选/排序】命令，如图 3-46 所示。打开【图书信息筛选 1】对话框。"条件"单元格中显示对应的条件表达式为""电子工业出版社""，如图 3-47 所示。

图 3-46　【高级筛选选项】按钮的下拉菜单

图 3-47　高级筛选窗口显示的筛选条件

> **提　示**
>
> 　　显示在"条件"文本框中的筛选条件为：""电子工业出版社""，这是"[出版社]="电子工业出版社""的省略写法，其含义为筛选出"出版社"字段值等于"电子工业出版社"的记录。

（6）在快速访问工具栏中单击【保存】按钮，保存筛选结果。

（7）关闭"图书信息"数据表，再次打开该数据表视图，在【开始】选项卡的"排序和筛选"组的【高级筛选选项】的下拉菜单中单击【应用筛选/排序】按钮，数据表中将再次显示筛选的结果。

（8）如果要清除筛选结果，在【开始】选项卡的"排序和筛选"组的【高级筛选选项】的下拉菜单中单击【清除所有筛选器】按钮即可。

3.5.2 使用"筛选器"筛选

除了 OLE 对象字段和显示计算值的字段之外，其他类型的字段都提供了"筛选器"，"筛选器"的筛选列表取决于所选字段的数据类型和字段值。

【任务 3-10】 使用"筛选器"从"图书信息"数据表中筛选出所需的记录

【任务描述】

使用"筛选器"筛选的方法，从"图书信息"数据表中筛选出"价格"在 20 元～30 元之间的图书信息。

【任务实施】

（1）启动 Access 2010，打开数据库"Book3.accdb"。

（2）在"导航窗格"中双击数据表名称"图书信息"，打开数据表视图。

（3）在数据表视图中，选择"价格"字段，在【开始】选项卡的"排序和筛选"组中单击【选择】按钮，在弹出的下拉菜单中单击【期间】命令，如图 3-48 所示，此时打开如图 3-49 所示的【数字边界之间】对话框。

（4）在【数字边界之间】对话框中的"最小"文本框输入数字"20"，在"最大"文本框中输入数字"30"，如图 3-49 所示，单击【确定】按钮。

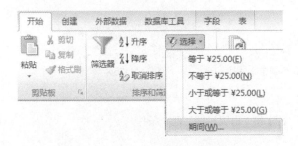
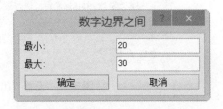

图 3-48 在拉菜单中单击【期间】命令　　　图 3-49 【数字边界之间】对话框

（5）此时在"图书信息"表中只显示符合筛选条件的记录，如图 3-50 所示。

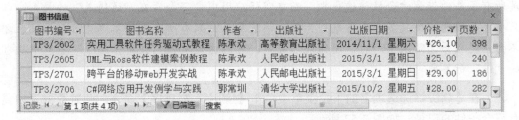

图 3-50 使用"筛选器"筛选的结果

（6）在快速访问工具栏中单击【保存】按钮，保存筛选结果。

（7）在【开始】选项卡的"排序和筛选"组中单击【高级筛选选项】按钮 ，在弹出的菜单中单击【高级筛选/排序】命令。打开【图书信息筛选 1】对话框。"条件"单元格中显示对应的条件表达式为"Between 20 And 30"。

3.5.3 按"窗体"筛选

按"窗体"筛选是一种快速的筛选方法，使用这种方法不用浏览整个数据中的记录，并且可以同时对两个以上的字段进行筛选。

【任务 3-11】 使用"窗体"筛选从"图书信息"数据表中筛选出所需的记录

【任务描述】

使用按"窗体"筛选的方法，从"图书信息"数据表中筛选出"价格"高于 25 元且由"人民邮电出版社"出版的图书记录。

【任务实施】

【操作步骤】

（1）启动 Access 2010，打开数据库"Book3.accdb"。

（2）在"导航窗格"中双击数据表名称"图书信息"，打开数据表视图。

（3）在【开始】选项卡的"排序和筛选"组中单击【高级筛选选项】按钮 ，在弹出的下拉菜单中单击【按窗体筛选】命令，打开【图书信息：按窗体筛选】对话框。

（4）在"出版社"下拉列表中选择"人民邮电出版社"，在"价格"文本框中输入表达式"＞25"，如图 3-51 所示。

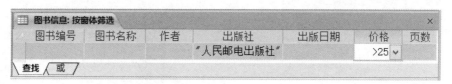

图 3-51　设置"出版社"名称和"出版日期"两个条件

> 💡 **提示**
>
> 按"窗体"筛选时多个筛选条件间的关系要满足"逻辑与"的关系，即只有同时满足所有条件的记录才会被筛选出来。而在实际应用中，还会存在"逻辑或"的关系，即只要满足任意一个或多个条件就视为符合筛选要求，只有所有条件不满足时，该记录才不会出现在筛选结果中。对"逻辑或"关系，可以通过单击"按窗体筛选"窗口中底部的"或"标签来实现。

（5）在【高级筛选选项】的下拉菜单中单击【应用筛选/排序】命令，此时数据表中显示所有符合条件的记录，如图 3-52 所示。

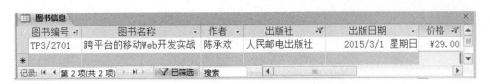

图 3-52　使用按"窗体"筛选的结果

3.5.4　高级筛选

高级筛选可实现较复杂的筛选，以挑选出符合多重条件的记录。

【任务 3-12】　使用高级筛选从"图书信息"数据表中筛选出所需的记录

【任务描述】

使用高级筛选功能，从"图书信息"数据表中筛选出由"电子工业出版社"出版的 20 元以上的图书记录，并将筛选结果按"图书编号"升序排列。

【任务实施】

（1）启动 Access 2010，打开数据库"Book3.accdb"。

（2）在"导航窗格"中双击数据表名称"图书信息"，打开数据表视图。

（3）在【开始】选项卡的"排序和筛选"组中单击【高级】按钮，在弹出的菜单中单击【高级筛选/排序】命令，打开【图书信息筛选 1】对话框。

> **提 示**
>
> 　　【高级筛选/排序】对话框由两部分组成，对话框的上部列出正在处理的数据表字段列表，下部用来设定"筛选/排序"的条件，其中主要设置说明如下。
> 　　① 字段：用来选择需要设定条件的字段。单击列表框中右侧的向下箭头按钮，然后在该列表中选择需要的字段名；也可以双击窗口上部的数据表中的字段列表中的字段名。
> 　　② 排序：对选定的字段进行排序。
> 　　③ 条件：用于设定"筛选/排序"的条件，"逻辑与"关系的条件应在同一栏或同一行内输入。
> 　　④ 或：用于设置筛选条件的"逻辑或"关系，"逻辑或"关系的条件应在不同行内输入。如果有多个"逻辑或"关系的条件，则应继续在下一行内输入。

（4）在第 1 列字段行中，单击列表框中右侧的向下箭头按钮，然后选择字段名"出版社"，在"出版社"列的"条件"文本框中输入""电子工业出版社""。

（5）在第 2 列字段行中，单击列表框中右侧的向下箭头按钮，然后选择字段名"价格"，在"价格"列的"条件"文本框中输入">=20"。

（6）在第 3 列字段行中，单击列表框中右侧的向下箭头按钮，然后选择字段名"图书编号"，在该列的"排序"列表框中选择"升序"，如图 3-53 所示。

（7）在【高级筛选选项】的下拉菜单中单击【应用筛选/排序】命令，此时数据表中显示所有符合条件的记录，如图 3-54 所示。

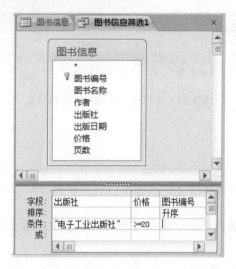

图 3-53 【图书信息筛选】对话框与筛选条件设置

图 3-54 高级筛选的结果

3.6 设置数据表的外观属性

在 Access 的数据表视图中，数据的显示格式通常是 Access 的默认格式。实际上，可以根据实际需求，调整数据表的显示外观。设置数据表外观的操作主要包括设置字体格式、设置数据表的网格属性、调整字段的显示次序、调整字段的显示高度和宽度、隐藏列和冻结列等。数据表的外观设置结果可以进行存储，并且会影响以后对该数据表的浏览，但并不会影响数据表的结构定义及其数据。

3.6.1 设置字体格式

为了使数据的显示美观清晰、醒目突出，可以在数据表视图中，通过【开始】选项卡的"文本格式"组改变数据表中数据的字体格式。

【任务 3-13】 设置"图书信息"数据表的字体格式

【任务描述】

（1）设置数据表中"图书信息"的字体格式为"宋体、加粗、深蓝色"，字号为"10"。
（2）设置"图书编号"列中的数据居中显示。

【任务实施】

（1）在 Access 2010 中，打开数据库"Book3.accdb"。

（2）打开数据表"图书信息"的数据表视图窗口，在【开始】选项卡"文本格式"组中字体选择"宋体"，字形选择"加粗"，字号设置为"10"。

（3）在【开始】选项卡"文本格式"组中单击【字体颜色】按钮，在弹出的菜单中选择"深蓝"选项，设置数据表文字颜色为"深蓝"色，如图 3-55 所示。

（4）在数据表视图窗口中，将鼠标指针定位在"图书编号"列的字段名（即字段选择器）上，鼠标指针会变成一个粗体黑色下箭头 图书编号↓，此时单击鼠标左键选中"图书编号"一列，然后在"文本格式"组中单击【居中】按钮 ≡，此时"图书编号"列中的所有数据居中显示。

（5）在快速访问工具栏中单击【保存】按钮，保存对数据表所作的修改。

"图书信息"数据表的字体格式设置结果如图 3-56 所示。

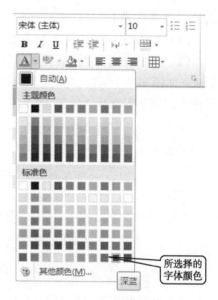

图 3-55　设置字体颜色

 注 意

可以对指定的列设置字体对齐方式，但是其他的字体格式只能对整个数据表设置。

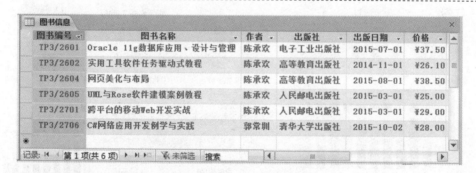

图 3-56　字体格式设置结果

3.6.2　设置数据表的网格属性

在数据表视图中，可以通过设置数据表网格和背景更好地区分记录。

【任务 3-14】设置"出版社"数据表的网格属性

【任务描述】

（1）设置"出版社"数据表的背景色为"紫色 3"，替代背景色为"绿色 2"，网格线颜色为"水蓝 4"。

（2）网格线显示方式为水平方向和垂直方向都显示网格线。

【任务实施】

（1）在 Access 2010 中，打开数据库"Book3.accdb"。

（2）打开数据表"出版社"的数据表视图窗口，在第 2 条记录左侧选择区域选中第 2 条记录，如图 3-57 所示。然后在【开始】选项卡的"文本格式"组中单击【填充/背景色】按钮，在弹出的菜单中选择"紫色 3"色块，如图 3-58 所示。

图 3-57　选中第 2 条记录

（3）此时数据表"Book3.accdb"为偶数的记录单元格的背景颜色被设置为"紫色 3"。

（4）单击"文本格式"组右下方的【对话框启动器】按钮 ，打开【设置数据表格式】对话框，在该对话框中"网格线显示方式"选项区域中选中"水平"和"垂直"两个复选框，然后单击"网格线颜色"下拉箭头，在弹出的菜单中选择"水蓝 4"色块，如图 3-59 所示。

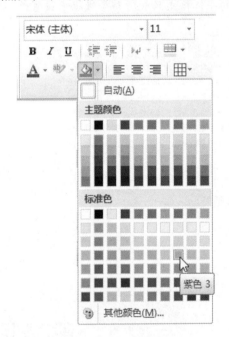

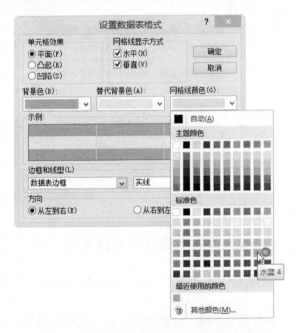

图 3-58　设置填充颜色　　　　　图 3-59　在【设置数据表格式】对话框中
　　　　　　　　　　　　　　　　　　设置网格线显示方式和颜色

（5）替代背景色设置为"绿色 2"，如图 3-60 所示，然后单击【确定】按钮，数据表"出版社"的网格属性设置效果如图 3-61 所示。

（6）在快速访问工具栏中单击【保存】按钮，保存对数据表所作的修改。

图 3-60　在【设置数据表格式】对话框中设置替代背景色

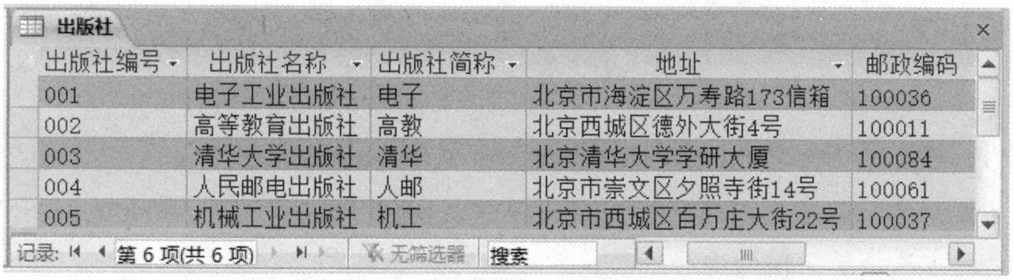

图 3-61　数据表"出版社"的网格属性设置效果

3.6.3　调整字段的显示次序

字段在数据表中的显示次序是由用户输入字段的先后顺序决定的。在数据表的编辑过程中，可以根据需要调整字段的显示位置，尤其是在字段较多的数据表中，调整字段顺序可以方便浏览字段信息。

【任务 3-15】调整"出版社"数据表中字段的显示次序

【任务描述】

在不改变表结构定义的前提下，调整"出版社"数据表中"地址"和"邮政编码"字段的显示次序，将"邮政编码"字段显示在"地址"字段的左边。

【任务实施】

（1）在 Access 2010 中，打开数据库"Book3.accdb"。

（2）打开数据表"出版社"的数据表视图窗口，单击"邮政编码"字段列的字段名选中该字段。

（3）将鼠标置于"邮政编码"字段列的字段名位置，然后按住鼠标左键不放，鼠标指针变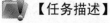成形状，拖动该字段到"地址"字段的左侧，在拖动过程中将出现如图 3-62 所示的粗黑线。

出版社简称	地址	邮政编码	联系电话	单击以添加
电子	北京市海淀区万寿路173信箱	100036	(010) 58581001	
高教	北京西城区德外大街4号	100011	(010) 58581001	
清华	北京清华大学学研大厦	100084	(010) 62776969	
人邮	北京市崇文区夕照寺街14号	100061	(010) 67170985	
机工	北京市西城区百万庄大街22号	100037	(010) 68993821	

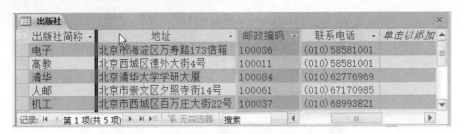

图 3-62　拖动字段的过程

（4）释放鼠标左键，此时“邮政编码”字段排列在“地址”的左侧，如图 3-63 所示。

出版社简称	邮政编码	地址	联系电话	单击以添加
电子	100036	北京市海淀区万寿路173信箱	(010) 58581001	
高教	100011	北京西城区德外大街4号	(010) 58581001	
清华	100084	北京清华大学学研大厦	(010) 62776969	
人邮	100061	北京市崇文区夕照寺街14号	(010) 67170985	
机工	100037	北京市西城区百万庄大街22号	(010) 68993821	

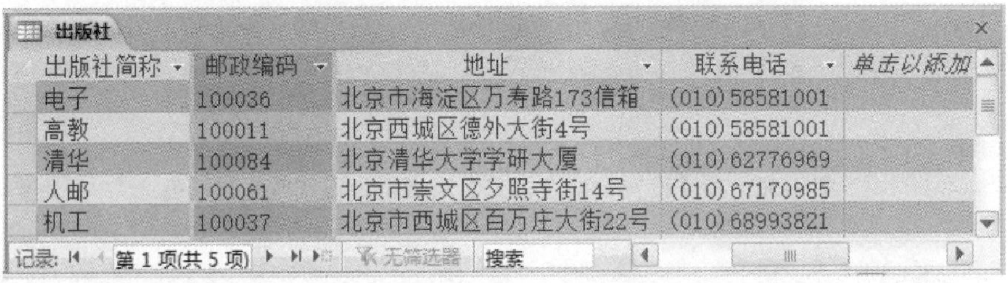

图 3-63　拖动字段后的效果

注 意

如果需要同时移动相邻的两列或多列，可以按住“Shift”键选中两列或多列，然后采用拖动的方法调整字段的次序即可。

3.6.4 调整字段的显示高度和宽度

Access 的数据表视图中，默认情况下，以标准高度和标准宽度显示所有的行和列，用户可以根据需要调整行高和列宽。调整行高和列宽的方法主要有两种：通过【开始】选项卡的“记录”组的菜单项进行设置和通过鼠标直接进行调整。

【任务 3-16】 调整“出版社”数据表所有记录的行高

【任务描述】

使用【开始】选项卡的“记录”组的菜单项调整数据表“出版社”所有记录的行高为“15”。

【任务实施】

（1）在 Access 2010 中，打开数据库“Book3.accdb”。

（2）打开数据表“出版社”的数据表视图窗口，单击该数据表中的任意单元格。

（3）在【开始】选项卡的“记录”组中，单击【其他】按钮，如图 3-64 所示，在弹出的菜单中单击菜单项【行高】，打开【行高】对话框，在“行高”文本框中输入“15”，如图 3-65 所示。

（4）单击【确定】按钮，当前数据表所有的记录行的高度都将调整为“15”。

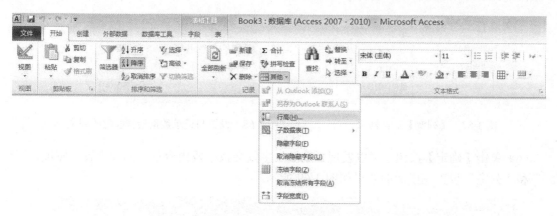

图 3-64　"记录"组的【其他】菜单

 提 示

　　鼠标右击"记录选择区域"，将会弹出如图 3-66 所示的快捷菜单，然后单击菜单项
【行高】也能打开【行高】对话框。

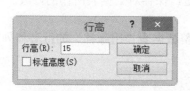

图 3-65　【行高】对话框　　　　　图 3-66　设置行高的菜单项

（5）在快速访问工具栏中单击【保存】按钮，保存对数据表所作的修改。

【任务 3-17】 调整"出版社"数据表指定字段的列宽

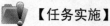【任务描述】

　　使用【开始】选项卡的"记录"组菜单项调整数据表"出版社"的"地
址"和"邮政编码"两个字段的列宽，其中"邮政编码"字段的列宽调整为
"10"，"地址"字段的列宽调整到与该字段的数据最匹配的效果。

【任务实施】

　　（1）在 Access 2010 中，打开数据库"Book3.accdb"。
　　（2）打开数据表"出版社"的数据表视图窗口，单击"邮政编码"字段中的任意单元格。
　　（3）在如图 3-64 所示"记录"组的【其他】菜单中单击菜单项【字段宽度】，打开【列
宽】对话框，在"列宽"文本框中输入"10"，如图 3-67 所示。
　　（4）单击【确定】按钮，"邮政编码"列的宽度调整为"10"。
　　（5）选择"地址"字段，然后打开【列宽】对话框，在该对话框中单击【最佳匹配】按
钮，如图 3-68 所示，使该字段的宽度与其数据内容达到最佳匹配的效果。

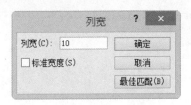

图 3-67　【列宽】对话框　　　　　　　图 3-68　设置与记录数据最佳匹配的列宽

（6）单击【确定】按钮，可以发现"地址"字段会按字段内容最长的行设置其宽度。"行高"和"列宽"设置完成后的效果如图 3-69 所示。

出版社编号 ·	出版社名称 ·	出版社简称 ·	邮政编码 ·	地址 ·	联系电话 ·
001	电子工业出版社	电子	100036	北京市海淀区万寿路173信箱	(010) 58581001
002	高等教育出版社	高教	100011	北京西城区德外大街4号	(010) 58581001
003	清华大学出版社	清华	100084	北京清华大学学研大厦	(010) 62776969
004	人民邮电出版社	人邮	100061	北京市崇文区夕照寺街14号	(010) 67170985
005	机械工业出版社	机工	100037	北京市西城区百万庄大街22号	(010) 68993821

记录：Ⅰ ◀ 第1项(共5项) ▶ ▶Ⅰ ▶* 无筛选器　搜索

图 3-69　"行高"和"列宽"的调整之后的效果

（7）在快速访问工具栏中单击【保存】按钮，保存对数据表所作的修改。

【任务 3-18】 使用"拖动鼠标"的方法调整数据表"出版社"的行高和列宽

【任务描述】

使用"拖动鼠标"的方法调整"出版社"数据表的行高以及"出版社编号"、"出版社名称"两个字段的列宽，其中"出版社名称"字段的列宽调整到与该字段的数据最匹配的效果。

【任务实施】

（1）在 Access 2010 中，打开数据库"Book3.accdb"。

（2）打开数据表"出版社"的数据表视图窗口，将鼠标指针置于数据表中任意两个"记录选择区域"之间，此时鼠标指针变成┿形状，如图 3-70 所示。按住鼠标左键不放，拖动鼠标上、下移动到合适的高度释放鼠标左键，可以看出这种调整会影响数据表中所有的记录行。

出版社编号 ·	出版社名称 ·	出版社简称 ·	邮政编码 ·	地址 ·
001	电子工业出版社	电子	100036	北京市海淀区万寿路173信箱
002	高等教育出版社	高教	100011	北京西城区德外大街4号
003	清华大学出版社	清华	100084	北京清华大学学研大厦
004	人民邮电出版社	人邮	100061	北京市崇文区夕照寺街14号
005	机械工业出版社	机工	100037	北京市西城区百万庄大街22号

记录：Ⅰ ◀ 第1项(共5项) ▶ ▶Ⅰ ▶* 无筛选器　搜索

图 3-70　使用"拖动鼠标"的方法调整行高

（3）将鼠标指针置于"出版社编号"字段名称和"出版社名称"字段名称之间的边框线（字段选择区域）上，此时鼠标指针变成┿形状。按住鼠标左键不放，拖动鼠标左、右移动调整字段的显示宽度，拖动到合适的位置时释放鼠标左键，如图 3-71 所示。

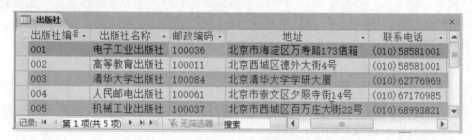

图 3-71　使用"拖动鼠标"的方法调整列宽

（4）将鼠标指针置于"出版社名称"字段名称和"出版社简称"字段名称之间的边框线（字段选择区域）上，此时鼠标指针变成✛形状，双击鼠标左键，可以看出"出版社名称"字段调整到与该字段数据内容相匹配的宽度。

（5）在快速访问工具栏中单击【保存】按钮，保存对数据表所作的修改。

3.6.5　隐藏与显示字段

在 Access 的数据表视图中，为了方便查看数据表中的主要字段，可以将某些字段暂时隐藏起来，而需要时再将其显示出来。隐藏是指将指定的字段暂时不予显示的操作，隐藏是以整个字段为单位的。

【任务 3-19】 隐藏数据表"出版社"中的字段

【任务描述】

在数据表"出版社"的数据表视图中隐藏"出版社简称"字段。

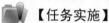【任务实施】

（1）在 Access 2010 中，打开数据库"Book3.accdb"。

（2）打开数据表"出版社"的数据表视图窗口，选择"出版社简称"字段，在【开始】选项卡的"记录"组中单击【其他】按钮，在弹出的菜单中选择菜单项【隐藏字段】，此时字段"出版社简称"被隐藏，如图 3-72 所示。

图 3-72　"出版社"数据表中部分字段被隐藏

如果希望将隐藏的字段重新显示出来，则在"数据表视图"，单击"记录"组中的【其他】按钮，在弹出的菜单中选择菜单项【取消隐藏字段】，打开【取消隐藏列】对话框，如图 3-73 所示。该对话框中显示了所有字段名称，已显示字段名前的复选框为选中状态☑，隐藏字段名前的复选框为未选中状态☐。单击隐藏字段的复选框，使其变为选中状态☑，再单击【关闭】按钮，即可使原先隐藏的列重新显示出来。

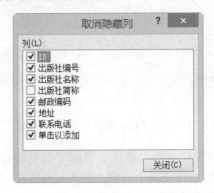

图 3-73 【取消隐藏列】对话框

 说 明

  也可以利用【取消隐藏列】对话框隐藏字段，在【取消隐藏列】对话框中取消字段的选中状态，然后单击【关闭】按钮即可隐藏相应的字段。

（4）在快速访问工具栏中单击【保存】按钮，保存对数据表所作的修改。

3.6.6 冻结列

当数据表中的字段比较多时，由于屏幕宽度的限制无法在窗口显示所有的字段，滚动条水平滚动后，有些重要的字段值无法看到，影响到数据的查看，为了使某些重要字段列留在窗口，可以使用 Access 冻结列的功能实现。"冻结列"是指将指定字段固定在屏幕上，使用水平滚动条也不会将该字段移出屏幕显示区。

【任务 3-20】 在数据表"出版社"的数据表视图中冻结字段

 【任务描述】

在数据表"出版社"的数据表视图中冻结"出版社名称"字段，使得窗口水平滚动时，"出版社名称"字段列始终显示在屏幕左侧。

【任务实施】

（1）在 Access 2010 中，打开数据库"Book3.accdb"。

（2）打开数据表"出版社"的数据表视图窗口，鼠标右击"出版社名称"字段名称（字段选择区域），弹出如图 3-74 所示的快捷菜单，选择菜单项【冻结字段】，此时"出版社名称"字段自动排列到数据表的最左侧。

（3）拖动窗口下方的水平滚动条，此时"出版社名称"字段始终显示在窗口的最左边中，如图 3-75 所示。

如果要取消冻结的字段，可以在如图 3-74 所示的快捷菜选择菜单项【取消冻结所有字段】，将字段恢复到原始状态。

（4）在快速访问工具栏中单击【保存】按钮，保存对数据表所作的修改。

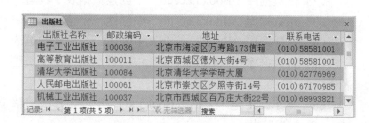

图 3-74 冻结字段的快捷菜单　　　　　图 3-75 移动水平滚动条后冻结字段的显示效果

【问题 1】："文本"类型的字段存储汉字时如何确定字段大小？

答：在计算"文本"类型字段的大小，很多软件要考虑一个汉字占用 2 字节，但 Access 2010 中用户只需给出汉字个数即可，也就是说"文本"类型字段的大小的单位是"字数"，而不是"字节"，对于"性别"字段，其存储的数据为"男"或"女"，只有一个汉字，所以"性别"字段的大小是"1"，而不是"2"。

【问题 2】：Access 2010 中空值（Null）和空字符串有何区别？

答：空值 Null 和空字符串是两种不同类型的空值，空值 Null 表示某个字段的值为未知值，意味着"不知道或不确定"，可能是因为该字段的值目前无法获得，或者字段不适用于某一特定的记录。而空字符串（""，不带空格的双引号）是长度为 0 的字符串，表示某一个字段的值确实为空，意味着"知道其没有值"。例如，在"读者信息"表中某位读者的移动电话为 Null 值，意味着"目前不知其移动电话"，或者是没有手机，或者有手机但不知道其号码；如果移动电话是空字符串，则意味着"确定没有移动电话"。

【问题 3】：如何向数据表的记录中添加日期和时间数据？

答：一般情况下，可以手动输入日期和时间，也可以使用 Access 2010 提供的日期选取器输入日期和时间。

方法一：手动输入日期。

（1）选择"日期/时间"字段或以其他方式将焦点放在该字段上。

（2）使用键盘输入日期或时间，注意必须按正确的日期格式输入日期数据。例如，"2015-8-23"或"08/23/07"都是正确的日期格式。

方法二：通过使用日期选取器来输入日期。

（1）选择"日期/时间"字段或以其他方式将焦点放在该字段上。

（2）单击位于该字段右侧或左侧的日期选取器。此时出现一个日历控件，其中显示当前的月份和日期。若要输入当前日期，则直接单击选项【今天】即可。可以使用向前或向后按钮选择其他年份、月份或日期，当单击某个日期时，Access 会向表字段中写入选定值。

（1）在数据库"Book3.accdb"中创建数据表"图书类型"，并输入相应的数据。

（2）在数据库"Book3.accdb"中创建数据表"读者类型"，并输入相应的数据。

（3）在数据库"Book3.accdb"中创建一个空白数据表"借书证"。

（4）在数据库"Book3.accdb"中创建一个空白数据表"图书借阅"。

（5）将数据库"Book3.accdb"中的数据表"图书类型"、"读者类型"导出到 Excel 电子表格中。

（6）将 Excel 电子表格"Book3.xls"中的工作表"借书证"、"图书借阅"导入到数据库"Book3.accdb"中。

（7）在"Book3.accdb"的数据表视图中调整行高为"18"，将"出版社"列移到"图书类型"与"作者"之间，隐藏"图书简介"和"封面图片"两列数据。

（8）在"图书信息"数据表中按照"价格"的降序排列，若价格相同，则按照"图书编号"的升序排列。

（9）在"图书信息"数据表中筛选出"价格"在 30 元以上的记录。

（10）在"图书借阅"数据表中筛选出 2016 年 9 月借出图书的所有借阅记录。

> **提示**
>
> ① 创建数据表的一般方法是：先在表的"设计视图"中定义表结构，然后切换到"数据表视图"输入记录数据。
>
> ② "图书类型"表的结构信息如表 3-9 所示，"借书证"表的结构信息如表 3-10 所示。

表 3-9　"图书类型"表的结构信息

字 段 名 称	数 据 类 型	字 段 大 小
类型编号	文本	5
类型名称	文本	20
描述信息	备注	-

表 3-10　"借书证"表的结构信息

字 段 名 称	数 据 类 型	字 段 大 小
借书证编号	文本	8
读者编号	文本	10
发证日期	日期/时间	-
读者类型编号	文本	2
可借图书数量	数字	整型
借书证状态	文本	4

> ③ "图书借阅"表的结构信息如表 3-11 所示，"读者类型"表的结构信息如表 3-12 所示。

表 3-11 "图书借阅"表的结构信息

字 段 名 称	数 据 类 型	字 段 大 小
借阅编号	文本	8
图书条形码	文本	8
借书证编号	文本	8
借出日期	日期/时间	-
应还日期	日期/时间	-
挂失日期	日期/时间	-
续借次数	数字	字节
操作员	文本	10
图书状态	文本	16

表 3-12 "读者类型"表的结构信息

字 段 名 称	数 据 类 型	字 段 大 小
读者类型编号	文本	2
读者类型名称	文本	10
限借数量	数字	整型
限借期限	数字	整型
续借次数	数字	整型
超期日罚金	货币	-

④ "图书类型"表中的数据如表 3-13 所示。

表 3-13 "图书类型"表中的数据

图书类型编号	图书类型名称	描 述 信 息
01	A 马克思主义、列宁主义、毛泽东思想、邓小平理论	
02	B 哲学、宗教	
03	C 社会科学总论	
04	D 政治、法律	
05	E 军事	
06	F 经济	
07	G 文化、科学、教育、体育	
08	H 语言、文字	
09	I 文学	
10	J 艺术	
11	K 历史、地理	
12	N 自然科学总论	
13	O 数理科学和化学	
14	P 天文学、地球科学	
15	R 医药、卫生	
16	S 农业科学	
17	T 工业技术	
18	U 交通运输	
19	V 航空、航天	
20	X 环境科学、安全科学	
21	Z 综合性图书	
22	M 期刊杂志	
23	W 电子图书	

⑤ "读者类型"表中的部分数据如表3-14所示。

表3-14 "读者类型"表中的部分数据

读者类型编号	读者类型名称	限 借 数 量	限 借 期 限	续 借 次 数	超期日罚金
01	特殊读者	30	12	5	1.00
02	一般读者	20	6	3	0.50
03	图书馆管理员	25	12	3	0.50
04	教师	20	6	5	0.50
05	学生	10	6	2	0.10

⑥ Access 2010 中每一次只能导出一个数据表,也只能导入一个工作表。

单元小结

本单元主要介绍了创建数据表、打开数据表、记录的选择与定位、记录数据的编辑、数据表导入与导出、记录的排序和数据筛选的操作方法。重点训练了使用表"设计视图"创建表结构和输入记录数据、通过输入数据创建数据表,同时还介绍设置数据表的字体格式、网格属性,调整字段的显示次序,调整字段的显示高度和宽度的方法。

单元习题

1. 填空题

(1) Access 中的数据表由(   )和(   )组成。

(2) 在数据表中,每一行称为一条(   ),每一列称为一个(   )。

(3) 字段的基本属性有(   )、(   )和字段大小。

(4) Access 数据表有两种视图:(   )一般用于浏览或编辑表中的数据,而(   )则用于浏览或编辑表的结构。

(5) Access 提供了两种字段数据类型,用于保存文本或文本和数字的组合数据,这两种数据类型是(   )和(   )。

(6)(   )是将 Access 中的数据库对象导出到其他数据库中或转换成其他类型的文件。

(7)(   )属性用于设置字段的数据格式,并可以对允许输入的数据类型进行控制。

(8) 记录的排序方式有(   )和(   )两种方式。

(9) 对记录进行排序时,若要先出现的日期在后,后出现的日期的在前,应使用(   )排序。

2. 选择题

(1) Access 表的字段类型中不包括(   )。

A. 文本   B. 数字   C. 货币   D. 字符串

（2）Access 中，一个数据表最多可以建立（　　）个主键。

A．1　　　　　　　　B．2　　　　　　　　C．3　　　　　　　　D．任意

（3）在下列数据类型中，可以设置"字段大小"属性的是（　　）。

A．备注　　　　　　B．文本　　　　　　C．日期/时间　　　　D．货币

（4）在"数据表视图"中，不可以（　　）。

A．修改字段的类型　　　　　　　　　B．修改字段的名称

C．删除一个字段　　　　　　　　　　D．删除一条记录

（5）Access 中，选定数据表中所有记录的方法是（　　）。

A．选定第一条记录

B．选定最后一条记录

C．任意选定一条记录

D．先选定第一条记录，然后按住"Shift"键，选定最后一条记录

（6）（　　）数据类型的字段能设置索引。

A．数字、货币、备注　　　　　　　　B．数字、OLE 对象

C．数字、文本和货币　　　　　　　　D．日期/时间、文本和备注

（7）若想看到在数据表中与某个值匹配的所有数据，应采取的方法是（　　）。

A．查找　　　　　　B．替换　　　　　　C．筛选　　　　　　D．复制

（8）一次只能选择一个筛选条件是（　　）。

A．按"窗体"筛选　　　　　　　　　　B．按"选定内容"筛选

C．使用"筛选器"筛选　　　　　　　　D．高级筛选

（9）（　　）用来决定该字段是否允许零长度字符串，属性取值为"是"和"否"两项。

A．允许空字符中　　B．标题　　　　　　C．必填字段　　　　D．默认值

（10）下面哪一个选项不属于 Access 提供的数据筛选方式？（　　）

A．使用"筛选器"筛选　　　　　　　　B．基于"选定内容"筛选

C．高级筛选/排序　　　　　　　　　　D．按"数据表视图"筛选

维护与使用 Access 数据表

　　数据表创建后，经常需要修改数据表的结构，设置数据表字段的属性，设置数据表的主键，创建数据表之间的关系等，本单元主要介绍数据表的维护与修改，使所创建的数据表更加完善，符合用户需求。

教学目标	（1）熟练掌握修改数据表结构的方法
	（2）掌握设置数据表字段属性的方法
	（3）熟练掌握创建数据表之间关系的方法
	（4）掌握创建与使用子数据表
教学方法	任务驱动法、分组讨论法、理论实践一体化、探究学习法
课时建议	6 课时

1. 表设计器

　　表结构的修改操作是在表的"设计视图"中进行的，因此必须切换到表的"设计视图"，才能修改数据表的结构。

　　打开表设计视图的方法有多种，与所处的操作环境有关。

　　（1）在"导航窗格"中，鼠标右击数据表名称，在弹出的快捷菜单中单击【设计视图】命令，如图 4-1 所示，便可打开表的"设计视图"。

图 4-1　在数据库对象的快捷菜单中单击【设计视图】命令

（2）在打开的"数据表视图"中，鼠标右击"数据表视图"的文档选项卡，在弹出的快捷菜单中单击【设计视图】命令，如图 4-2 所示，便可打开表设计视图。

（3）在打开的"数据表视图"中，在【开始】选项卡的"视图"组中单击【视图】按钮，在弹出的下拉菜单中单击【设计视图】命令，如图 4-3 所示，便可打开表的"设计视图"。

图 4-2　在"数据表视图"文档选项卡的快捷菜单中
单击【设计视图】命令

图 4-3　在"视图"组的下拉菜单中
单击【设计视图】命令

> **提示**
>
> "功能区"的【视图】命令选项卡的图标会随着视图类型不同而发生变化，如果当前打开了"数据表视图"，图标为，此时直接单击该图标，便可切换到表的"设计视图"；如果当前打开了表的"设计视图"，图标为，此时直接单击该图标，便可切换到"数据表视图"。

进入表的"设计视图"时，"功能区"会自动出现对应的【设计】上下文命令选项卡，如图 4-4 所示。

图 4-4　打开表的"设计视图"时出现的【设计】上下文命令选项卡

2．字段的"输入掩码"属性

"输入掩码"属性用于设置"文本"、"日期/时间"、"数字"、"货币"等数据类型的格式，并对允许输入的字符进行控制。要设置字段的"输入掩码"，对于"文本"和"日期/时间"数据类型可以使用 Access 自带的"输入掩码向导"来完成。例如，设置"联系电话"字段的输入掩码可以使用"输入掩码向导"准确地设置输入格式为（＿＿＿）＿＿＿＿＿＿＿。

输入掩码中使用的占位符和字面字符及其使用说明如表 4-1 所示。

表 4-1　输入掩码中使用的占位符与字面字符及其使用说明

字　符	使　用　说　明
0	数字。必须在该位置输入一个一位数字（0～9），不允许输入加号或减号
9	数字。该位置上的数字是可选的，如果对应位置没有输入任何字符，将不存储任何内容
#	在该位置输入一个数字、空格、加号或减号。如果用户跳过此位置，Access 会输入一个空格
L	字母。必须在该位置输入一个字母（A～Z）
?	字母。可以在该位置输入一个字母（A～Z），如果对应位置没有输入任何字符，将不存储任何内容
A	字母或数字。必须在该位置输入一个字母或数字
a	字母或数字。可以在该位置输入单个字母或一位数字
&	任何字符或空格。必须在该位置输入一个字符或空格
C	任何字符或空格。该位置上的字符或空格是可选的。
. , -/ :	小数分隔符（.）、千位分隔符（,）、日期分隔符（-/）和时间分隔符（:），所选择的字符取决于 Windows 的区域设置
<	其后的所有字符都以小写字母显示
>	其后的所有字符都以大写字母显示
!	导致从左到右（而非从右到左）填充输入掩码
\	强制 Access 显示紧随其后的字符，这与用双引号引起一个字符具有相同的效果
"文本"	用双引号括起希望用户看到的任何文本。
密码	在表或窗体的设计视图中，将"输入掩码"属性设置为"密码"会创建一个密码输入框。当用户在该框中输入密码时，Access 会存储这些字符，但是会将其显示为星号（*）

3. 数据表之间的关系

Access 是一个关系型数据库，数据表建立后，还要建立数据表之间的关系，Access 根据数据表之间的关系来连接数据表或查询数据表中的数据。由于每个数据表都有一个主题，存储同一个主题的数据，例如，"图书信息"数据表存储有关"图书"主题数据，包括图书编号、图书名称、图书类型编号、作者、出版社编号、出版日期、价格等信息，如表 4-2 所示；"图书类型"数据表存储有关"图书类型"主题数据，包括图书类型编号、图书类型名称、描述信息等信息，如表 4-3 所示；"出版社"数据表存储有关"出版社"主题数据，包括出版社编号、出版社名称、出版社简称、地址、联系电话等信息，如表 4-4 所示。

表 4-2　"图书信息"数据表中的部分数据

图书编号	图书名称	图书类型编号	作者	出版社编号	出版日期	价格
TP3/2601	Oracle 11g 数据库应用、设计与管理	17	陈承欢	001	2015/7/1	37.5
TP3/2602	实用工具软件任务驱动式教程	17	陈承欢	002	2014/11/1	26.1
TP3/2604	网页美化与布局	17	陈承欢	002	2015/8/1	38.5
TP3/2605	UML 与 Rose 软件建模案例教程	17	陈承欢	004	2015/3/1	25

续表

图书编号	图书名称	图书类型编号	作者	出版社编号	出版日期	价格
TP3/2701	跨平台的移动 Web 开发实战	17	陈承欢	004	2015/3/1	29
TP3/2706	C#网络应用开发例学与实践	17	郭常圳	003	2015/11/1	28
TP3/2714	数据结构	17	叶乃文、郑晓红	002	2015/8/1	16
TP3/2715	Visual Basic.NET 控件应用实例	17	胡海潞	001	2015/8/1	48

表 4-3　"图书类型"数据表的部分数据

图书类型编号	图书类型名称	描述信息	图书类型编号	图书类型名称	描述信息
01	A 马克思主义、列宁主义、毛泽东思想、邓小平理论		11	K 历史、地理	
02	B 哲学、宗教		12	N 自然科学总论	
03	C 社会科学总论		13	O 数理科学和化学	
04	D 政治、法律		14	P 天文学、地球科学	
05	E 军事		15	R 医药、卫生	
06	F 经济		16	S 农业科学	
07	G 文化、科学、教育、体育		17	T 工业技术	
08	H 语言、文字		18	U 交通运输	
09	I 文学		19	V 航空、航天	
10	J 艺术		20	X 环境科学、安全科学	

表 4-4　"出版社"数据表的部分数据

出版社编号	出版社名称	出版社简称	地址	联系电话
001	电子工业出版社	电子	北京市海淀区万寿路 173 信箱	(010)68279077
002	高等教育出版社	高教	北京西城区德外大街 4 号	(010)58581001
003	清华大学出版社	清华	北京清华大学学研大厦	(010)62776969
004	人民邮电出版社	人邮	北京市崇文区夕照寺街 14 号	(010)67170985
005	机械工业出版社	机工	北京市西城区百万庄大街 22 号	(010)68993821
006	西安电子科技大学出版社	西电	西安市太白南路 2 号	(010)88242885
007	科学出版社	科学	北京东黄城根北街 16 号	(010)62136131

　　我们观察表 4-2、表 4-3、表 4-4 发现，"图书类型"数据表包括"图书类型编号"，根据前面的结构定义可知，该字段是一个"主键"，"出版社"数据表包括"出版社编号"，根据前面的结构定义可知，该字段也是一个"主键"，"图书信息"数据表中也包括"图书类型编号"和"出版社编号"数据。在"图书类型"数据表中每个"图书类型编号"都是唯一的，不存

在相同的"图书类型编号"，同样在"出版社"数据表中每个"出版社编号"都是唯一的，不存在相同的"出版社编号"，而"图书信息"数据表中存在大量相同的"图书类型编号"和"出版社编号"。

在 Access 中，通过一个相关联的字段（如"图书类型编号"、"出版社编号"）建立两个数据表之间的关系。在两个相关数据表中，一般地，关联字段被定义为主键的数据表称主表，该表定义了相关字段的取值范围，并且该字段不存在重复值，如"图书类型"和"出版社"称为主表；而另一个引用主表中相关字段的数据表称为相关表，该相关字段称为相关表的外键。根据主表和相关表中关联字段间的相互关系，Access 数据表之间的关系可以分为 3 种：一对一关系，一对多关系和多对多关系。

（1）一对一关系：主表中的每条记录只能与相关表中的一条记录相关联，反之也是一样，那么这两个数据表之间存一对一的关系。例如，有两个数据表文件，一个是存储着学生信息的"学生"表，另一个是存储借书证信息的"借书证"表，如果一个学生只允许办理一张借书证，那么这两个数据表就是一对一的关系。

（2）一对多关系：主表的每条记录可与相关表中的多条记录相关联，也就是说主表中一条记录与相关表中的多条记录相匹配，而相关表中的一条记录只与主表中的一条记录相匹配。在一对多关系中，主表必须根据相关联的字段建立主键。例如，"图书类型"表与"图书信息"表就是一对多关系，"出版社"表与"图书信息"表也是一对多关系。

（3）多对多关系：主表中的记录可与相关表中的多条记录相关联，而相关表中的记录也可与主表中的多条记录相关联。多对多关系可以通过一个中间数据表转化为两个一对多关系。

一个数据表可以和多个数据表建立关系，例如，"图书信息"表可以与"图书类型"和"出版社"两个数据表分别建立关系。

4．数据的完整性约束

数据的完整性就是指要保证数据表中数据的正确性和一致性。对数据完整性的约束包括实体完整性（也称为表完整性）、参照完整性（也称为引用完整性）和用户定义完整性（也称为列完整性或域完整性）三种。

（1）实体完整性规则。实体完整性规则是指每个数据表都要有主关键字，并且其值不允许为空值（Null）。空值意味着没有输入，空值不同于零长度的字符串和空格，它表明为未知值。例如，对于表 4-2 所示的"图书信息"表，定义数据表结构时必须指定"图书编号"为主键，该字段的值不能为空值，即在输入数据时，必须输入某个值。

（2）参照完整性规则。参照完整性规则是指通过主键和外键建立起联系的两个数据表，在进行更新数据的操作时，彼此之间要相互进行参照，以保证两个关系中数据的正确性和一致性。

"出版社"表与"图书信息"表通过"出版社编号"建立联系，如图 4-5 所示，"出版社编号"对于"出版社"表是一个主键，而对于"图书信息"表是一个外键。主键所在的表称为主表，即"出版社"表是一个主表；外键所在的表称为从表，即"图书信息"表是一个从表。

① 修改主表中主键的值或删除某行数据时，应遵循以下规则。

修改主表"出版社"中"出版社编号"的某个值时，要考虑从表"图书信息"中是否会改动出版社编号（外键）的值，如果存在上述问题，则禁止此修改操作，或者级联修改"图书信息"表中与所修改"出版社编号"相关的那些"出版社编号"的值。否则会出现数据更新异常。

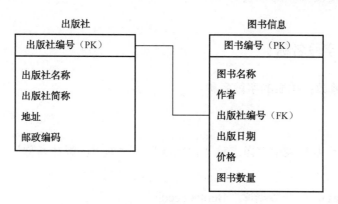

图 4-5　出版社与图书信息之间的联系

删除主表"出版社"中某一行数据时，如果该行的"出版社编号"在"图书信息"表中存在，则禁止此删除操作，或者级联删除"图书信息"表中与所删除"出版社编号"相关的那些行数据。否则会出现数据删除异常。

② 对外键所在的表（从表）进行插入操作时，或者修改外键的值时，要遵循以下规则。

向从表"图书信息"中输入新数据时，如果输入的"出版社编号"值在主键所在的"出版社"表中不存在，则禁止输入操作。否则会出现数据插入异常。

修改从表"图书信息"中某个"出版社编号"值的时，如果修改后的"出版社编号"在主表"出版社"中不存在，则禁止此修改操作。否则会出现数据更新异常。

（3）用户定义的完整性规则。用户定义完整性规则是指表中某一列的数据必须满足用户定义的约束，即该列的值必须在所约束的有效值范围内。

例如，在"出版社"数据表中，为"出版社编号"属性的值定义以下约束：
● "出版社编号"列的值不能为空，即有效性规则为"Is Not Null"；
● "出版社编号"列的值只能输入数字，不能输入英文字母、汉字及其他字符；
● "出版社编号"列的值长度不能超过 4。
这就是用户定义的以保证"出版社编号"属性值正确性和有效性的完整性规则。

例如，在"读者信息"表中，为"性别"属性的值定义以下约束：
● "性别"列的值只能输入字符串，并且只能输入一个汉字；
● "性别"列的值只能是"男"或者"女"。
这就是用户定义的以保证"性别"属性值正确性和有效性的完整性规则。

4.1　修改数据表的结构

数据表在使用过程中，通常需要根据实际情况进行修改和完善，Access 允许修改数据表结构，包括添加新字段、删除现有字段、修改字段名称、调整字段顺序等，也允许编辑数据记录，包括添加记录、删除记录、修改数据、记录排序和筛选记录等。

4.1.1 修改字段名称

【任务 4-1】 修改数据表的字段名称

 【任务描述】

将"图书信息"数据表中字段名称"出版社"修改为"出版社名称"。

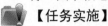 **【任务实施】**

（1）启动 Access，打开数据库"Book4.accdb"。

（2）在"导航窗格"中鼠标右击数据表名称"图书信息"，在弹出的快捷菜单中，单击【设计视图】选项，打开数据表"图书信息"的"设计视图"。

（3）在表的"设计视图"中，允许对字段名称进行修改，在如图 4-6 所示的数据表"图书信息"的"设计视图"中，单击字段名称为"出版社"的单元格，进入编辑状态，便可将该字段名称修改为"出版社名称"。

图 4-6　在表的"设计视图"中修改字段名称

4.1.2 插入字段

"插入字段"是指在现有数据表的中间插入新的字段，插入字段时，要考虑字段的插入位置，插入一个新字段，新字段所在位置及以后的字段都会自动下移一行。

【任务 4-2】 在"图书信息"数据表中插入字段

【任务描述】

在"图书信息"数据表中插入"图书类型"、"ISBN"两个字段，这些字段的插入位置以及数据类型、字段大小如表 4-5 所示。

表 4-5　在"图书信息"数据表中待插入的字段

字 段 名 称	其前一个字段	其后一个字段	数 据 类 型	字 段 大 小
图书类型	图书名称	作者	文本	20
ISBN	作者	出版社	文本	30

【任务实施】

（1）启动 Access，打开数据库"Book4.accdb"。

（2）在"导航窗格"中鼠标右击数据表名称"图书信息"，在弹出的快捷菜单中，单击【设计视图】命令，打开数据表"图书信息"的"设计视图"。

（3）鼠标右击"作者"字段，在弹出的快捷菜单中单击【插入行】命令，如图 4-7 所示。此时会出现一个空白行，"作者"字段及以后的字段会自动下移一行，如图 4-8 所示。

图 4-7　在快捷菜单中单击【插入行】命令　　　图 4-8　插入一个空白行

（4）在插入的空白行中，输入字段名"图书类型"，并选择数据类型为"文本"，输入字段大小为"20"。

（5）单击"出版社"字段，在"功能区"的【设计】上下文命令选项卡的"工具"组中单击【插入行】按钮，如图 4-9 所示，此时会出现一个空白行，"出版社"字段及以后的字段会自动下移一行。

图 4-9　在"工具"组单击【插入行】按钮

（6）在插入的空白行中，输入字段名"ISBN"，并选择数据类型为"文本"，输入字段大小为"30"，插入两个新字段的结果如图 4-10 所示。

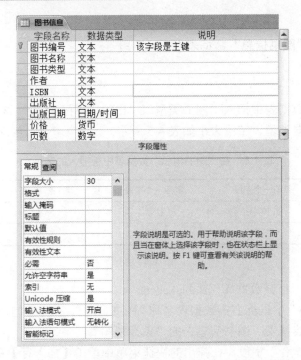

图4-10　在"图书信息"数据表中插入两个新字段的结果

（7）在快速访问工具栏中，单击【保存】按钮，保存新插入的字段。

4.1.3　添加字段

"添加字段"是指在现有数据表的尾部添加新的字段。

【任务4-3】　在"图书信息"数据表的尾部添加新的字段

【任务描述】

在"图书信息"数据表中最后一个字段的后面添加"副本数量"、"图书简介"和"封面图片"3个字段，这些字段的插入位置以及数据类型、字段大小如表4-6所示。

表4-6　在"图书信息"数据表中待插入的字段

字 段 名 称	其前一个字段	其后一个字段	数 据 类 型	字 段 大 小
副本数量	页数	图书简介	数字	整型
图书简介	副本数量	封面图片	备注	
封面图片	图书简介	无	OLE 对象	

【任务实施】

（1）启动Access，打开数据库"Book4.accdb"。

（2）在"导航窗格"中鼠标右击数据表名称"图书信息"，在弹出的快捷菜单中，单击【设计视图】命令，打开数据表"图书信息"的"设计视图"。

（3）选择最后一个字段"页数"下方的空白行，在"字段名称"列中输入"副本数量"，数据类型选择"数字"，字段大小选择"整型"。

（4）选择新添加字段"副本数量"下方的空白行，在"字段名称"列中输入"图书简介"，数据类型选择"备注"。

（5）选择新添加字段"图书简介"下方的空白行，在"字段名称"列中输入"封面图片"，数据类型选择"OLE 对象"。

"图书信息"表中添加 3 个字段的结果如图 4-11 所示。

字段名称	数据类型	说明
图书编号	文本	该字段是主键
图书名称	文本	
图书类型	文本	
作者	文本	
ISBN	文本	
出版社	文本	
出版日期	日期/时间	
价格	货币	
页数	数字	
副本数量	数字	
图书简介	备注	
封面图片	OLE 对象	

图 4-11　"图书信息"表中添加 3 个字段的结果

（6）在快速访问工具栏中，单击【保存】按钮，保存新添加的字段。

4.1.4　删除字段

在表的"设计视图"中可以删除任何一个字段，删除一个字段后，该字段所存储的数据也会全部删除。

【任务 4-4】删除"出版社"数据表中的"ID"字段

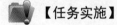【任务描述】

删除"出版社"数据表中的"ID"字段。

【任务实施】

（1）启动 Access，打开数据库"Book4.accdb"。

（2）在"导航窗格"中鼠标右击数据表名称"出版社"，在弹出的快捷菜单中，单击【设计视图】命令，打开数据表"出版社"的"设计视图"。

（3）在表的"设计视图"中，鼠标右击"ID"字段所在行，在弹出的快捷菜单中单击【删除行】命令，如图 4-12 所示。或者在"功能区"的【设计】上下文命令选项卡的"工具"组中单击【删除行】按钮，如图 4-13 所示。此时会弹出如图 4-14 所示的提示信息对话框，在该对话框中单击【是】按钮。由于"出版社"数据表中的"ID"字段是一个主键，删除主键字段时接着会弹出如图 4-15 所示的提示信息对话框，询问是否删除主键,在该对话框中单击【是】按钮。

图 4-12　在快捷菜单中单击【删除行】命令　　图 4-13　在 "工具" 组中单击【删除行】按钮

图 4-14　删除字段时弹出的提示信息对话框　　图 4-15　删除主键字段时弹出的提示信息对话框

这样，"ID" 字段就被删除，其后的字段会自动上移一行，结果如图 4-16 所示。

出版社		
字段名称	数据类型	说明
出版社编号	文本	
出版社名称	文本	
出版社简称	文本	
地址	文本	
邮政编码	文本	
联系电话	文本	

图 4-16　"出版社" 数据表中删除 "ID" 字段的结果

（4）在快速访问工具栏中，单击【保存】按钮，保存对数据表结构的修改。

4.1.5　调整字段顺序

表的 "设计视图" 显示数据表的字段定义，如图 4-17 所示。在字段名称左侧一列的矩形按钮称为字段选择区域，该区域显示 🔑 图标表示该字段为主键，该区域呈反白显示表示该字段被选中。

图书信息		
字段名称	数据类型	说明
图书编号	文本	该字段是主键
图书名称	文本	
图书类型	文本	
作者	文本	
ISBN	文本	
出版社	文本	
出版日期	日期/时间	
价格	货币	
页数	数字	
副本数量	数字	
图书简介	备注	
封面图片	OLE 对象	

主键字段　**字段选择区域**　**当前选中字段**

图 4-17　选择 "出版社" 字段

【任务 4-5】 在"图书信息"数据表中交换字段的位置

【任务描述】

将图 4-17 中的"ISBN"字段与"出版社"字段交换位置。

【任务实施】

（1）启动 Access，打开数据库"Book4.accdb"。

（2）在"导航窗格"中鼠标右击数据表名称"图书信息"，在弹出的快捷菜单中，单击【设计视图】命令，打开数据表"图书信息"的"设计视图"。

（3）单击"出版社"字段的字段选择区域，该字段被选中。

（4）将鼠标指针移至"出版社"字段的字段选择区域，当鼠标指针变成 ▷ 形状时，按住鼠标左键，鼠标指针变成 ▷ 形状，此时鼠标指针带一个虚框，拖动鼠标将"出版社"字段向上移动到"ISBN"字段位置，出现一条粗线条，如图 4-18 所示。松开鼠标左键，于是"出版社"字段移到"ISBN"字段的上方，如图 4-19 所示。

图书信息		
字段名称	数据类型	说明
图书编号	文本	该字段是主键
图书名称	文本	
图书类型	文本	
作者	文本	
ISBN	文本	
出版社	文本	
出版日期	日期/时间	
价格	货币	
页数	数字	
副本数量	数字	
图书简介	备注	
封面图片	OLE 对象	

图 4-18　拖动鼠标将"出版社"字段向上移

字段名称	数据类型	说明
图书编号	文本	该字段是主键
图书名称	文本	
图书类型	文本	
作者	文本	
出版社	文本	
ISBN	文本	
出版日期	日期/时间	
价格	货币	
页数	数字	
副本数量	数字	
图书简介	备注	
封面图片	OLE 对象	

图 4-19　"出版社"字段移动后的结果

（5）在快速访问工具栏中，单击【保存】按钮，保存对数据表结构的修改。

4.1.6　设置数据表的主键

Access 中允许将一个字段或多个字段的组合设置为数据表的主键，并且该字段或字段组合必须是在数据表中独立且唯一的，也就是说不能有相同或重复的数据记录存在。例如，可以利用"身份证号"创建主键，因为每个人的身份证号不会重复。并且一张数据表只能设置一个主键。

【任务 4-6】 设置数据表的主键

【任务描述】

（1）将"出版社"数据表中"出版社编号"字段设置为主键。

（2）删除主键。

（3）设置多个字段组成的主键。

【任务实施】

1．更改主键

（1）启动 Access，打开数据库"Book4.accdb"。

（2）在"导航窗格"中鼠标右击数据表名称"出版社"，在弹出的快捷菜单中，单击【设计视图】命令，打开数据表"出版社"的"设计视图"。

（3）在表的"设计视图"中，单击字段"出版社编号"的字段选择区域选中该字段，如图 4-20 所示。

图 4-20　在"出版社"表中选择"出版社编号"字段

（4）在"功能区"的【设计】上下文命令选项卡的"工具"组，单击【主键】按钮，如图 4-21 所示。或者鼠标右击"出版社编号"字段的选择区域，在弹出的快捷菜单中单击【主键】命令即可，如图 4-22 所示。此时"出版社编号"字段名左侧会出现主键标识。

图 4-21　在"工具"组中单击【主键】按钮　　　图 4-22　在快捷菜单中单击【主键】命令

（5）在快速访问工具栏中，单击【保存】按钮，保存数据表主键的修改。

2．删除主键

首先打开该数据表的"设计视图"，单击主键字段的字段选择区域，然后在"功能区"的【设计】上下文命令选项卡的"工具"组，单击【主键】按钮，或者鼠标右击主键字段的字段选择区域，在弹出的快捷菜单中单击【主键】命令即可取消主键。

4.1.7　输入字段的数据内容

【任务 4-7】在"图书信息"数据表中输入字段的数据内容

【任务描述】

在"图书信息"数据表中，输入"图书类型"、"ISBN"、"副本数量"、"图书简介"和"封面图片"等字段的数据内容。

【任务实施】

1．输入数据

（1）启动 Access，打开数据库"Book4.accdb3.accdb"。

（2）在"导航窗格"中双击数据表名称"图书信息"，打开"数据表视图"窗口。

（3）在第 1 条记录"图书类型"列对应的单元格中单击，将光标置于该单元格中，如图 4-23 所示，在该单元格输入"T 工业技术"。

图书信息				
图书编号	图书名称	图书类型	作者	出版社
TP3/2601	Oracle 11g数据库应用、设计与管理		陈承欢	电子工业出版社
TP3/2602	实用工具软件任务驱动式教程		陈承欢	高等教育出版社
TP3/2604	网页美化与布局		陈承欢	高等教育出版社
TP3/2605	UML与Rose软件建模案例教程		陈承欢	人民邮电出版社
TP3/2701	跨平台的移动Web开发实战		陈承欢	人民邮电出版社
TP3/2706	C#网络应用开发例学与实践		郭常圳	清华大学出版社

图 4-23　光标置于待输入数据的单元格中

（4）第 2 条记录"图书类型"字段的数据采用复制数据的方式输入。

首先选中第 1 条记录中已输入的"图书类型"数据"T 工业技术"，选中数据的方法是：在需要选择的第一个字符"T"左侧按下鼠标左键不放，将光标拖动到需选择的最后一个字符"术"之后，松开鼠标左键，选中的字符呈反白显示，然后在【开始】选项卡中的"剪贴板"组单击【复制】按钮。接着在第 2 条记录"图书类型"列单击将光标置于该单元格中，在"剪贴板"组单击【粘贴】按钮即可。本字段其他记录的数据内容也采用"复制+粘贴"的方法输入即可。

（5）在"ISBN"列的各记录中输入数据内容。

（6）在"副本数量"列的各记录中输入数据内容。

（7）在"图书简介"列的各记录中输入数据内容，由于"图书简介"字段是"备注"类型，所输入的内容较多，可以在 Word 或 Excel 软件中事先准备好内容，然后利用"复制+粘贴"的方法输入即可。

（8）在"封面图片"列的各记录中添加图片，由于"封面图片"是一个"OLE 对象"类型的字段，添加图片数据需要以"插入对象"的方法实现，具体过程如下。

鼠标右击"封面图片"列要插入 OLE 对象的行对应的单元格，在弹出的快捷菜单中单击【插入对象】命令，如图 4-24 所示。

图 4-24　在快捷菜单中单击【插入对象】命令

打开【Access 的选择对象】对话框，在该对话框中选择【由文件创建】单选项，然后单击【浏览】按钮，打开【浏览】对话框，选择需要的图片文件后，单击【确定】按钮，返回【Access 的选择对象】对话框，如图 4-25 所示。

图 4-25　【Access 的选择对象】对话框

在【Access 的选择对象】对话框中单击【确定】按钮，将选择的图片保存到数据表中，在数据表中对应字段位置显示为"Package"。双击"封面图片"字段的数据，即可打开相应的浏览窗口浏览图片。

按同样的方法为其他记录的"封面图片"字段插入 OLE 对象，结果如图 4-26 所示。

图书信息					
出版日期	价格	页数	副本数量	图书简介	封面图片
2015/7/1 星期三	￥37.50	289	30	站在数据库管理	Package
2014/11/1 星期六	￥26.10	398	30	《实用工具软件	Package
2015/8/1 星期六	￥38.50	275	10	"为主线划分为	Package
2015/3/1 星期日	￥25.00	240	10	本书介绍图书管	Package
2015/3/1 星期日	￥29.00	186	30	本教材根据学生	Package
2015/10/2 星期五	￥28.00	282			

图 4-26　"图书信息"表中完成添加封面图片

（9）在快捷访问工具栏中单击【保存】按钮，保存所输入的数据。

 说明

> 由于"图书信息"数据表字段太多，为便于操作和浏览，图 4-23 和图 4-26 隐藏了部分字段。

2．修改数据

数据修改时，通常要将插入点置于修改位置上，其操作方法是：单击要修改的位置，在字符间出现一条闪烁的光标，即为插入点。插入点位置确定后，就可以方便地进行修改操作。

4.2　设置字段的属性

在表的"设计视图"中，可以为字段设置属性。Access 的数据表中，每个字段的可用属性取决于该字段的数据类型。字段属性分为常规属性和查阅属性两类。常规属性中"字段大小"、"格式"、"输入掩码"和"有效性规则"是最常用的属性。

4.2.1 修改字段的数据类型

【任务 4-8】 修改"出版社"数据表中字段的数据类型

 【任务描述】

将"出版社"数据表中的"出版社编号"和"邮政编码"两个字段的数据
类型由"数字"修改为"文本"。

【任务实施】

（1）启动 Access，打开数据库"Book4.accdb"。

（2）在"导航窗格"中鼠标右击数据表名称"出版社"，在弹出的快捷菜单中，单击【设计视图】命令，打开数据表"出版社"的"设计视图"。

（3）在该数据表的"设计视图"中选中"出版社编号"字段，单击"数据类型"列的下拉箭头，显示所有供选择的数据类型，选择【文本】类型，如图 4-27 所示。

图 4-27 更改字段的数据类型

（4）按同样的方法将"邮政编码"字段的数据类型改为"文本"类型。

（5）在快速访问工具栏中，单击【保存】按钮，保存对数据表结构的修改。

4.2.2 设置字段的数据格式

设置字段的数据格式可以确保数据表示方式的一致性，Access 为"数字"、"货币"、"日期/时间"和"是/否"类型的字段设置了预定义的格式，设置这些类型字段的数据格式时只需在"格式"属性列表中选择一个合适的格式即可。"数字"和"货币"类型的字段供选择数据格式如图 4-28 所示,"日期/时间"类型的字段供选择的数据格式如图 4-29 所示,"是/否"类型的字段供选择的数据格式如图 4-30 所示。对于"文本"、"备注"等类型的字段,通常需要使用自定义方式进行格式设置。

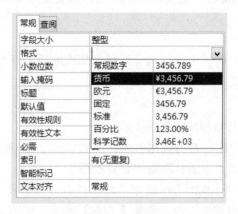

图 4-28 "数字"和"货币"类型字段供选择的数据格式

图 4-29 "日期/时间"类型字段供选择的数据格式 　图 4-30 "是/否"类型的字段供选择的数据格式

【任务 4-9】 设置"图书信息"数据表中字段的格式

 【任务描述】

将"图书信息"数据表中的"价格"字段的格式设置为"货币","出版日期"字段的格式设置为"中日期","页数"字段的格式设置为"常规数字"。

 **【任务实施】**

(1)启动 Access 2016,打开"Book4.accdb"数据库。

(2)在"导航窗格"中双击数据表名称"图书信息",打开该表的"数据表视图"。在"视图"组中单击【视图】按钮,打开"图书信息"的"设计视图"窗口。

(3)选择"价格"字段,在"字段属性"区域单击"格式"下拉箭头,在打开的下拉列表中选择"货币",如图 4-28 所示。

(4)选择"出版日期"字段,在"字段属性"区域单击"格式"下拉箭头,在打开的下拉列表中选择"中日期",如图 4-29 所示。

（5）选择"页数"字段,在"字段属性"区域单击"格式"下拉箭头,在打开的下拉列表中选择"常规数字"。

（6）在快捷访问工具栏中单击【保存】按钮,保存所修改的字段属性。

（7）在"视图"组中单击【视图】按钮,切换到"数据表视图",此时,"价格"字段的数据显示为"货币"格式,"出版日期"字段的数据显示为"中日期"格式,"页数"字段的数据显示为"常规数字"格式,如图 4-31 所示。

图书信息			
ISBN ▾	出版日期 ▾	价格 ▾	页数 ▾
9787121201478	15-07-01	¥38.00	289
9787040393293	14-11-01	¥26.00	398
9787040302363	15-08-01	¥38.00	275
9787115217806	15-03-01	¥25.00	240
9787115374035	15-03-01	¥29.00	186
9787302140529	15-10-02	¥28.00	282

图 4-31　按设置格式显示的数据

4.2.3　改变字段大小

【任务 4-10】 修改"出版社"数据表各字段的大小

【任务描述】

根据表 4-7 中的结构信息,修改"出版社"数据表各字段的大小。

表 4-7　"出版社"数据表的结构信息

字 段 名 称	数 据 类 型	字 段 大 小	备 注
出版社编号	文本	4	主键
出版社名称	文本	20	
出版社简称	文本	6	
地址	文本	50	
邮政编码	文本	6	
联系电话	文本	15	

【任务实施】

（1）启动 Access,打开数据库"Book4.accdb"。

（2）在"导航窗格"中鼠标右击数据表名称"出版社",在弹出的快捷菜单中,单击【设计视图】命令,打开数据表"出版社"的"设计视图"。

（3）在表的"设计视图"中,选择字段"出版社编号",在"字段属性"选项区域的"字段大小"文本框中将数字"255"修改为"4"。

（4）根据表 4-7 中各字段的大小要求,以同样的方法修改其他字段的大小。

（5）在快速访问工具栏中,单击【保存】按钮,保存对数据表结构的修改。由于各"文本"类型的字段默认的字段大小为"255",上述各项操作减少了其大小,将会弹出如图 4-32

所示的提示信息对话框。在该对话框中单击【是】按钮即可。

图 4-32 减少字段大小时出现的提示信息对话框

4.2.4 设置字段数据的掩码

【任务 4-11】 为"出版社"数据表中"联系电话"字段设置掩码

【任务描述】

为"出版社"数据表"联系电话"字段设置形式如""("9000")"90000000""所示的掩码。

【任务实施】

（1）启动 Access，打开数据库"Book4.accdb"。

（2）在"导航窗格"中鼠标右击数据表名称"出版社"，在弹出的快捷菜单中，单击【设计视图】命令，打开数据表"出版社"的"设计视图"。

（3）选择"联系电话"字段，在"字段属性"区域选择"输入掩码"文本框，然后单击其右侧的 **…** 按钮，如图 4-33 所示，打开【输入掩码向导】对话框，如图 4-34 所示。

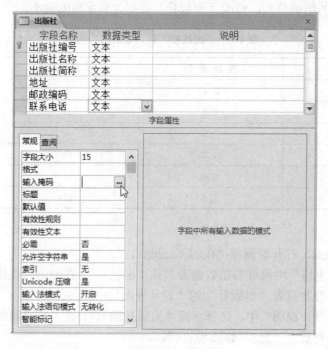

图 4-33 为"联系电话"字段设置输入掩码

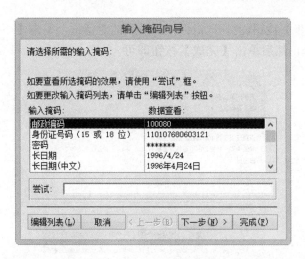

图 4-34　【输入掩码向导】对话框中选择所需的输入掩码

（4）在图 4-34 中选择"邮政编码"，然后单击【编辑列表】按钮，打开如图 4-35 所示的【自定义"输入掩码向导"】对话框。在该对话框的"说明"文本框中输入"电话号码"，在"输入掩码"文本框中输入""("9000")"90000000"或者"\(9000\)90000000"形式的输入掩码，在"示例数据"文本框中输入"(010)68279077"，然后单击【关闭】按钮，返回如图 4-36 所示的对话框，选择"尝试"文本框，该文本框中显示默认的掩码格式。

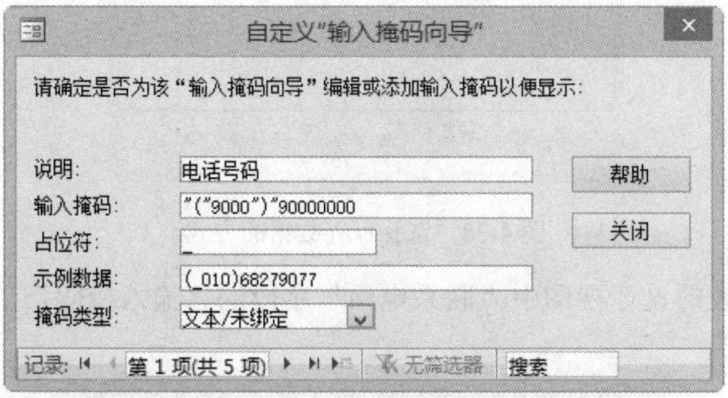

图 4-35　【自定义"输入掩码向导"】对话框

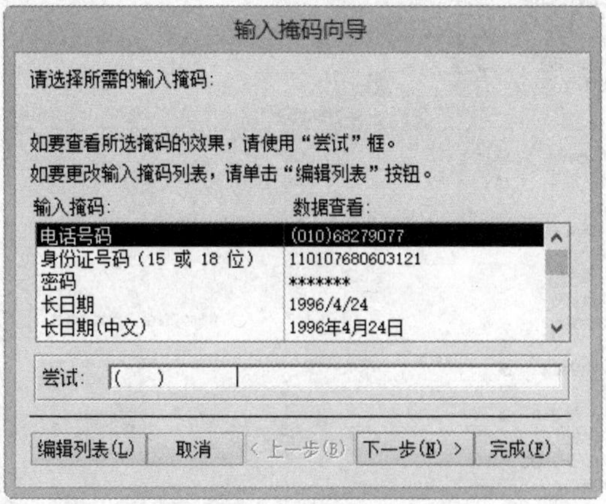

图 4-36　【输入掩码向导】对话框

（5）单击【下一步】按钮，打开如图 4-37 所示的对话框，单击【下一步】按钮，打开如图 4-38 所示的对话框，然后单击【完成】按钮即可。

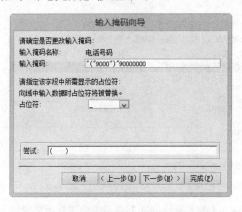

图 4-37　确定是否更改输入掩码的格式

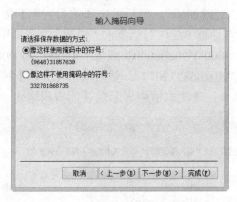

图 4-38　选择保存数据的方式

"出版社"数据表的设计视图中"联系电话"字段的"输入掩码"的设置效果如图 4-39 所示。

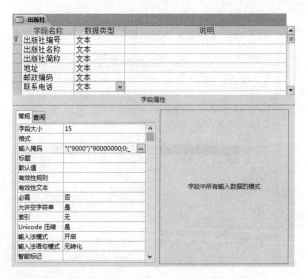

图 4-39　"联系电话"字段的"输入掩码"的设置效果

（6）在快捷访问工具栏中单击【保存】按钮，保存所修改的字段属性。

（7）切换到数据表视图，在数据表中已有记录的下方添加一条记录，在"联系电话"字段输入数据时，出现如图 4-40 所示输入掩码格式。

出版社名称	出版社简称	地址	邮政编码	联系电话
电子工业出版社	电子	北京市海淀区万寿路173信箱	100036	(010)58581001
高等教育出版社	高教	北京西城区德外大街4号	100011	(010)58581001
清华大学出版社	清华	北京清华大学学研大厦	100084	(010)62776969
人民邮电出版社	人邮	北京市崇文区夕照寺街14号	100061	(010)67170985
机械工业出版社	机工	北京市西城区百万庄大街22号	100037	(010)68993821
*				(___)_____

图 4-40 在"联系电话"字段输入数据时显示的输入掩码格式

 提 示

由于"联系电话"已设置了输入掩码，区号设置为 3 位，其中第 1 位允许为空，所以在括号内"010"前面保留一个空格，否则会出现错误提示信息。

（8）在快捷访问工具栏中单击【保存】按钮，保存记录数据的修改。

提 示

一个完整的输入掩码格式符包括三个部分，各部分用";"分隔。如图 4-39 所示输入掩码形式为："""("9000")"90000000;0;_"，这就是一个完整的输入掩码格式符。

该掩码格式符有 3 部分。

① "("9000")"90000000：是约定数据的输入格式，即只能输入表示区号的 3 位或 4 位数字，表示电话号码的 7 位或 8 位数字，而圆括号称为文字性字符，不需要输入。

② 0：表示将输入掩码中的文字性字符，例如左括号"("、右括号")"、连字符"-"等与数字一起存储，这种情况字段中显示的内容与实际存储的内容完全一致。此处也可以取值为"1"，表示只存储数字部分，而忽略文字性字符。

③ _：表示占位符，在已设置输入掩码的"联系电话"字段中，如果还没有输入电话号码的数字，则会显示(___)_____，即以下画线填充数据位。占位符也可以使用其他字符，如空格，在输入掩码格式符的第三部分约定为：" "，则在未输入数据的字段中显示为(   )   ，即以空格填充数据位。

4.2.5 设置字段的有效性规则和有效性文本

在数据表中输入数据时，为了提高数据输入的正确性和效率，减少输入错误，通常设置字段的"有效性规则"属性来限制数据的输入。例如，如果"成绩"只能为 1～100，那么有效性规则设置为"[成绩]>=0 And [成绩]<=100"，如果输入成绩数据时，出现小于 0 或者大于 100 的数据，都会弹出错误提示信息对话框。在提示信息对话框中提示信息文字通过字段的"有效性文本"属性进行设置。

【任务 4-12】 为"出版社"数据表的字段设置有效性规则

【任务描述】

为"出版社"数据表的"出版社编号"字段设置有效性规则为"Is Not Null",即"出版社编号"必须输入,不能为空。为该字段设置有效性文本为"出版社编号不能空",输入记录数据时,如果出版社编号为空,则会出现提示信息对话框。

【任务实施】

(1)启动 Access,打开数据库"Book4.accdb"。

(2)在"导航窗格"中鼠标右击数据表名称"出版社",在弹出的快捷菜单中,单击【设计视图】命令,打开数据表"出版社"的"设计视图"。

(3)在表的"设计视图"中,选择"出版社编号"字段,然后在"字段属性"选项区域的"有效性规则"文本框中输入"Is Not Null",在"有效性文本"文本框中输入"出版社编号不能空",如图 4-41 所示。

图 4-41　设置"出版社编号"字段的有效性规则和有效性文本

> 提 示
>
> 设置"有效性规则"属性时,可以单击"有效性规则"文本框右侧的 … 按钮,打开【表达式生成器】对话框,在对话框中编辑表达式,如图 4-42 所示。

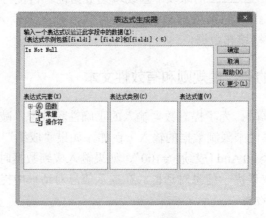

图 4-42　【表达式生成器】对话框

（4）在快捷访问工具栏中单击【保存】按钮，保存所设置的字段属性，此时会弹出如图 4-43 所示提示信息对话框，在该对话框中单击【是】按钮即可。

（5）切换到"出版社"的数据表视图，在第 1 条记录中删除"出版社编号"数据时，会弹出如图 4-44 所示提示信息对话框，提示出版社编号不能为空。在该对话框中单击【确定】按钮。

图 4-43　保存"有效性规则"属性设置出现
　　　　的提示信息对话框

图 4-44　"出版社编号"为空时出现
　　　　的提示信息对话框

（6）按"Ctrl+Z"组合键，撤销删除的出版社编号数据。在快捷访问工具栏中单击【保存】按钮，保存修改后的数据。

4.2.6　设置字段的其他属性

在表设计器窗口的"字段属性"选项区域中，还可以设置其他多种属性。例如，设置"索引"、"必填字段"、"允许空字符串"和"标题"等属性。

1.　设置数据表的索引

索引是排序或搜索的依据，当某一个字段建立索引后，将会加速字段中搜索及排序的速度，但可能会使记录更新的速度变慢，原因是索引会占用更多的内存空间。

索引分为有重复和无重复两种情况，选择"有（无重复）"可禁止该字段中出现重复值。当某个字段设置主键时，Access 会自动将该字段的索引属性设置为"有（无重复）"，以保证该字段的值不重复，并且将该字段设置为默认的排序依据。

一张数据表最多可以设置一个主键，但可以设置多个索引。

设置数据表的索引的方法是：首先打开数据表的"设计视图"，单击【设计】选项卡的"显示/隐藏"组中的【索引】按钮。打开如图 4-45 所示的【索引：出版社】对话框。该对话框中显示主键字段，该字段默认为索引，并且是主索引和唯一索引。在该对话框可以设置其他索引。

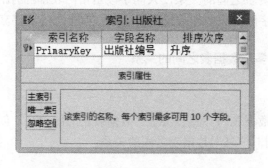

图 4-45　【索引：出版社】对话框

2. 设置"必填字段"属性

"必填字段"属性用于设置该字段是否一定要输入数据，该属性只有"是"和"否"两个选项值。"必填字段"属性的取值为"是"时，表示必须填写本字段，即不允许本字段数据为空，这样可以确保字段的全部输入，不留下空白（Null 值），当出现空白时，系统将会出现提示信息对话框。当取值为"否"时，表示本字段数据允许不填写，即允许本字段数据为空。

3. 设置"允许空字符串"属性

"空字符串"是长度为 0 的字符串，即""""。"允许空字符串"属性用于设置该字段是否可以接受空字符串，该属性有"是"和"否"两种选项值，如果该属性取值为"是"，则表示本字段中可以不填写任何字符。当字段的类型为"文本"或"备注"时可以设置该属性。

4. 设置"标题"属性

"标题"属性用于设置浏览数据表内容时该字段的标题名称，如果设置了该属性的值，在显示表中的数据时，在列标题上不再显示字段名，而是显示标题属性中的文字。例如，"学生信息"数据表中的"Name"字段的标题属性设置为"姓名"，那么使用数据表视图浏览数据时，该字段的标题名称则是"姓名"，而不是"Name"。

5. 设置"默认值"属性

"默认值"就是在某字段未输入数据时，系统会自动显示的内容。例如，对于"图书信息"数据表，如果大部分图书都是"电子工业出版社"，将"出版社"字段的默认值设置为"电子工业出版社"，那么输入数据记录时，"出版社"字段中会自动出现"电子工业出版社"。此时，如果"出版社"的确是"电子工业出版社"，则不必再重新输入，也不需要进行任何确认操作，提高了输入速度；如果"出版社"的内容是其他出版社，则重新输入即可。

> ⚠ **注 意**
>
> 通常"默认值"适用于高频使用的数据，但如果在部分记录中数据各不相同，则设置"默认值"反而会使操作复杂化。

4.3 建立与编辑数据表之间的关系

4.3.1 建立数据表关系

在建立表关系之前，应将要定义关系的所有数据表关闭。建立表间关系时，必须通过两表中的共同字段来创建两表之间的关系，共同字段是指两表都拥有的字段，它们的字段名称不一定完全相同，只要字段的类型和数据内容一致，即可正确地建立表间关系。

【任务 4-13】 创建多个数据表之间的关系

【任务描述】

创建"图书类型"数据表和"图书信息"数据表之间的关系，创建"出版社"数据表和"图书信息"数据表之间的关系。

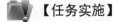【任务实施】

（1）启动 Access，打开数据库"Book4.accdb"。

（2）在【数据库工具】选项卡的"显示/隐藏"组中单击【关系】按钮，如图 4-46 所示，然后打开【关系】窗口，该窗口会显示已创建的关系，如果该数据库暂时还没有创建关系，则该窗口为空。此时，"功能区"会自动出现关系的【设计】上下文命令选项卡，如图 4-47 所示。

图 4-46　"显示/隐藏"组中的【关系】按钮　　　图 4-47　【设计】上下文命令选项卡

（3）在关系的【设计】上下文命令选项卡中"关系"组中单击【显示表】按钮，打开如图 4-48 所示的【显示表】对话框。

图 4-48　【显示表】对话框

 提示

在【关系】窗口中，鼠标右击将会弹出如图 4-49 所示的快捷菜单，在该菜单中选择【显示表】命令也能打开如图 4-48 所示的【显示表】对话框。

图 4-49　快捷菜单中选择【显示表】命令

（4）在【显示表】对话框中，选择"图书信息"，然后单击【添加】按钮，将该数据表添加到【关系】窗口中。

也可以双击数据表名称将其添加到【关系】窗口中，接着双击"图书类型"和"出版社"2个数据表名称，将它们添加到【关系】窗口中。

所需要的数据表添加完毕，单击【显示表】对话框中的【关闭】按钮，关闭该对话框。添加3个数据表的【关系】窗口如图4-50所示。

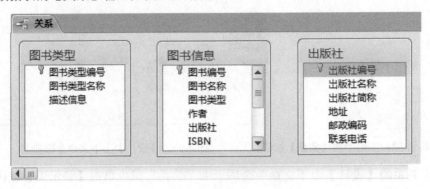

图 4-50　添加数据表后的【关系】窗口

（5）在"图书类型"数据表中选择字段名"图书类型编号"，然后按住鼠标左键不放，将该字段名拖动到"图书信息"数据表中的"图书类型"字段上，松开左键，此时打开如图4-51所示【编辑关系】对话框，该对话框中的"表/查询"列表框中列出了主表"图书类型"表的相关字段"图书类型编号"，在"相关表/查询"列表框中，列出了相关表"图书信息"表的相关字段"图书类型"。

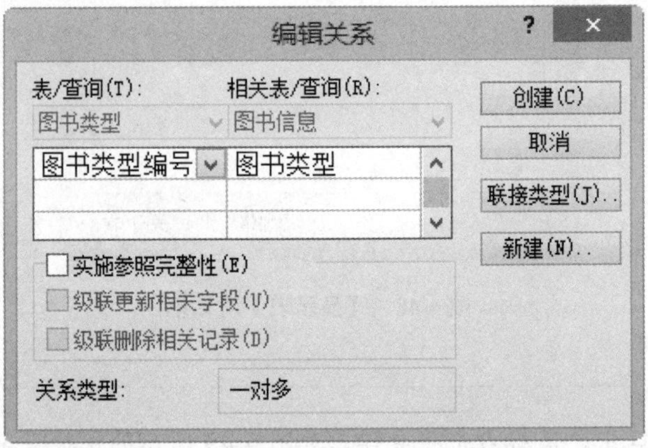

图 4-51　建立"图书类型"与"图书信息"关系时打开的【编辑关系】对话框

在该对话框中单击【创建】按钮，系统将通过"图书类型编号"字段建立"图书类型"与"图书信息"之间的"一对多"关系，如图4-51所示。

（6）在"出版社"数据表中选择"出版社编号"字段名，然后按住鼠标左键不放，将该字段名拖动到"图书信息"数据表中"出版社"字段上，鼠标指针变成形状，然后松开鼠标，此时会打开如图4-52所示的【编辑关系】对话框，在该对话框中单击【创建】按钮，系统通过"出版社编号"字段创建"出版社"数据表与"图书信息"数据表之间的"一对多"关系。

数据表之间的关系建立完成后，【关系】窗口如图4-53所示。

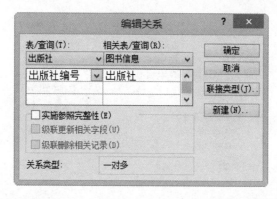

图 4-52　建立"出版社"与"图书信息"关系时打开的【编辑关系】对话框

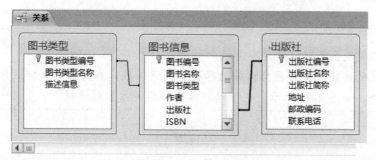

图 4-53　建立两对关系之后的【关系】窗口

（7）在关系的【设计】上下文命令选项卡中"关系"组中单击【关闭】按钮，此时会打开如图 4-54 所示的提示信息对话框，在该对话框中单击【是】按钮，保存"关系"布局。

图 4-54　关闭【关系】窗口时出现的提示信息对话框

4.3.2　编辑数据表的关系

数据表之间的关系创建后，还可以编辑修改已有的关系。

【任务 4-14】编辑数据表之间的关系

【任务描述】
编辑"图书类型"数据表和"图书信息"数据表之间的关系。

【任务实施】
（1）关闭与已有关系相关的数据表，打开【关系】窗口。
（2）在【关系】窗口中选择关系的连接线，然后在关系的【设计】上下文命令选项卡中"工具"组中单击【编辑关系】按钮，打开如图 4-55 的【编辑关系】对话框。

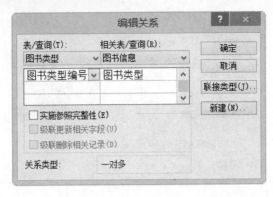

图 4-55 【编辑关系】对话框

提 示

打开【编辑关系】对话框还有其他两种方法:

双击关系的连接线或者鼠标右击选择关系的连接线,在弹出的快捷菜单中选择【编辑关系】命令,如图 4-56 所示,也可以打开【编辑关系】对话框。

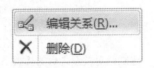

图 4-56 在快捷菜单中选择【编辑关系】命令

(3)在【编辑关系】对话框中单击【联接类型】按钮会打开如图 4-57 所示的【联接属性】对话框,在该对话框中设置好联接属性后,单击【确定】按钮即可。

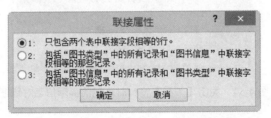

图 4-57 【联接属性】对话框

提 示

在【编辑关系】对话框单击【新建】按钮,则会打开如图 4-58 所示的【新建】对话框,在该对话框可以设置关系的数据表和字段。

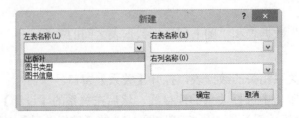

图 4-58 【新建】对话框

4.3.3　删除数据表的关系

数据表之间建立的关系也可以删除。

【任务 4-15】　删除数据表之间的关系

【任务描述】

删除"图书类型"数据表和"图书信息"数据表之间的关系。

【任务实施】

打开【关系】窗口，在该窗口中选择"图书类型"数据表和"图书信息"数据表之间关系的连接线，鼠标右击该连接线，在弹出的快捷菜单中选择【删除】命令或者直接按下"Delete"键，即可删除数据表之间的关系。

4.3.4　设置数据表的参照完整性

在定义数据表之间的关系时，应设置一些规则以确保关系表中的数据不会随意被改变或删除，确保数据的完整性。参照完整性就是在输入或删除记录时，为维持数据表之间已定义的关系而必须遵循的规则。例如，"图书类型"与"图书信息"两个数据表之间已建立了"一对多"关系，主表"图书类型"中如果要删除一种图书类型信息，而在相关表"图书信息"中存在这种类型的图书，参照完整性规则会有效地避免错误删除。也就是说，实施了参照完整性后，对主表中的主键字段进行操作时系统会自动检查主键字段，检查该字段在相关表中是否已使用，如果对主表的主键字段修改违背了参照完整性要求，系统会自动强制执行参照完整性，从而避免错误的数据操作。

参照完整性的设置，通过【编辑关系】对话框中的 3 个复选框来实现，3 个复选框的设置与数据表之间操作的限制如表 4-8 所示。

表 4-8　参照完整性规则

复选框选项及选择情况			数据表之间操作的限制
实施参照完整性	级联更新相关字段	级联删除相关记录	
选中	未选中	未选中	主表和相关表关系字段的内容都不允许更改或删除
选中	选中	未选中	更改主表中关系字段的内容时，相关表的关系字段会自动更改。但不能直接更改相关表的关系字段内容
选中	未选中	选中	删除主表中关系字段的内容时，相关表的相关记录也被删除。但直接删除相关表中的记录时，主表不受其影响
选中	选中	选中	更改或删除主表中关系字段的内容时，相关表的关系字段会自动更改，相关表的相关记录也会自动被删除

【任务 4-16】 为数据表之间的关系设置"实施参照完整性"规则

【任务描述】

（1）为"图书类型"表与"图书信息"表之间的关系设置"实施参照完整性"规则。

（2）为"出版社"表与"图书信息"表之间的关系设置"实施参照完整性"、"级联更新相关字段"和"级联删除相关记录"3 个规则。

【任务实施】

（1）启动 Access，打开数据库"Book4.accdb"。

（2）打开【关系】窗口，双击"图书类型"表与"图书信息"表之间关系的连接线，打开【编辑关系】对话框。

（3）在【编辑关系】对话框中，选中"实施参照完整性"复选框，如图 4-59 所示，然后关闭该对话框。

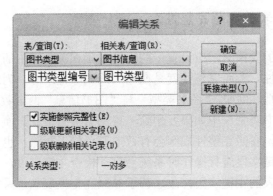

图 4-59　在【编辑关系】对话框选中"实施参照完整性"复选框

（4）在【关系】窗口，双击"出版社"表与"图书信息"表之间关系的连接线，打开【编辑关系】对话框。

（5）在【编辑关系】对话框中，选中"实施参照完整性"、"级联更新相关字段"和"级联删除相关记录"3 个复选框，如图 4-60 所示，然后关闭该对话框。

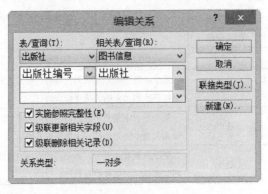

图 4-60　在【编辑关系】对话框中选中 3 个复选框

表间关系设置了"实施参照完整性"后，【关系】窗口的效果如图 4-61 所示，在"主表"

一方会出现"1"，在"相关表"一方会出现"∞"，即表示数据表之间的关系为"一对多"关系。

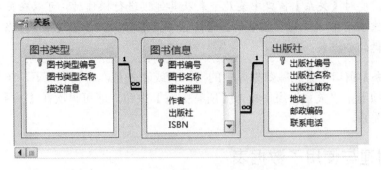

图 4-61　在【关系】窗口显示"一对多"关系

（6）关闭【关系】窗口，同时打开"图书类型"和"图书信息"数据表视图。

（7）在主表"图书类型"中将图书类型编号"17"修改为"178"，此时系统会打开如图 4-62 所示的提示信息对话框，表示不能更改主表中相关字段的内容。

图 4-62　更改已"实施参照完整性"规则的关系其主表相关字段内容时出现的对话框

（8）在该对话框中单击【确定】按钮，关闭对话框。按组合键"Ctrl+Z"，撤销对主表的修改。

（9）在相关从表"图书信息"中将图书类型编号"17"修改为"178"，此时系统会自动打开如图 4-63 所示的提示信息对话框，表示不能更改相关表中相关字段的内容。

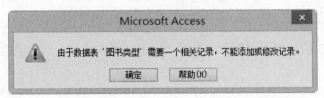

图 4-63　更改已"实施参照完整性"规则的关系其从表相关字段的内容时出现的对话框

（10）在该对话框中单击【确定】按钮，关闭对话框。按组合键"Ctrl+Z"，撤销对相关表的修改。

（11）打开"出版社"的数据表视图，在主表"出版社"中将相关字段出版社编号"001"更改为"0011"，保存修改后的数据表，此时相关表"图书信息"相关字段中的出版社编号"001"也自动更改为"0011"。

（12）按组合键"Ctrl+Z"，撤销对相关表的修改。

（13）在快速访问工具栏中单击【保存】按钮，保存修改的最终结果。关闭所有的数据表视图和【关系】窗口。

> **提示**
>
> 如果只需要对【关系】窗口中某几个表及其连接进行操作时，可以在关系的【设计】上下文命令选项卡中"工具"组中单击【清除布局】按钮，清空【关系】窗口，然后再添加需要编辑的数据表。

清空【关系】窗口不会删除数据库中的任何表或表关系，一般情况下，在关系的【设计】上下文命令选项卡中"关系"组中单击【所有关系】按钮，即可再次在【关系】窗口中显示数据库的所有关系。

4.4 创建与使用子数据表

子数据表是指在一个数据表视图中显示已与其建立关联的数据表视图。子数据表可以帮助用户浏览与数据表中某条记录相关的数据记录。

4.4.1 查看子数据表中的数据

由于上一节"出版社"表与"图书信息"表之间已建立了一对多的关系，那么"出版社"数据表中的一条记录，在"图书信息"数据表中对应多条记录，即表达了"一个出版社出版多本图书"含义。在浏览出版社数据时，想要同时看到该出版社所出版的图书信息，就可以使用 Access 中子数据表的功能，将被关联的"图书信息"表中的数据以子数据表的形式显示。

在"出版社"表的数据表视图中，每一条记录左端有一个关联标识，这是关联"图书信息"表的一个按钮。在未显示子数据表时，关联标识显示为⊞，此时单击该关联标识⊞，即可显示当前记录对应的子数据表中的记录数据，而该记录的关联标识也变为⊟。

【任务 4-17】 在"出版社"表的数据表视图中查看"电子工业出版社"所出版的图书信息

【任务描述】

在"出版社"表的数据表视图中，查看"电子工业出版社"所出版的图书信息。

【任务实施】

（1）启动 Access，打开数据库"Book4.accdb"。

（2）在"导航窗格"中双击数据表名称"出版社"，打开数据表视图。

（3）在出版社名称为"电子工业出版社"的记录的关联标识⊞上单击，就可以查看到"电子工业出版社"所出版的图书信息，如图 4-64 所示。

图 4-64 "出版社"表的子数据表

在【开始】选项卡的"记录"组中单击【其他】按钮,在弹出的下拉菜单中指向【子数据表】项,在其级联菜单中选择【全部展开】命令,如图 4-65 所示,则可以看到每个出版社记录的下方均出现了该出版社所出版的图书信息。如果在级联菜单中选择【全部折叠】命令,则所有子数据表被关闭。

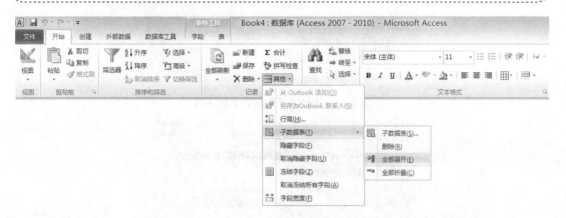

图 4-65　"记录"组中的【其他】按钮的下拉菜单以及【子数据表】的级联菜单

4.4.2　建立子数据表

Access 2010 允许在数据表中插入子数据表。

【任务 4-18】 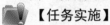 为"读者类型"添加子数据表

【任务描述】

为"读者类型"数据表添加子数据表。

【任务实施】

(1)启动 Access,打开数据库"Book4.accdb"。

(2)在"导航窗格"中双击数据表名称"读者类型",打开"数据表视图"。

(3)在【开始】选项卡的"记录"组中单击【其他】按钮,在弹出的下拉菜单中指向【子数据表】项,在其级联菜单中选择【子数据表】命令,打开【插入子数据表】对话框。

(4)在【插入子数据表】对话框中的【表】选项卡中,单击数据表名称"借书证","链接子字段"下拉列表框中便会自动出现"读者类型","链接主字段"下拉列表框中便会自动出现"读者类型编号",如图 4-66 所示,单击【确定】按钮。

(5)系统会自动检测两个数据表之间的关系,打开如图 4-67 所示的提示信息对话框,在该对话框中单击【是】按钮,自动创建表间关系。完成子数据表的插入。

(6)在"读者类型"表的"数据表视图"中单击【关联标识】按钮,则会出现子数据表,该子数据表中显示了与"教师"相关联的"借书证"中的记录数据,如图 4-68 所示。

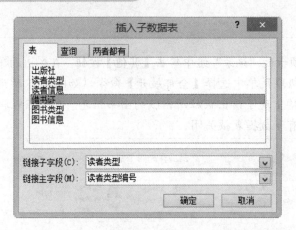

图 4-66　【插入子数据表】对话框

图 4-67　创建子数据表时出现的提示信息对话框

图 4-68　"读者类型"表的"数据表视图"中显示的子数据表

（7）在快速访问工具栏中单击【保存】按钮，保存所建立的子数据表。

> **提　示**
>
> 　　如果要删除当前数据表中的子数据表，则在【开始】选项卡的"记录"组中单击【其他】按钮，在弹出的下拉菜单中指向【子数据表】项，在其级联菜单中选择【删除】命令，则当前"数据表视图"会恢复到正常状态，视图中不再出现关联标记，也不能查看到当前数据表的子数据表中的记录数据。

【问题 1】：如何在数据表中对"备注"类型的字段启用 RTF 编辑？

答：在数据表中对"备注"类型的字段启用 RTF 编辑的操作过程如下。

（1）将数据表切换到"设计视图"。

（2）在"设计视图"中，选择"备注"字段。

（3）在"字段属性"窗格中的【常规】选项卡上，单击【文本格式】旁边的单元格中的下拉箭头，然后从列表中选择"格式文本"，如图 4-69 所示。

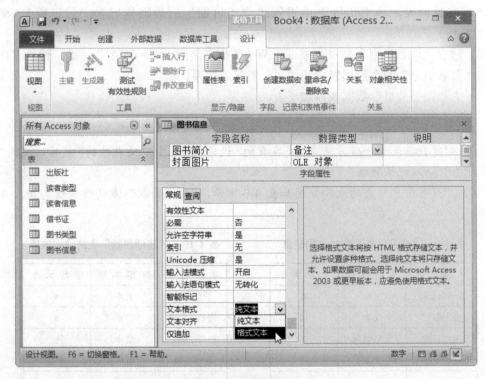

图 4-69　在文本格式列表中选择"格式文本"

（4）保存所做的更改。

【问题 2】：对于数据表中的某个字段，如何禁止输入重复值？

答：按以下方法将该字段设置为仅包含唯一值。

（1）将该字段指定为主键，主键字段仅接受唯一值，如果用户输入了重复值，将会提示用户。

（2）如果数据表中已经有主键，则在表的"设计视图"中将该字段的"索引"属性设置为"有（无重复）"。此属性将禁止该字段对多条记录接受相同的值。

【问题 3】：如何设置多个字段组成的主键？

答：当主键由多个字段组成时，只需要先单击第一个字段的字段选择区域，选中第一个字段，然后按住"Ctrl"键（对于相隔的几个字段也可以按住"Shift"键），并依次选择其他字段。接着在"功能区"的【设计】上下文命令选项卡的"工具"组，单击【主键】按钮 ⚿ 主键，或者鼠标右击主键字段的字段选择区域，在弹出的快捷菜单中单击【主键】选项即可设置组合主键。

（1）在数据库"Book4.accdb"中创建数据表"藏书信息"。

（2）在数据库"Book4.accdb"中创建数据表"超期罚款"。

（3）设置所有数据表的主键和唯一索引。

（4）将"图书信息"表中的字段名"副本数量"修改为"图书数量"，并且将各条记录的图书数量增加 1 本。

（5）在数据表"图书借阅"中设置"应还日期"的数据格式为"短日期"，掩码为"0000/99/99;0;_"。

（6）建立"读者类型"与"借书证"两个数据表之间的"一对多"关系，建立"图书信息"和"藏书信息"两个数据表之间的"一对多"关系。

（7）为"图书信息"数据表添加子表。

💡 提示

① 创建数据表的一般方法是：先在表的"设计视图"中定义表结构，然后切换到"数据表视图"输入记录数据。

② "藏书信息"表的结构信息如表 4-9 所示，"超期罚款"表的结构信息如表 4-10 所示。

表4-9 "藏书信息"表的结构信息

字 段 名 称	数 据 类 型	字 段 大 小
图书条形码	文本	8
图书编号	文本	16
入库日期	日期/时间	—
存放位置编号	文本	12
图书状态	文本	4
借出次数	数字	整型

表4-10 "超期罚款"表的结构信息

字 段 名 称	数 据 类 型	字 段 大 小
罚款编号	文本	8
图书条形码	文本	8
借书证编号	文本	8
超期天数	数字	整型
应罚金额	货币	—
实收金额	货币	—
是否交款	是/否	—
罚款日期	日期/时间	—
备注	备注	—

③ "藏书信息"表中的部分数据如表 4-11 所示，"超期罚款"表中的部分数据如表4-12所示。

表4-11 "藏书信息"表中的部分数据

图书条形码	图书编号	入库日期	存放位置编号	图书状态	借出次数
121497	TP3/2601	2016-4-20	03-03-07	借出	1
128349	TP3/2602	2016-4-20	03-03-01	借出	1

续表

图书条形码	图书编号	入库日期	存放位置编号	图书状态	借出次数
128374	TP3/2604	2016-4-20	03-03-01	借出	1
144927	TP3/2701	2016-4-20	03-03-07	借出	2
145353	TP3/2706	2016-4-20	03-03-07	借出	1
145554	TP393/23	2016-4-20	03-03-02	借出	1
145562	TP3/2737	2016-4-20	03-03-07	借出	2
145876	TP3/2742	2016-4-20	03-03-06	遗失	3
148004	TP393/44	2016-4-20	03-03-06	在藏	1
148005	TP393/44	2016-4-20	03-03-06	在藏	1

表 4-12　"超期罚款"表中的部分数据

罚款编号	图书条形码	借书证编号	超期天数	罚款日期	应罚金额	实收金额	是否交款	备注
0001	144927	0016587	12	2016-12-23	6.00	6.00	TRUE	
0002	145876	0016604	21	2016-12-23	2.10	2.10	TRUE	
0003	155840	0016604	18	2016-12-23	1.80	1.80	TRUE	
0004	162644	0016605	42	2017-1-5	4.10	4.10	TRUE	
0005	161994	0016598	32	2017-1-5	32.00	32.00	TRUE	

本单元主要介绍了修改数据表的结构、设置数据表字段的属性、设置数据表的主键和创建与使用子数据表等操作的方法。

1．填空题

（1）Access 数据表之间的关系可以分为（　　　　　　　）、（　　　　　　　）和（　　　　　）三种。

（2）要建立两表之间的关系，必须通过两表的（　　　　　　　）来创建，（　　　　　　）是指两表都拥有的字段，它们的字段名不一定相同，只要字段的类型和内容一致，即可正确地创建关系。

（3）建立"一对多"关系时，"一"对应的数据表称为（　　　　　　　），而"多"对应的数据表则称为（　　　　　）或相关表。

（4）（　　　　　　）是一种系统规则，Access 可以用它来确保关系表中的记录是有效的，且可以确保用户不会在无意间删除或更改重要数据。

（5）对于"数字型"字段，如果在该字段对应有效性规则属性文本框中输入（　　　　　　），表示要求输入的数据必须为正数。

（6）对于"日期/时间"型字段，如果在该字段对应有效性规则属性文本框中输入（　　　　　　　　　　　　），表示要求输入"2016年8月25日"之后的日期。

（7）在 Access 中，表的（　　　　　）将自动设置为表的主索引，也是唯一索引。

2．选择题

（1）在关系窗口中，在"一对多"关系连线上标记"1"与"∞"字样，表示在建立关系时启动了（　　　）。

　　A．实施参照完整性　　　　　　　　B．级联更新相关记录

　　C．级联删除相关记录　　　　　　　D．以上都不是

（2）若要在"一对多"关系中，更改一方的原始记录后，另一个立即更新，应选择下列哪一项？（　　　）

　　A．实施参照完整性　　　　　　　　B．级联更新相关记录

　　C．级联删除相关记录　　　　　　　D．以上都不是

（3）在 Access 中，必须输入 0～9 的数字的输入掩码是（　　　）。

　　A．0　　　　　　B．&　　　　　　C．A　　　　　D．C

（4）字段属性设置中的输入掩码可以控制输入到字段中的值，其字段可以是文本、（　　　）、日期/时间和备注。

　　A．数字　　　　　B．货币　　　　　C．是/否　　　　　D．OLE 对象

（5）（　　　）能唯一标识数据表中每一条记录的字段，它可以是一个字段，也可以是多个字段的组合。

　　A．索引　　　　　B．关键字　　　　C．主关键字　　　D．非主关键字

单元 5

创建与使用 Access 查询

数据库的主要用途是提供信息:"哪些图书最畅销?我们的最佳客户是谁?我公司在哪些方面没有达到销售目标?"。可以从设计完善的数据库中找到所有这些问题的答案。要从 Access 数据库中得到答案,可以创建一个查询并输入所需的条件,在 Access 检索到解答问题的数据后,可以查看和分析这些数据。

查询是 Access 分析和处理数据的工具,是 Access 数据库中一个重要对象,用户可以根据特定条件对数据表进行检索,筛选出符合条件的记录或数据,构成一个新的数据集合,从而方便用户对数据表进行查看、分析和更改。查询的数据可以来自一个或多个表,在创建了查询后,可以将该查询作为窗体、报表、图形甚至其他查询的数据源。

教学目标	（1）了解查询的功能和类型
	（2）熟练掌握利用"查询设计视图"创建查询的方法
	（3）熟练掌握创建单表条件查询的方法
	（4）掌握创建多表查询的方法
	（5）掌握查询的统计计算和分组汇总
	（6）掌握使用查询向导创建交叉表查询
	（7）掌握参数查询和 SQL 查询
	（8）了解操作查询
教学方法	任务驱动法、分组讨论法、理论实践一体化、探究学习法
课时建议	6 课时

知识导读

1. 查询的功能

查询是 Access 数据库的一个对象,它使数据源从一个数据表扩展到多个数据表,提供了生成新表、更新表中数据等功能,查询的结果可以作为报表、窗体和新数据表的数据源。

（1）前面单元所创建的"图书信息"数据表,主要包括以下字段:"图书编号"、"图书名称"、"图书类型"、"作者"、"译者"、"ISBN"、"出版社"、"出版日期"、"版次"、"价格"、"页数"、"字数"、"副本数量"、"图书简介"、"封面图片",该数据表中已输入了几十条记录。现在要实现完成以下操作。

① 检索只包含"图书编号"、"图书名称"、"作者"和"出版日期"4 个字段的图书信息,

包含 4 个字段的部分记录数据如图 5-1 所示。

图书编号	图书名称	作者	图书出版日期
TP3/2601	Oracle 11g数据库应用、设计与管理	陈承欢	2015-07-01
TP3/2602	实用工具软件任务驱动式教程	陈承欢	2014-11-01
TP3/2604	网页美化与布局	陈承欢	2015-08-01
TP3/2605	UML与Rose软件建模案例教程	陈承欢	2015-03-01
TP3/2701	跨平台的移动Web开发实战	陈承欢	2015-03-01
TP3/2706	C#网络应用开发例学与实践	郭常圳	2015-11-01

图 5-1　包含 4 个字段的图书信息查询结果

本操作是从"图书信息"数据表中检索部分字段的数据，构成一个新的数据集合，但记录数据并没有减少。

② 检索 2015 年第 1 季度出版的图书，且要求只包含"图书编号"、"图书名称"、"作者"、"出版日期"、"版次"和"价格"这 6 个字段，检索结果如图 5-2 所示。

图书编号	图书名称	作者	出版日期	版次	价格
TP3/2605	UML与Rose软件建模案例教程	陈承欢	2015-03-01	2	25
TP3/2701	跨平台的移动Web开发实战	陈承欢	2015-03-01	1	29
TP39/711	管理信息系统基础与开发	陈承欢	2015-02-01	1	23
TP39/713	关系数据库与SQL语言	黄旭明	2015-01-01	1	15
TP39/717	Web数据库开发技术	廖彬山	2015-03-01	1	30
TP39/727	数据库技术学习指导书	丁宝康	2015-03-01	1	18

图 5-2　包含 6 个字段的图书信息查询结果

本操作是从"图书信息"数据表中检索在一个特定日期范围（2015 年 1 月 1 日～2015 年 3 月 31 日）内的数据，且只需要部分字段的数据构成一个新的数据集合。

③ 检索包含"图书编号"、"图书名称"、"图书类型名称"、"出版社名称"和"价格"这 5 个字段的图书信息，检索结果的部分数据如图 5-3 所示。

图书编号	图书名称	图书类型名称	出版社名称	价格
TP3/2601	Oracle 11g数据库应用、设计与管理	T工业技术	电子工业出版社	￥37.50
TP3/2602	实用工具软件任务驱动式教程	T工业技术	高等教育出版社	￥26.10
TP3/2604	网页美化与布局	T工业技术	高等教育出版社	￥38.50
TP3/2605	UML与Rose软件建模案例教程	T工业技术	人民邮电出版社	￥25.00
TP3/2701	跨平台的移动Web开发实战	T工业技术	人民邮电出版社	￥29.00
TP3/2706	C#网络应用开发例学与实践	T工业技术	清华大学出版社	￥28.00

图 5-3　包含 5 个字段的图书信息查询结果

本操作的检索结果中包含了"图书类型名称"和"出版社名称"数据，但在"图书信息"数据表中并没有"图书类型名称"和"出版社名称"数据，只包含了"图书类型编号"和"出版社编号"数据。由于"图书类型名称"数据存储在"图书类型"数据表中，"出版社名称"数据存储在"出版社"数据表中，所以需要借助"多表查询"才能获取如图 5-3 所示的检索结果。

经过本单元的学习，将能够在"Book5.accdb"数据库中创建各种形式的查询，获取以上操作结果。

（2）查询是对数据表中的数据进行检索，同时产生一个类似于数据表的操作结果。在 Access 中可以方便地创建查询。用户只需要在创建查询的过程中定义要查询的内容和规则，Access 将自动在数据表中检索出符合规定条件的记录。利用查询可以实现以下各项功能。

① 选择字段。查询中只选择数据表中的部分字段。例如，建立一个查询，只包含"图书信息"数据表中的"图书编号"、"图书名称"、"作者"和"出版日期"4 个字段。

② 选择记录。根据事先设定的条件检索所需的记录。例如，检索"图书信息"数据表中在一个特定日期范围内的记录。

③ 编辑记录。Access 中，可以利用查询添加、修改和删除数据表中的记录。例如，将"图书信息"数据表中遗失的图书信息删除。

④ 实现计算。查询不仅可以检索到满足条件的记录，而且还可以在建立查询的过程中进行各种统计和计算。例如，计算"图书信息"数据表中图书总册数，图书总金额等。另外还可以建立一个计算字段，利用计算字段保存计算的结果。

⑤ 建立新表。利用查询检索的结果可以建立一个新表。例如，将"2015 年出版的图书"存储到一个新表中。

⑥ 建立基于查询的报表和窗体。为了从一个或多个数据表中检索合适的数据显示在报表或窗体中，可以先建立一个查询，然后将该查询结果作为报表或窗体的数据源。每次打印或打开窗体时，该查询就其数据源中检索出符合条件的最新记录，这样提高了报表或窗体的使用效率。

当运行查询时，查询会生成一个动态数据表（也称为虚拟表），而动态表中的数据并没有独立存储在数据库中，而只是保存了查询的方式。当关闭查询时，查询生成的动态数据表会自动消失。下一次运行查询时，又会按照设置的查询规则重新生成一个动态数据表。

2. 查询的类型

Access 数据库中的查询有多种类型，每种类型在执行上有所不同。主要有以下几种。

（1）选择查询。选择查询是一种最常用的查询类型，它是根据指定的查询规则，从一个或多个数据表中检索数据，并按照事先设定的顺序显示数据；也可以更新选择查询的数据表中的数据；还可以将记录分组，计算总和、计数和求平均值等。

（2）参数查询。参数查询按指定的参数值进行数据查询，参数查询执行时会显示一个输入参数的对话框，以便用户输入参数值。

（3）交叉表查询。交叉表查询将来源于某个数据表中的字段进行分组，汇总"数字"类型字段的值，在数据表的行和列的交叉处显示汇总结果。交叉表查询主要用于计算总和、求平均值和计数等。

（4）操作查询。操作查询用于对数据库进行复杂的数据管理操作，它能够通过一次操作完成多个记录的修改，主要包括生成表查询、追加查询、更新查询和删除查询。

① 生成表查询。生成表查询可以根据一个或多个数据表或查询中的全部或部分数据来新建一个数据表。这种由表产生查询，再由查询生成数据表的方法，使得数据组织更灵活，使用更方便。

生成表查询将数据复制到目标数据表中，源表和查询都不受影响。生成表中的数据不能与源表中的数据动态同步变化，如果源表中的数据发生改变，必须再次运行生成表查询才能更新数据。

② 追加查询。追加查询用于将一个或多个数据表中的一组记录追加到另一个数据表尾部，但当两个数据表之间的字段定义不同时，追加查询只添加相互匹配的字段内容，不匹配的字段将被忽略。追加查询以查询设计视图中添加的表为数据源，以在"追加"对话框中选定的数据表为

目标表。

③ 更新查询。更新查询是对一个或者多个数据表中的数据进行更新，这样用户可能通过添加某些特定的条件来更新数据表中的大量记录。如果通过数据表视图来更新数据表中的记录，那么当更新的记录很多，或更新的记录符合一定条件时，最简单、有效的方法是利用 Access 提供的更新查询。

④ 删除查询。从一个或多个数据表中删除一组记录。使用删除查询时，通常会删除整个记录，而不只是记录中所选择的字段。删除查询可以删除一个数据表内的记录，也可以在多个数据表内利用表间关系删除相互关联表之间的记录。

（5）SQL 查询。SQL 查询就是使用 SQL 语句进行数据查询，主要包括联合查询、传递查询和数据定义查询。

3．使用"查询向导"创建查询的方法

使用"查询向导"创建查询的方法有以下几种：

（1）使用"查询向导"创建交叉表查询；

（2）使用"查询向导"查找重复项；

（3）使用"查询向导"查找不匹配项。

5.1　使用查询设计器创建单表选择查询

创建查询的方法主要有两种：利用"查询设计视图"创建查询和利用"查询向导"创建查询。在 Access 的"功能区"单击【创建】选项卡，在"查询"组中提供了【查询向导】和【查询设计】两个命令按钮，如图 5-4 所示。

图 5-4　【创建】选项卡

【任务 5-1】 为"图书信息"数据表创建单表选择查询

【任务描述】

使用"Book5.accdb"数据库中的"图书信息"数据表创建单表选择查询"图书信息查询1"，查询数据表中只包含"图书编号"、"图书名称"、"作者"和"出版日期"4 个字段的图书信息。查询结果要求按图书编号的"升序"排列，"出版日期"使用"短日期"格式，输入掩码为"9999/99/99;0;_"，即"长日期"，"出版日期"的显示标题为"图书出版日期"。

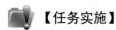【任务实施】

（1）启动 Access 2010，打开数据库"Book5.accdb"。

（2）在【创建】选项卡的"查询"组中单击【查询设计】按钮，打开如图 5-5 所示的"查询设计视图"窗口和【显示表】对话框。

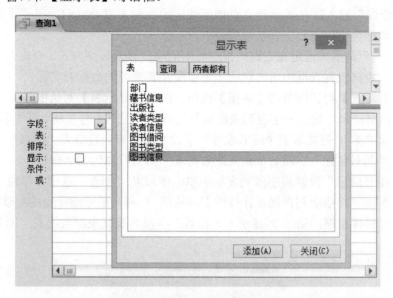

图 5-5   "查询设计视图"窗口和【显示表】对话框

（3）在【显示表】对话框中，双击数据表名称"图书信息"，将"图书信息"数据表字段列表框添加到"查询设计视图"窗口的上部，如图 5-6 所示。

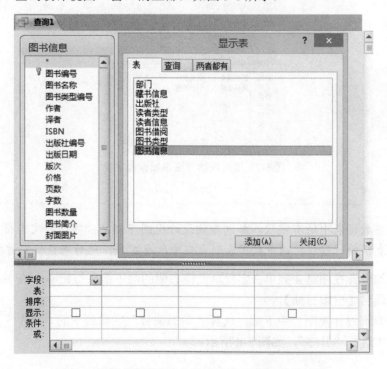

图 5-6   添加"图书信息"数据表的"查询设计视图"

"查询设计视图"是进行查询设计的基本操作区域，该视图可分为上下两部分，上部为"数据表/查询"输入区，下部为"查询设计区"，两部分的高度可以任意调节。

"数据表/查询"输入区是显示建立查询所依据的数据表以及它们之间关系的场所，每个数据表中字段名都会出现在数据表字段列表中。

"查询设计区"是用来设定在查询结果中显示的字段以及排序方式、查询条件等。每一列包括了从上部的数据表列表框中所选取的一个字段及其来源的数据表名称。

（4）在【显示表】对话框单击【关闭】按钮，关闭【显示表】对话框。

（5）在"图书信息"数据表字段列表框中分别双击"图书编号"和"图书名称"，那么查询设计视图下部的第 1 列显示了"图书编号"字段名及其来源数据表"图书信息"的名称，第 2 列显示了"图书名称"字段名及其来源数据表"图书信息"的名称。

（6）在"图书信息"数据表字段列表框中单击字段名"作者"选中该字段，然后按住鼠标左键不放，将该字段拖动到查询设计视图下部的第 3 列，鼠标指针变成形状，如图 5-7 所示，然后松开鼠标左键，第 3 列显示了"作者"字段名及其来源数据表"图书信息"的名称。

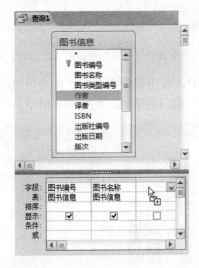

图 5-7　通过拖动方法添加查询字段

如果要将数据表中所有字段添加到查询设计视图下部的"字段"文本框中，可以双击数据表列表框的标题栏，选中数据表列表框中所有字段，然后用鼠标左键拖动即可。

（7）在查询设计视图第 4 列单击字段单元格右侧的向下箭头按钮，在弹出的字段名称列表中单击字段名【出版日期】。

（8）在"查询设计视图"中下部，选择"图书编号"字段列中的"排序"单元格，在右侧的下拉列表中选择"升序"，如图 5-8 所示。

图 5-8　使用字段下拉列表选择查询字段与排序

（9）将光标置于查询设计视图下部第 4 列的"出版日期"第 1 行字段名中，在查询工具的【设计】上下文命令选项卡的"显示/隐藏"组中单击【属性表】按钮，如图 5-9 所示。打开"出版日期"字段对应的【属性表】。

图 5-9　【设计】上下文命令选项卡的"显示/隐藏"组中单击【属性表】按钮

（10）在快速访问工具栏中单击【保存】按钮 ，打开如图 5-10【另存为】对话框，在文本框中输入查询名称"图书信息查询 1"，然后单击【确定】按钮关闭【另存为】对话框。

此时在导航窗格和"查询设计视图"的标题栏中便会自动出现新建立查询的名称"图书信息查询 1"。

（11）设置"出版日期"字段对应的属性。在"出版日期"字段对应的【属性表】的"说明"中输入"出版日期"。

然后单击"格式"列表框右侧的向下箭头按钮 ，在弹出的格式列表中选择"短日期"，如图 5-11 所示。

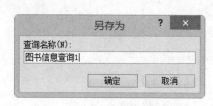

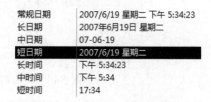

图 5-10　【另存为】对话框　　　图 5-11　在"日期格式"列表框中选择"长日期"格式

然后单击 "输入掩码"文本框中右侧的按钮 ⋯ ，在弹出的【输入掩码向导】对话框中选择 "长日期"输入掩码，如图5-12所示，接着在该对话框中单击【完成】按钮关闭该对话框。

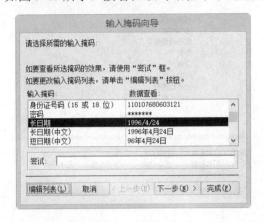

图5-12　在【输入掩码向导】对话框中选择 "长日期"输入掩码

然后在 "标题"文本框中输入 "图书出版日期"。

然后单击 "智能标记"文本框右侧的按钮 ⋯ ，在弹出的【操作标记】对话框中单击选中 "日期"复选框，如图5-13所示，接着在该对话框中单击【确定】按钮关闭该对话框。

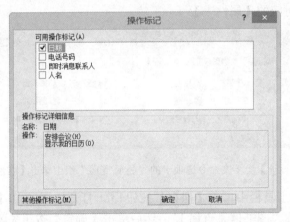

图5-13　【智能标记】对话框中选择 "日期"复选框

这样 "出版日期"的属性设置完毕，对应的【属性表】如图5-14所示。

图5-14　"出版日期"字段的【属性表】

单表选择查询的 "查询设计视图"与字段的属性设置结果如图5-15所示。

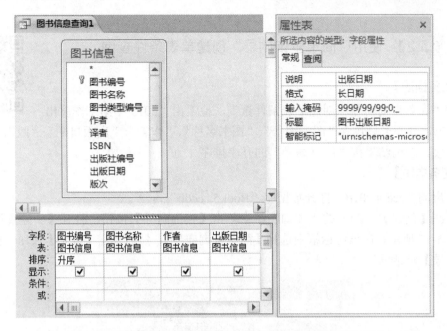

图 5-15　单表选择查询的"查询设计视图"与字段的属性设置

（12）在查询工具的【设计】上下文命令选项卡的"结果"组中单击【运行】按钮，此时会显示单表选择查询的运行结果，其部分记录如图 5-16 所示，字段"出版日期"的标题为"图书出版日期"，其字段值右下角会显示一个标识◢，单击字段值会出现一个列表。

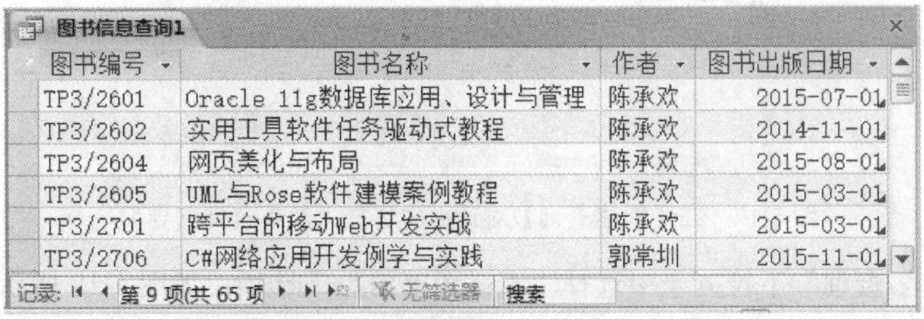

图 5-16　单表选择查询的运行结果与智能标记

💡 提　示

在查询工具的【设计】上下文命令选项卡的"结果"组中单击【视图】按钮会自动切换到"查询设计视图"。

5.2　使用"查询向导"创建单表条件查询

除了使用"查询设计视图"来创建查询之外，还可以使用"查询向导"创建查询。Access 2010 提供了多种"查询向导"，包括"简单查询向导"、"交叉表查询向导"、"查找重复项查询向导"和"查找不匹配项查询向导"。用户通过向导各项提示，就可以方便地完成查询的创建工作。

【任务 5-2】 使用"简单查询向导"创建单表条件查询

【任务描述】

使用"简单查询向导"创建单表条件查询，检索出"2015 年第 1 季度出版"的图书，且要求只包含"图书编号"、"图书名称"、"作者"、"出版日期"、"版次"和"价格"等字段，查询结果按"图书编号"的升序排序。

【任务实施】

（1）启动 Access 2010，打开数据库"Book5.accdb"。

（2）在【创建】选项卡的"查询"组中单击【查询向导】按钮，打开【新建查询】对话框，如图 5-17 所示，在该对话框中选择【简单查询向导】，然后单击【确定】按钮，打开【简单查询向导】对话框。

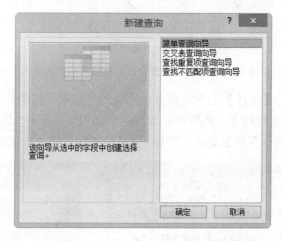

图 5-17　在【新建查询】对话框中选择"简单查询向导"

（3）在"表/查询"下拉列表中选择"表：图书信息"选项，如图 5-18 所示。

（4）在"可用字段"列表框中选择第一个字段"图书编号"，然后单击选择 > 按钮，将"图书编号"字段名添加到"选定字段"列表框中，如图 5-18 所示。

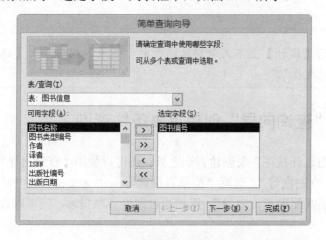

图 5-18　选取数据表与可用字段

（5）在"可用字段"列表框中依次双击"图书名称"、"作者"、"出版日期"、"版次"和"价格"，将它们添加到"选定字段"列表框中，如图 5-19 所示。

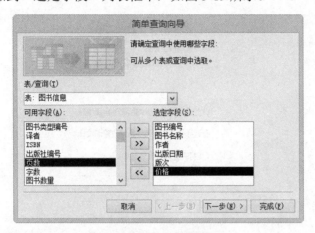

图 5-19　选择全部所需的字段

💡 **提 示**

① 在"可用字段"列表框中双击字段名可以将字段添加到"选定字段"列表框中。

② 在"可用字段"选择一个字段，然后单击 > 按钮，一次可以添加一个字段到"选定字段"列表框中，如果直接单击 >> 按钮，可以将"可用字段"中所有字段添加到"选定字段"列表框中。

③ 在"选定字段"列表框中，选择一个字段，然后单击 < 按钮，可以将选中的字段名从"选定字段"列表框中删除，该字段将会返回到左侧"可用字段"列表框中。

④ 如果直接单击 << 按钮，"选定字段"列表框中所有字段将返回到左侧"可用字段"列表框中。

（6）单击【下一步】按钮，切换到下一个窗口，选择【明细（显示每个记录的每个记段】单选框，如图 5-20 所示。

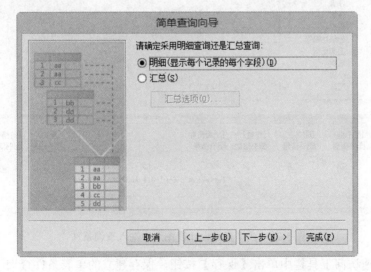

图 5-20　选择"明细"查询

（7）单击【下一步】按钮，切换到下一个窗口，在"标题"文本框中输入查询的标题"2015年第1季度出版的图书查询"，选择【修改查询设计】单选框，如图5-21所示。

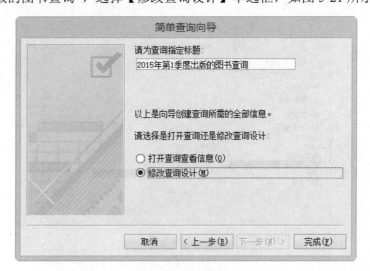

图5-21　输入查询标题和选择"修改查询设计"单选框

（8）单击【完成】按钮，完成"查询向导"，打开查询设计视图。

（9）在"查询设计视图"中下部，单击"图书编号"字段列中的"排序"单元格，选择"升序"。

（10）在查询设计视图中下部，选择"出版日期"字段列中的"条件"单元格，然后输入查询条件"Between #2015-01-01# And #2015-03-31#"，如图5-22所示。

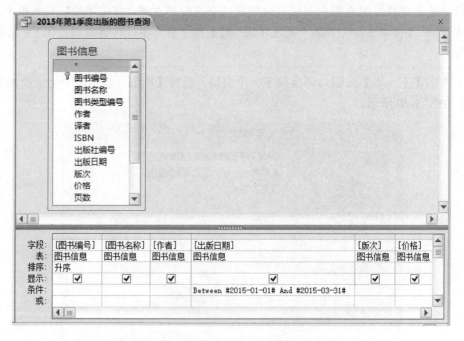

图5-22　在"查询设计视图"中输入查询条件

（11）在快速访问工具栏中单击【保存】按钮，保存建立的单表条件查询。

（12）在查询工具的【设计】上下文命令选项卡的"结果"组中单击【运行】按钮，此时会显示单表条件查询的运行结果，如图 5-23 所示。

图书编号	图书名称	作者	出版日期	版次	价格
TP3/2605	UML与Rose软件建模案例教程	陈承欢	2015-03-01	2	25
TP3/2701	跨平台的移动Web开发实战	陈承欢	2015-03-01	1	29
TP39/711	管理信息系统基础与开发	陈承欢	2015-02-01	1	23
TP39/713	关系数据库与SQL语言	黄旭明	2015-01-01	1	15
TP39/717	Web数据库开发技术	廖彬山	2015-03-01	1	30
TP39/727	数据库技术学习指导书	丁宝康	2015-03-01	1	18

记录: 第 9 项(共 16 项) 无筛选器 搜索

图 5-23　单表条件查询的运行结果

5.3　创建多表查询

前面的实例说明了使用查询可以从一个数据表中检索所需要的数据，但在实际查询时，需要检索的数据可能不在同一个数据表中，必须建立多表查询，才能找出满足要求的记录。

【任务 5-3】创建多表查询

【任务描述】

创建多表查询"图书信息查询 2"，从"图书信息"数据表中检索"图书编号"、"图书名称"、"图书类型编号"、"出版社编号"和"价格"数据，从"图书类型"数据表中检索出对应的"图书类型名称"数据，从"出版社"数据表中检索出对应的"出版社名称"数据。查询结果要求按"图书编号"、"图书名称"、"图书类型名称"、"出版社名称"、"价格"的顺序显示数据，"图书类型编号"、"出版社编号"不显示，查询结果按"图书编号"的升序排序。

【任务实施】

（1）启动 Access 2010，打开数据库"Book5.accdb"。

（2）在【创建】选项卡的"查询"组中单击【查询设计】按钮，打开"查询设计视图"窗口和【显示表】对话框，在【显示表】对话框中依次双击数据表名"图书类型"、"图书信息"和"出版社"，所选择的 3 个数据表的字段列表便会显示在"查询设计视图"上部，并且显示 3 个数据表之间的关系。然后在【显示表】对话框中单击【关闭】按钮关闭该对话框。

 提示

如果"图书类型"、"图书信息"和"出版社"3 个数据表的关系没有建立，请先建立关系，然后进行以下操作。

（3）分别在"图书信息"字段列表框中双击"图书编号"、"图书名称"、"图书类型"，在"图书类型"字段列表框中双击"图书类型名称"，在"图书信息"字段列表框中双击"出版社"，在"出版社"字段列表框中双击"出版社名称"，在"图书信息"字段列表框中双击"价格"。

"查询设计视图"下部便会按"图书编号"、"图书名称"、"图书类型编号"、"图书类型名称"、"出版社编号"、"出版社名称"和"价格"的顺序列出各字段，如图 5-24 所示。

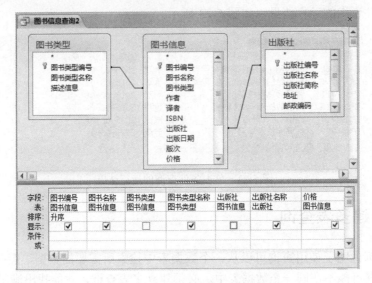

图 5-24　"图书信息查询 2"的设计视图

（4）在"查询设计视图"中下部，单击"图书编号"字段列中的"排序"单元格，选择"升序"。

（5）在快速访问工具栏中单击【保存】按钮，保存建立的多表查询，查询名称为"图书信息查询 2"。

（6）在"查询设计视图"中下部，取消图书信息表的"图书类型"字段列中的"显示"行对应的复选框的选中状态，同样取消图书信息表的"出版社"字段列中的"显示"行对应的复选框的选中状态，使这两个字段不显示在查询的结果中，如图 5-25 所示。

（7）在查询工具的【设计】上下文命令选项卡的"结果"组中单击【运行】按钮，此时会显示多表查询"图书信息查询 2"的运行结果，如图 5-25 所示。

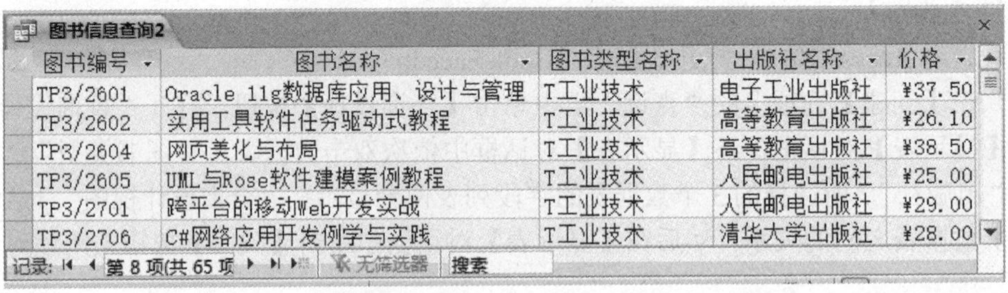

图书编号	图书名称	图书类型名称	出版社名称	价格
TP3/2601	Oracle 11g数据库应用、设计与管理	T工业技术	电子工业出版社	￥37.50
TP3/2602	实用工具软件任务驱动式教程	T工业技术	高等教育出版社	￥26.10
TP3/2604	网页美化与布局	T工业技术	高等教育出版社	￥38.50
TP3/2605	UML与Rose软件建模案例教程	T工业技术	人民邮电出版社	￥25.00
TP3/2701	跨平台的移动Web开发实战	T工业技术	人民邮电出版社	￥29.00
TP3/2706	C#网络应用开发例学与实践	T工业技术	清华大学出版社	￥28.00

记录：Ⅰ ◀ 第 8 项(共 65 项) ▶ Ⅰ ▶ 🔻 无筛选器　搜索

图 5-25　多表查询"图书信息查询 2"的运行结果

5.4　在查询中使用计算

Access 查询中，可以实现多种计算功能，主要包括预定义计算和自定义计算。预定义计算是指由系统提供的用于对部分记录或全部记录进行计算，包括求和、求平均值、计数、求最大值或最小值、求标准差或方差等；自定义计算是指根据用户设置的计算公式进行计算，如计算年龄、金额等。

5.4.1   查询的统计计算

【任务 5-4】 统计"图书信息"数据表中图书总数量

【任务描述】

创建"统计图书总数量"查询，统计"图书信息"数据表中图书总数量。

【任务实施】

（1）启动 Access 2010，打开数据库"Book5.accdb"。

（2）在【创建】选项卡的"查询"组中单击【查询设计】按钮，打开"查询设计视图"窗口和【显示表】对话框。

（3）在【显示表】对话框中，双击数据表名称"图书信息"，将"图书信息"数据表字段列表框添加到"查询设计视图"窗口的上部，然后关闭【显示表】对话框。

（4）在快速访问工具栏中单击【保存】按钮，打开【另存为】对话框，在文本框中输入查询名称"统计图书总数量"，然后单击【确定】按钮关闭【另存为】对话框。

（5）在"图书信息"数据表字段列表框中双击字段名"图书数量"，此时"查询设计视图"下部的第 1 列显示了"图书数量"字段名及其来源数据表"图书信息"的名称。

（6）在查询工具的【设计】上下文命令选项卡的"显示/隐藏"组中单击【汇总】按钮，如图 5-26 所示。此时，查询设计视图窗口的"设计区域"中自动插入一个"总计"行，并自动将"图书数量"字段的"总计"单元格设置为"Group By"，如图 5-27 所示。

（7）选择"图书数量"字段列的"总计"行的单元格，然后单击其右侧的向下箭头按钮，弹出如图 5-28 所示下拉列表框，在其中选择"总计"选项，"查询设计视图"窗口的"设计区域"的"总计"行对应的单元格会出现"合计"。

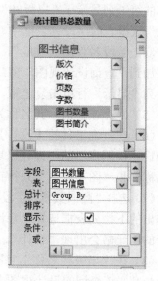

图 5-26　查询工具的【设计】上下文命令选项卡的"显示/隐藏"组　图 5-27　"查询设计视图"下部显示"总计"

（8）至此，"统计图书总数量"查询设计完成，再一次保存该查询。

（9）在查询工具的【设计】上下文命令选项卡的"结果"组中单击【运行】按钮，此时会显示"统计图书总数量"查询的运行结果，如图 5-29 所示。

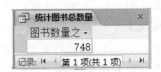

图 5-28 "查询设计视图"下部的"总计"列表项　　图 5-29 "统计图书总数量"查询的运行结果

如果要返回"查询设计视图"对查询进一步修改，只需单击【设计视图】按钮即可。

【任务 5-5】 统计"图书信息"数据表中"电子工业出版社"出版的图书总数量

【任务描述】

统计"图书信息"数据表中"电子工业出版社"出版的图书总数量。

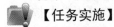**【任务实施】**

（1）启动 Access 2010，打开数据库"Book5.accdb"。

（2）在【创建】选项卡的"查询"组中单击【查询设计】按钮，打开"查询设计视图"窗口和【显示表】对话框。

（3）在【显示表】对话框中，分别双击数据表名称"图书信息"和"出版社"，将"图书信息"和"出版社"两个数据表的字段列表框添加到"查询设计视图"窗口的上部。

（4）在"图书信息"数据表的字段列表框中双击字段名"出版社"，此时"查询设计视图"下部的第 1 列显示了"出版社"字段名及其来源数据表"图书信息"的名称。然后分别在"出版社"数据表的字段列表框中双击字段名"出版社名称"，在"图书信息"数据表的字段列表框中双击字段名"图书数量"。这样"出版社"、"出版社名称"和"图书数量"3 个字段被依次添加到"查询设计视图"窗口的下部设计区域的"字段"行中，在图书信息表的"出版社"字段列"显示"行单击复选框，取消其选择状态，该字段在查询结果中不出现。

（5）保存该查询，其名称为"统计电子工业出版社出版的图书数量"。

（6）在查询工具的【设计】上下文命令选项卡的"显示/隐藏"组中单击【汇总】按钮，查询设计视图窗口的"设计区域"中自动插入一个"总计"行，并自动将"出版社"、"出版社名称"和"图书数量"3 个字段的"总计"单元格设置为"Group By"。

（7）选择"图书数量"字段列的"总计"行的单元格，然后单击其右侧的向下箭头按钮▼，在弹出的下拉列表框选择"合计"选项，"查询设计视图"窗口的"设计区域"的"总计"行对应的单元格会出现"合计"。

（8）在"出版社名称"字段列的"条件"行对应的单元格中输入查询条件"="电子工业出版社""，该查询的设计视图内容如图 5-30 所示。

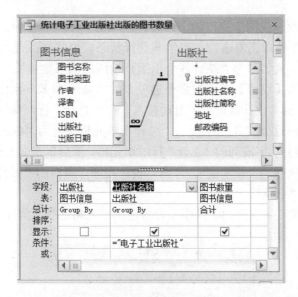

图 5-30　"统计电子工业出版社出版的图书数量"查询的设计视图内容

（9）至此，"统计电子工业出版社出版的图书数量"查询设计完成，再一次保存该查询。

（10）运行该查询，运行结果如图 5-31 所示。

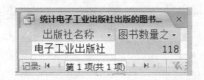

图 5-31　"统计电子工业出版社出版的图书数量"查询的运行结果

5.4.2　查询的分组汇总

【任务 5-6】 统计"图书信息"表中各个出版社所出版的图书总数量

【任务描述】

　　统计"图书信息"数据表中各个出版社所出版的图书总数量，且要求按图书总数量降序排序。

【任务实施】

　　（1）启动 Access 2010，打开数据库"Book5.accdb"。

　　（2）在【创建】选项卡的"查询"组中单击【查询设计】按钮，打开"查询设计视图"窗口和【显示表】对话框。

　　（3）在【显示表】对话框中，分别双击数据表名称"图书信息"和"出版社"，将"图书信息"和"出版社"两个数据表的字段列表框添加到"查询设计视图"窗口的上部。

　　（4）在"图书信息"数据表的字段列表框中双击字段名"出版社"，此时"查询设计视图"下部的第 1 列显示了"出版社"字段名及其来源数据表"图书信息"的名称。然后分别在"出版社"数据表的字段列表框中双击字段名"出版社名称"，在"图书信息"数据表的字段列表框中双击字段名"图书数量"。这样"出版社编号"、"出版社名称"和"图书数量"3 个字段被依次添加到"查询设计视图"窗口的下部设计区域的"字段"行中，在图书信息表的"出版社"字段列"显示"行单击复选框，取消其选择状态，该字段在查询结果中不出现。

（5）保存该查询，其名称为"统计各个出版社出版的图书数量"。

（6）在查询工具的【设计】上下文命令选项卡的"显示/隐藏"组中单击【汇总】按钮，"查询设计视图"窗口的"设计区域"中自动插入一个"总计"行，并自动将"出版社编号"、"出版社名称"和"图书数量"3个字段的"总计"单元格设置为"Group By"。

（7）选择"图书数量"字段列的"总计"行的单元格，然后单击其右侧的向下箭头按钮，在弹出的下拉列表框选择"合计"选项，"查询设计视图"窗口的"设计区域"的"总计"行对应的单元格会出现"合计"。

（8）在"图书数量"字段列的"排序"行对应的单元格选择"降序"，该查询的设计视图内容如图5-32所示。

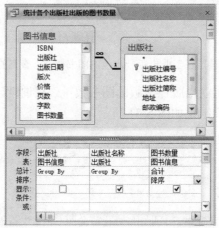

图5-32   "统计各个出版社出版的图书数量"查询的设计视图内容

（9）至此，"统计各个出版社出版的图书数量"查询设计完成，再一次保存该查询。

（10）运行该查询，运行结果如图5-33所示。

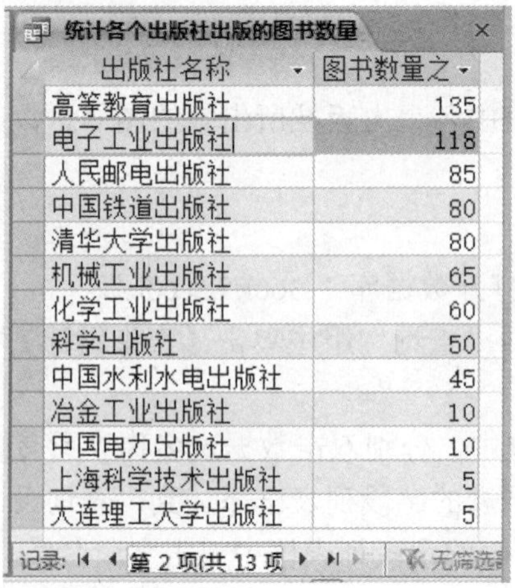

图5-33   "统计各个出版社出版的图书数量"查询的运行结果

5.4.3　查询时添加计算字段

【任务 5-7】　统计"图书信息"数据表中各种图书的金额

【任务描述】

统计"图书信息"数据表中各种图书的金额，且要求按各种图书金额的降序排序。

【任务实施】

（1）启动 Access 2010，打开数据库"Book5.accdb"。

（2）在【创建】选项卡的"查询"组中单击【查询设计】按钮，打开"查询设计视图"窗口和【显示表】对话框。

（3）在【显示表】对话框中，双击数据表名称"图书信息"，将"图书信息"数据表的字段列表框添加到"查询设计视图"窗口的上部。

（4）在"图书信息"数据表的字段列表框中双击字段名"图书名称"，此时"查询设计视图"下部的第 1 列显示了"图书名称"字段名及其来源数据表"图书信息"的名称。

（5）在第 2 列"字段"行中输入"金额: Sum([价格]*[图书数量])"。

（6）在查询工具的【设计】上下文命令选项卡的"显示/隐藏"组中单击【汇总】按钮，"查询设计视图"窗口的"设计区域"中自动插入一个"总计"行，并自动将"图书名称"字段列的"总计"单元格设置为"Group By"。

（7）选择"图书名称"字段列的"总计"行的单元格，然后单击其右侧的向下箭头按钮，在弹出的下拉列表框选择"Expression"选项，"查询设计视图"窗口的"设计区域"的"总计"行对应的单元格会出现"Expression"。

（8）在"金额"计算字段列的"排序"行对应的单元格选择"降序"，保存该查询，其名称为"统计各种图书的金额"，该查询的设计视图内容如图 5-34 所示。

图 5-34　"统计各种图书的金额"查询的设计视图内容

（9）运行该查询，运行结果如图 5-35 所示。

图 5-35 "统计各种图书的金额"查询的运行结果

5.5 使用查询向导创建复杂查询

5.5.1 使用"交叉表查询向导"创建交叉表查询

【任务 5-8】创建交叉表查询统计每本图书的借阅情况和借阅总次数

使用交叉表查询计算和重构数据，可以简化数据分析。交叉表查询将用于查询的字段分成两组，一组以行标题的方式显示在表格的左侧，另一组以列标题的方式显示在表格的顶端，在行与列交叉的位置对数据进行计算（如计数、求和、求平均值等），并将计算结果显示在交叉位置。创建"交叉表查询"的方法有两种：使用"交叉表查询向导"和使用"查询设计视图"。本节将介绍使用"查询向导"创建交叉表查询。

【任务描述】

使用"交叉表查询向导"创建交叉表查询，统计每本图书的借阅情况和借阅总次数。

【任务实施】

（1）启动 Access 2010，打开数据库"Book5.accdb"。

（2）在"创建"选项卡的"其他"组中单击【查询向导】按钮，打开【新建查询】对话框。

（3）在【新建查询】对话框的列表框中选择"交叉表查询向导"选项，然后单击【确定】按钮，如图 5-36 所示。此时，打开【交叉表查询向导】对话框，在该对话框的表列"表"中选择"表：图书借阅"选项，如图 5-37 所示。

图 5-36 在【新建查询】对话框中选择"交叉表查询向导"

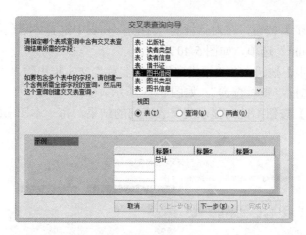

图 5-37　在【交叉表查询向导】对话框选择"表：图书借阅"选项

（4）单击【下一步】按钮，在打开的对话框的"可用字段"列表中双击"图书条形码"选项，将其添加到"选定字段"列表中，如图 5-38 所示。

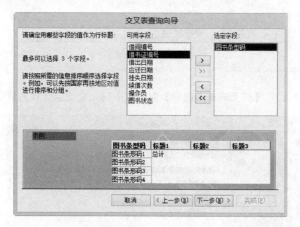

图 5-38　【交叉表查询向导】对话框中选择行标题

（5）单击【下一步】按钮，在"请确定用哪个字段的值作为列标题"列表框中单击选择"借书证编号"字段，结果如图 5-39 所示。

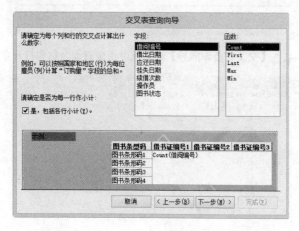

图 5-39　【交叉表查询向导】对话框中选择列标题

（6）单击【下一步】按钮，在对话框的"字段"列表中选择"借阅编号"选项，在"函数"列表中选择"Count"选项，如图 5-40 所示。

（7）单击【下一步】按钮，在"请指定查询的名称"文本框中输入"图书借阅_交叉表查询"，默认选中了单选框"查看查询"，如图 5-41 所示。

（8）单击【完成】按钮，此时显示交叉表查询的结果，每一本图书的借阅情况和借阅总次数如图 5-42 所示。

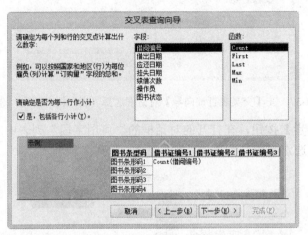

图 5-40　【交叉表查询向导】对话框中确定交叉点计算的数字

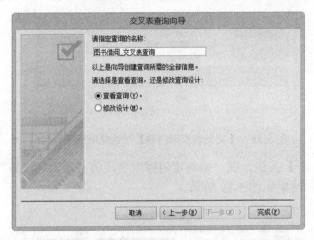

图 5-41　【交叉表查询向导】对话框中指定查询名称和打开方式

图 5-42　交叉表查询的运行结果

说 明

　　由于每本图书同一时间只能被一个读者借阅，所以查询结果中每本图书的借阅总次数也是"1"。

5.5.2 使用"查询向导"查找重复项

　　一般情况下，一个数据表中如果已设置了主键字段，那么主键字段不允许出现重复数据，非主键字段则允许出现重复数据。但是如果数据表中没有设置主键，则 Access 系统不会检测向数据表中输入的数据是否重复，数据表中每个字段都可以出现重复数据，也就是说可以出现对应字段的数据完全相同的重复记录。例如，对于"出版社"数据表如果没有设置主键，那么在数据表中一个出版社的数据可以重复输入多次。

　　创建数据表时，如果先输入记录数据，后设置主键，当待设置为主键的字段存在重复数据时，则系统会显示提示信息，禁止创建主键。这时必须先找到是哪些数据出现重复，重复次数是多少，然后再删除重复的数据，然后才能正确地创建主键。"查找重复项查询向导"就可以在数据表中确定是否存在重复项。

　　由于教材篇幅的限制，有关使用"查询向导"查找重复项的操作过程在此不详述，请读者参考有关书籍。

5.5.3 使用"查询向导"查找不匹配项

　　"查找不匹配查询向导"用于创建一个查找不匹配项查询，以显示在一个数据表中存在而在其他数据表中却不存在对应数据的记录，这样的记录称为孤立记录。例如，"图书信息"数据表中有一本图书的"出版社编号"为"oo1"，错将数字"0"输入为字母"o"，而与之关联的"出版社"数据表中却没有该编号的出版社，这时"图书信息"数据表中的这条记录便成为孤立记录，它在"出版社"数据表中没有匹配项。由于"图书信息"数据表与"出版社"数据表已建立"一对多"的关系，所以保存数据输入时，会弹出如图 5-43 所示的提示信息对话框。

图 5-43　数据表中存在不匹配项时出现的提示信息对话框

　　对于存在不匹配项的数据表，Access 系统不允许对其设置关系或增加"实施参照完整性"规则，在进行此类操作时出现提示信息。要查找不匹配项，使用"查找不匹配项查询向导"创建一个查询查找孤立记录是效率较高的方法。

　　由于教材篇幅的限制，有关使用"查询向导"查找不匹配项的操作过程在此不详述，请读者参考有关书籍。

5.6 创建参数查询

如果希望根据某些字段不同的值来查找记录，就要使用 Access 提供的参数查询。参数查询是利用对话框来提示输入参数值，并检索符合所输入的参数值的记录或值。可以建立只包含一个参数的单参数查询，也可以建立包含多个参数的多参数查询。

5.6.1 创建单参数查询

参数查询也是在"查询设计视图"下部"设计区域"的"条件"单元格中输入数据，但不同的是，该数据是一个用方括号括起来的字符串。该字符串在查询运行时将作为参数对话框的提示文本出现。一旦输入了数据并单击【确定】按钮，则对话框中输入数据值就成为对应条件单元格的数据值，此时系统会自动根据这个条件检索数据。

【任务 5-9】 根据输入的参数值统计出版社所出版的图书数量

【任务描述】

根据输入的出版社名称，统计"图书信息"数据表中对应出版社所出版的图书总数量。

【任务实施】

（1）启动 Access 2010，打开数据库"Book5.accdb"。

（2）打开"导航窗格"中已建立的查询"统计电子工业出版社出版的图书数量"的"设计视图"窗口。

（3）在【文件】选项卡中选择【对象另存为】命令。

（4）打开【另存为】对话框，在该对话框中上面的文本框中输入查询名称"统计指定出版社出版的图书数量"，如图 5-44 所示。然后单击【确定】按钮，此时出现一个重命名的新查询的"设计视图"窗口。

（5）在"统计指定出版社出版的图书数量"的"查询设计视图"下部"设计区域"的第 1 列中重新选择字段名"出版社简称"，在"出版社简称"字段的"条件"单元格中删除原先的条件，重新输入"[请输入出版社简称]"，如图 5-45 所示。

图 5-44 【另存为】对话框

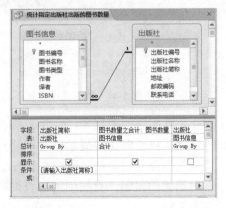

图 5-45 参数"查询设计视图"的"条件"设置

提示

　　创建参数查询时，"条件"单元格设置的提示文本可以包含查询字段的字段名，但不能与字段名完全相同。

　　（6）先保存该查询，然后运行该查询，屏幕上会显示"输入参数值"的对话框，在该对话框的文本框中输入"电子"，如图 5-46 所示。然后单击【确定】按钮，这时就可以看到参数查询的运行结果，如图 5-47 所示。

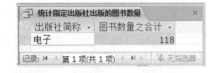

图 5-46　在【输入参数值】对话框中输入"电子"　　　　图 5-47　单参数查询的运行结果

5.6.2　创建多参数查询

　　Access 2010 不仅可以建立单个参数的查询，也可以建立多个参数的查询，多参数查询运行时，应依次输入多个参数值，当所有参数都获取数据值后，查询结果才会显示出来。查询结果中只包含那些满足全部条件的记录。

【任务 5-10】创建查询指定出版社在指定日期范围内所出版的图书数量的多参数查询

【任务描述】
　　创建多参数查询，查询指定出版社在指定日期范围内所出版的图书数量，查询结果要求按图书数量的降序排序。

【任务实施】
　　（1）启动 Access 2010，打开数据库"Book5.accdb"。
　　（2）打开【任务 5-9】所创建的单参数查询"统计指定出版社出版的图书数量"的"设计视图"窗口。将该单参数查询另存为"查询指定出版社在指定日期范围内所出版的图书数量"查询。
　　（3）切换到查询的"设计视图"状态，在查询工具的【设计】上下文命令选项卡的"显示/隐藏"组中单击【汇总】按钮，取消"查询设计视图"窗口的"设计区域"中的"总计"行。
　　然后，添加 2 个字段"出版日期"和"图书名称"，如图 5-48 所示。

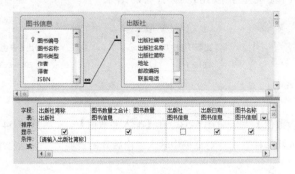

图 5-48　多参数"查询设计视图"窗口下部的设置内容

（4）调整字段的排列顺序，按住鼠标左键不放，拖动字段"图书名称"置于"图书数量"左侧，如图 5-49 所示。

图 5-49　调整字段的排列顺序

同理，拖动"出版日期"字段置于"图书名称"的右侧，结果如图 5-50 所示。

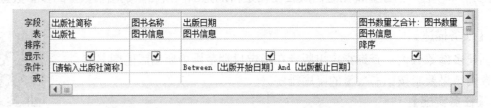

图 5-50　重新调整字段顺序的"查询设计视图"下部的内容

（5）在设计视图中"设计区域"的"出版日期"字段列"条件"对应的单元格中输入"Between [出版开始日期] And [出版截止日期]"，如图 5-51 所示。

（6）在"图书数量"字段列"排序"对应的单元格选择"降序"。

图 5-51　设置多个查询条件

（7）运行该多参数查询，打开第 1 个【输入参数值】对话框，在"请输入出版社简称"文本框中输入"电子"，如图 5-52 所示，单击【确定】按钮；接着打开第 2 个【输入参数值】对话框，在"出版开始日期"文本框中输入"2015-1-1"，如图 5-53 所示，单击【确定】按钮；接着打开第 3 个【输入参数值】对话框，在"出版截止日期"文本框中输入"2015-6-30"，如图 5-54 所示。然后单击【确定】按钮，显示查询结果。

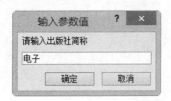
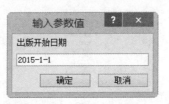
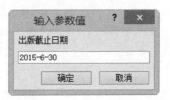

图 5-52　在【输入参数值】　　图 5-53　在【输入参数值】　　图 5-54　在【输入参数值】
对话框中输入"出版社简称"　对话框中输入"出版开始日期"　对话框中输入"出版截止日期"

多参数查询的运行结果如图 5-55 所示，可查询到 2015 年上半年电子工业出版社出版的图书信息。

图 5-55　多参数查询的运行结果

在【输入参数值】对话框中输入日期类型参数时，应按正确的日期格式输入，否则会出现找不到数据的现象。

【问题 1】：对于多表查询，如何设置其"联接属性"？

答：在"查询设计视图"窗口中双击数据表之间的联接线，打开如图 5-56 所示的【联接属性】对话框，该对话框的上半部分列出了左、右两表的名称及建立关系的字段名，下半部分用于设置两个表创建联接的方式。

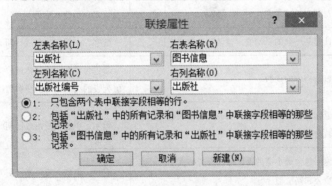

图 5-56　【联接属性】对话框

（1）如果查询的结果只包含两个数据表中联接字段值相同的记录，则选中第 1 个单选框。

（2）如果查询的结果必须包含左表"图书类型"中的所有记录和右表"图书信息"中联接字段相等的部分记录，则选中第 2 个单选框。

（3）如果查询的结果必须包含右表"图书信息"中的所有记录和左表"图书类型"中的联接字段相等的部分记录，则选中第 3 个单选框。

【问题 2】：Access 2010 中一个查询是否作为另一个查询的数据源？

答：Access 2010 允许一个查询作为另一个查询的数据源。

【问题 3】：比较查询与筛选、数据表的异同？

答：在 Access 中，查询与筛选有些相似，也是对存储在数据表中的数据进行检索，同时产生一个类似于数据表结果。与筛选不同的是，查询可以将多个数据表中的数据组合在一起，可以生成计算字段，还可以总计和组合数据。这也是查询与数据表的不同之处，与数据表相同的是，查询也可以选择显示或隐藏字段，也可以作为报表和窗体的数据源。

【问题4】：Access 2010 中与"日期/时间"类型数据相关的函数主要有哪些，分别有什么功能？

答：与"日期/时间"类型数据相关的函数主要有 Date 函数、DatePart 函数和 DateDiff 函数。

（1）Date 函数：用于在表达式中插入当前的系统日期。它通常与函数 Format 联合使用，也可以与包含"日期/时间"数据的字段标识符联合使用。

（2）DatePart 函数：用于确定或提取日期部分，通常是从字段标识符中获取的日期，但有时是由另一函数（如 Date）返回的日期值。

（3）DateDiff 函数：用于确定两个日期之间的差值，通常是从字段标识符获取的日期和使用函数 Date 获取的日期之间的差值。

【问题5】：如何根据"图书借阅"数据表中的"应还日期"计算图书的超期天数？

答：计算超期天数的公式为：DateDiff ("d", [图书借阅.应还日期], Date())。

【问题6】：Access 2010 提供了哪些可用在查询中的聚合函数？

答：Access 2010 提供的可用在查询中的聚合函数如表 5-1 所示。

表 5-1　Access 2010 提供的聚合函数

函　　数	说　　明	使用的数据类型
合计（Sum）	对列中的项求和	数字、小数、货币
平均值（Avg）	计算某一列的平均值，该函数会忽略空值	数字、小数、货币或日期/时间
计数（Count）	统计列中的项数	除包含复杂的重复标量数据的数据类型（如包含多值列表的列）以外的所有数据类型
最大值（Max）	返回包含最大值的项，Access 忽略大小写。该函数会忽略空值	数字、小数、货币或日期/时间
最小值（Min）	返回包含最小值的项，Access 忽略大小写。该函数会忽略空值	数字、小数、货币或日期/时间
标准偏差（StDev）	计算值在平均值（中值）附近分布的范围大小	数字、小数、货币
方差（Var）	计算列中所有值的统计方差，如果表所包含的行不到两个，Access 将返回 Null 值	数字、小数、货币

（1）在数据库"Book5.accdb"中创建以下查询。

① 以数据表"图书借阅"为数据源建立简单的单表查询"图书借阅情况查询"，查询中包括"借阅编号"、"图书条形码"、"借书证编号"、"借出日期"、"应还日期" 5 个字段的记

录。

②　以上一步创建的查询"图书借阅情况查询"为数据源创建一个新查询"2015 年 9 月借出图书查询"，该字段包括"借阅编号"、"图书条形码"、"借书证编号"、"借出日期"4 个字段。

③　以"超期罚款"、"藏书信息"和"图书信息"3 个数据表为数据源，创建基于多表的查询"图书情况罚款查询"，查询中包括以下字段："罚款编号"、"图书名称"、"价格"、"借书证编号"、"应罚金额"。

（2）以"图书借阅"为数据源，统计每本借书证所借图书的数量。

（3）以"图书信息"、"出版社"和"图书类型"3 个数据表为数据源，创建一个多表查询"图书信息查询"，包括以下字段："图书编号"、"图书名称"、"出版社名称"、"图书类型名称"、"价格"和"图书数量"。

（4）以上一步创建的"图书信息查询"作为数据源创建交叉表查询，将"出版社名称"字段内容作为行标题，以"图书类型名称"字段内容作为列标题，对"图书编号"字段进行数值统计。

（5）以"图书信息"数据表为数据源，创建"按图书类型编号查询图书"的参数查询。

 提　示

①　"2015 年 9 月借出图书查询"的查询条件可以写成"Between 2015-9-1 And 2015-9-30"，也可以写成"＞=#2015-09-01# And ＜=#2015-09-30#"。

②　多表查询时，应按指定的字段顺序依次从多个数据表中选择字段。

③　参数查询先按创建普通查询的方法建立，然后再在"查询设计视图"下部"设计区域"的"图书类型编号"列的"条件"单元格中输入"[请输入图书类型编号]"即可。

本单元介绍了 Access 中查询的基本知识，主要介绍了使用"设计视图"创建查询、创建单表条件查询和多表查询、创建复杂查询、查询的统计计算和分组汇总、使用查询向导创建查询和参数查询等操作的方法。

1．填空题

（1）（　　　　　）是一种限制查询范围的方法，主要用于筛选符合某种限制条件的记录。

（2）在"查询设计视图"中，将一个查询作为另一个查询的数据源，从而达到使用多个数据表创建查询的效果，这样的查询称为（　　　　　）。

（3）书写查询条件时，"日期/时间"型值应该使用（　　　　　）括起来。

（4）建立查询的方法有两种，分别是（　　　　　）和（　　　　　）。

（5）在查询的设计视图中，从表的字段列表中选择字段并放在"设计网格"区的字段行上，选择字段的方法有多种，其中最简单的一种方法是（　　　　　）。

（6）（　　　　）是只需要进行一次操作就可以对许多记录进行更改或移动的一种查询。它有4种类型，分别是（　　　　）、（　　　　）、（　　　　）和（　　　　）。

（7）若要检索："价格"乘以"图书数量"的平均值大于等于￥600，且小于等于￥1200，则在"查询设计视图"的条件单元格可以输入（　　　　　　　　　　　　　　）。

（8）如果查询的结果中还需要显示某些另外的字段内容，用户可以在查询的（　　　　　　　　）视图中加入其他的查询字段。

（9）"应还日期"字段为"图书借阅"表中的一个字段，数据类型为"日期/时间"，则查找"超期天数"应该使用的表达式是（　　　　　　　　　　　　）。

（10）若要在"学生"表中查询"1995年出生的学生"记录，可使用的查询条件是（　　　　　　　　　　　）。

2．选择题

（1）在查询的设计视图中，（　　　　）。

A．只能添加数据表　　　　　　　　B．可以添加数据表，也可添加查询

C．只能添加查询　　　　　　　　　D．以上说法都不对

（2）若要查询价格在30元～50元（包括30元，但不包括50元）的图书信息，则查询条件可写成（　　　）。

A．>=30 Or <=50　　　　　　　　B．Between 30 And 50

C．>=30 And <50　　　　　　　　D．In（30，50）

（3）关于查询，以下说法不正确的是（　　　）。

A．查询可以作为结果，也可以作为数据源

B．查询可以根据条件从数据表中检索数据

C．可以以查询为基础，来创建查询、报表和窗体

D．查询只能数据表为数据源，不能以其他查询作为数据源

（4）Access 2010中，下列选项哪一项不是查询的视图？（　　　）

A．设计视图　　　B．预览视图　　　C．SQL视图　　　D．数据表视图

（5）下列说法中，正确的是（　　　）。

A．创建好查询后，不能更改查询中的字段排列顺序

B．对已创建的查询，可以添加或删除其数据来源

C．对查询的结果，不能进行排序

D．创建好的查询，不能更改其条件

（6）在Access 2010中，如果要在"学生信息"数据表中查找"姓名"字段的内容以"张"开头，以"丽"结尾的所有记录，则应该使用的查询条件是（　　　）。

A．Like "张*丽"　　　　　　　　　B．Like "张%丽"

C．Like "张?丽"　　　　　　　　　D．Like "张_丽"

（7）下列选项中，最常用的查询类型是（　　　）。

A．选择查询　　　B．参数查询　　　C．交叉表查询　　　D．SQL查询

（8）（　　　）是利用SQL语句来创建的。

A．选择查询　　　B．参数查询　　　C．交叉表查询　　　D．SQL查询

（9）下列选项中，不属于逻辑运算符的是（　　　）。

A. Not　　　　B. In　　　　　C. And　　　　　　D. Or

（10）在下列函数中，表示"返回字符表达式中值的最大值"的函数是（　　）。

A. Sum　　　　B. Count　　　C. Max　　　　　D. Min

（11）设置查询条件时，字段名必须用（　　）括起来。

A. （ ）　　　　B. [ ]　　　　　C. { }　　　　　　D. < >

（12）在"查询设计视图"中，"总计"项中的"Group By"表示的含义是（　　）。

A. 定义要执行计算的组

B. 求在数据表或查询中第一条记录的字段值

C. 指定不用于分组的字段准则

D. 创建表达式中包含统计函数的计算字段

（13）若要统计"学生"数据表中的男生人数，需在"总计"行单元格的下拉列表中选择函数（　　）。

A. Sum　　　　B. Count　　　C. Avg　　　　　D. Max

（14）利用对话框提示用户输入参数的查询过程称为（　　）。

A. 选择查询　　B. 操作查询　　　C. 参数查询　　　D. 交叉表查询

应用 SQL 语句操作 Access 数据表

建立查询的操作，实质上是生成 SQL 语句的过程，可以说，查询对象的实质是一条 SQL 语句。SQL 语言是关系型数据库的标准语言，要和关系型数据库打交道，我们必须对 SQL 语言有一个基本认识，本单元将会介绍 SQL 的使用方法，重点介绍 Select 语句，并通过实例加以说明。

教学目标	（1）了解 SQL 语言和 SQL 语句的语法格式
	（2）重点掌握 Select 语句的组成以及利用 Select 语句从数据表中检索数据的方法
	（3）掌握 Insert 语句、Update 语句和 Delete 语句的语法格式及其应用
	（4）了解 Alter 语句的语法格式及其应用
	（5）学会使用 SQL 视图查看与修改已创建的查询
教学方法	任务驱动法、分组讨论法、理论实践一体化、探究学习法
课时建议	6 课时

1. SQL 语言概述

SQL 是 "Structured Query Language（结构化查询语言）" 的缩写，关系型数据库都是以 SQL 语言为基础的。SQL 语言由数据定义语言、数据操纵语言和数据控制语言组成。数据定义语言（Data Definition Language，DDL）用来定义和管理数据库以及数据库中的各种对象，包括 Create、Alter、Drop 等语句；数据操纵语言（Data Manipulation Language，DML）用来查询、添加、修改和删除数据表中的数据，包括 Select、Insert、Update、Delete 等语句；数据控制语言（Data Control Language，DCL）用来设置或更改数据库用户的权限。

SQL 语言具有强大的数据查询功能，本单元重点介绍数据查询语句，数据查询语句的主要语句是 Select 语句，其功能是实现数据源数据的筛选、投影和连接操作，并能够完成筛选字段重命名、多数据源数据组合、分类汇总、排序等操作。

2. Select 语句

（1）Select 语句的一般格式如下。

```
Select    谓词 | 字段名或表达式列表
From      数据表名或查询名
Where     检索条件表达式
```

```
Group By  分组的字段名或表达式
Having    筛选条件
Order By  排序的字段名或表达式  Asc | Desc
```

（2）Select 语句的功能。根据 Where 子句的检索条件表达式，从 From 子句指定的数据表中找出满足条件的记录，再按 Select 子句选出记录中的字段值。

（3）Select 语句的说明。Select 关键字后面跟随的是要检索的字段列表，并且指定字段的顺序。

① 谓词包括 All、Distinct、Top 和 Distinctrow。使用谓词来限定返回记录的数量，如果没有指定谓词，默认值为 All，All 允许省略不写。这些谓词的具体功能请参考 Access 2010 的帮助信息。

② From 子句是 Select 语句所必需的子句，用于标识从中检索数据的一个或多个数据表或查询。

③ Where 子句用于设定检索条件以返回需要的记录。

④ Group By 子句用于将查询结果按指定的一个字段或多个字段的值进行分组统计，分组字段或表达式的值相等的被分为同一组。

⑤ Having 子句是用于筛选由 Group By 子句分组后满足条件的组。

⑥ Order By 子句用于将查询结果按指定的字段进行排序。排序包括升序和降序，其中 Asc 表示记录按升序排序，Desc 表示记录按降序排序，默认状态下，记录按升序方式排列。

3．Insert 语句

在数据库中创建数据表的结构后，可以向该数据表中添加记录，第 3 单元介绍了在数据表的"设计视图"中定义数据表结构，在"数据表视图"中添加或修改记录。使用 SQL 语言中的 Insert 语句也可以向数据表中追加新的数据记录，每次只能添加一条记录。

Insert 语句的格式如下。

（1）完全添加的格式。

```
Insert  Into  表名  Values (第1个字段值 , 第2个字段值 , … , 最后一个字段值)
```

其中，Values 后面括号中的字段值必须与数据表中对应字段所规定的字段类型相符，如果只是对部分字段赋值，可以用空值 Null 替代，否则会出现错误。

（2）部分添加的格式。

如果只需要向数据表中插入部分字段的值，可以将 Insert 语句写成以下格式。

```
Insert  Into  表名(字段1 , 字段2, …, 字段n )
              Values (第1个字段值 , 第2个字段值 , … , 第n个字段值)
```

使用这种形式向数据表中添加新的记录时，在关键字 Insert Into 后面输入所要添加的数据表名称，然后在括号中列出将要添加新值的字段的名称，最后，在关键字 Values 后面括号中按照前面输入字段的顺序对应地输入所要添加的记录值。

4．Update 语句

SQL 语言的 Update 语句提供了对已存在的数据表中记录的字段值进行修改的功能。

Update 语句的格式如下。

```
Update   数据表名
Set      字段 1=字段值 1 , 字段 2=字段值 2 , … , 字段 n=字段值 n
[Where<条件>]
```

其含义表示更新数据表中符合 Where 条件的字段或字段集合的值，其中 Where 条件是可选项。

5. Delete 语句

SQL 语言使用 Delete 语句将记录从数据表中删除。

Delete 语句的格式如下。

```
Delete  From  数据表名  [Where<条件>]
```

其含义是删除数据表中符合 Where 条件的记录，Where<条件>是可选项，如果没有 Where 子句，则会删除数据表中的所有记录。由于删除操作是破坏性操作，应十分慎重。

6. SQL 特定查询

在创建查询时并不是所有的查询都可以在"查询设计视图"中完成的，有的查询只能通过 SQL 语句来实现。例如，联合查询、数据定义查询和传递查询等则不能在"查询设计视图"中创建，而只能在"SQL 视图"中输入 SQL 语句来创建。

（1）数据定义查询。数据定义查询可以创建、修改或删除数据表，也可在数据表中创建索引。使用 Create Table 语句创建表结构，使用 Create Index 语句创建索引，使用 Alter Table 语句在已有的数据表中添加字段或更改字段，使用 Drop 语句从数据库中删除数据表，也可以删除字段或删除索引。

（2）联合查询。联合查询使用 Union 语句来合并两个或更多选择查询或数据表，产生一个查询结果。创建联合查询时，可以直接在 SQL 视图窗口输入对应的 SQL 查询语句，将多个查询的数据集合使用 Union 运算符合并起来。如果不需要返回重复记录，应输入带有 Union 运算的 Select 语句；如果需要返回重复记录，应输入带有 Union All 运算的 Select 语句。另外，每一个 Select 语句都必须以同一顺序返回相同数量的字段。

（3）传递查询。传递查询使用服务器能接受的命令直接将命令发送到 ODBC 数据库。使用传递查询，可以不必连接到服务器上的数据表而直接使用它们，可以使用传递查询来检索记录或更改数据。

由于教材篇幅的限制，有关"联合查询"和"传递查询"的创建过程在此不详述，请读者参考有关书籍。

6.1 使用 Select 语句实现单表查询

"图书信息 1"数据表与"图书信息 2"数据表及其存储的部分数据分别如表 6-1 和表 6-2 所示，本节主要对这些数据表进行相关操作。

表 6-1　"图书信息 1"数据表及其存储的部分数据

图书编号	图书名称	作者	出版社名称	出版日期	价格	图书数量
TP3/2601	Oracle 11g 数据库应用、设计与管理	陈承欢	电子工业出版社	2015/7/1	37.5	289
TP3/2602	实用工具软件任务驱动式教程	陈承欢	高等教育出版社	2014/11/1	26.1	398
TP3/2604	网页美化与布局	陈承欢	高等教育出版社	2015/8/1	38.5	275
TP3/2605	UML 与 Rose 软件建模案例教程	陈承欢	人民邮电出版社	2015/3/1	25	240
TP3/2701	跨平台的移动 Web 开发实战	陈承欢	人民邮电出版社	2015/3/1	29	186
TP3/2706	C#网络应用开发例学与实践	郭常圳	清华大学出版社	2015/11/1	28	282

表 6-1"图书信息 1"数据表中存储了"出版社名称"数据。表 6-2"图书信息 2"数据表中存储了"出版社编号"数据。将"出版社名称"等数据存储在"出版社"数据表中，如表 6-3 所示。如果需要使用"出版社"数据表中"出版社名称"等数据，则可以使用连接查询。

表 6-2　"图书信息 2"数据表及其存储的部分数据

图书编号	图书名称	作者	出版社编号	出版日期	价格	图书数量
TP3/2601	Oracle 11g 数据库应用、设计与管理	陈承欢	001	2015/7/1	37.5	289
TP3/2602	实用工具软件任务驱动式教程	陈承欢	002	2014/11/1	26.1	398
TP3/2604	网页美化与布局	陈承欢	002	2015/8/1	38.5	275
TP3/2605	UML 与 Rose 软件建模案例教程	陈承欢	004	2015/3/1	25	240
TP3/2701	跨平台的移动 Web 开发实战	陈承欢	004	2015/3/1	29	186
TP3/2706	C#网络应用开发例学与实践	郭常圳	003	2015/11/1	28	282

表 6-3　"出版社"数据表中的部分记录数据

出版社编号	出版社名称	出版社简称	地址	邮政编码
001	电子工业出版社	电子	北京市海淀区万寿路 173 信箱	100036
002	高等教育出版社	高教	北京西城区德外大街 4 号	100011
003	清华大学出版社	清华	北京清华大学学研大厦	100084
004	人民邮电出版社	人邮	北京市崇文区夕照寺街 14 号	100061
005	机械工业出版社	机工	北京市西城区百万庄大街 22 号	100037

6.1.1　查询时选择与设置列

【任务 6-1】查询时选择"图书信息 1"数据表中的所有字段

【任务描述】

从"图书信息 1"数据表中查询所有字段和所有记录。

【任务实施】

（1）打开"SQL 视图"。

① 启动 Access 2010，打开数据库"Book6.accdb"。

② 在【创建】选项卡的"查询"组中单击【查询设计】按钮，打开如图6-1所示的"查询设计视图"窗口和【显示表】对话框。

图6-1 "查询设计视图"窗口和【显示表】对话框

③ 在【显示表】对话框单击【关闭】按钮，关闭【显示表】对话框。

④ 在查询工具的【设计】选项卡的"结果"组中单击【SQL】按钮，如图6-2所示，切换到"SQL视图"。

图6-2 在查询工具的【设计】选项卡的"结果"组中单击【SQL】按钮

> **提示**
>
> 也可以鼠标右击查询的标题位置"查询1"，在弹出的快捷菜单中选择【SQL视图】命令，如图6-3所示，切换到"SQL视图"。另外，在状态栏的视图切换按钮中单击【SQL】按钮，如图6-4所示，也可以切换到SQL视图。

图6-3 在快捷菜单中选择【SQL视图】命令 图6-4 在状态栏的视图切换按钮中单击【SQL】按钮

（2）输入SQL语句。在"SQL视图"窗口输入如下所示的Select语句。

```
Select All * From 图书信息1
```

Select 语句使用通配符 "*" 选择数据表中所有的字段，使用 "All" 谓词表示选择所有记录，"All" 一般省略不写。如果检索范围为所有记录通常写成以下形式。

```
Select  *  From 图书信息 1
```

（3）保存查询。在快速访问工具栏中单击【保存】按钮，打开如图 6-5【另存为】对话框，在文本框中输入查询名称 "查询 6-1"，然后单击【确定】按钮关闭【另存为】对话框。

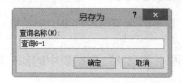

图 6-5　【另存为】对话框

此时在导航窗格和 "SQL 视图" 的标题栏中便会自动出现新建立查询的名称 "查询 6-1"。
（4）运行 SQL 语句。在查询工具的【设计】上下文命令选项卡的 "结果" 组中单击【运行】按钮，此时会显示 SQL 查询的运行结果，如图 6-6 所示。

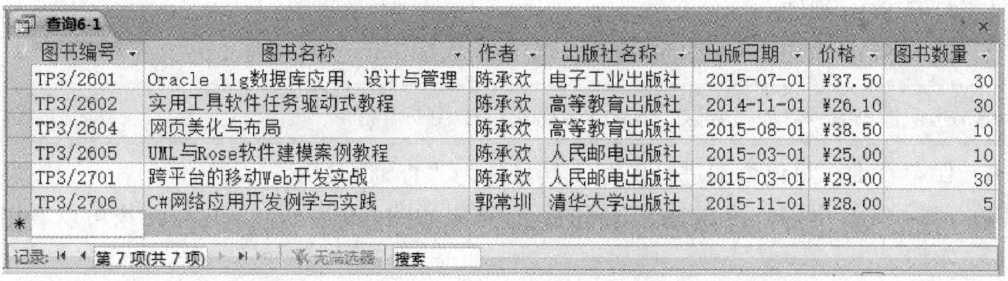

图书编号	图书名称	作者	出版社名称	出版日期	价格	图书数量
TP3/2601	Oracle 11g数据库应用、设计与管理	陈承欢	电子工业出版社	2015-07-01	¥37.50	30
TP3/2602	实用工具软件任务驱动式教程	陈承欢	高等教育出版社	2014-11-01	¥26.10	30
TP3/2604	网页美化与布局	陈承欢	高等教育出版社	2015-08-01	¥38.50	10
TP3/2605	UML与Rose软件建模案例教程	陈承欢	人民邮电出版社	2015-03-01	¥25.00	10
TP3/2701	跨平台的移动web开发实战	陈承欢	人民邮电出版社	2015-03-01	¥29.00	30
TP3/2706	C#网络应用开发例学与实践	郭常圳	清华大学出版社	2015-11-01	¥28.00	5

图 6-6　查询 "图书信息 1" 数据表中的所有字段和所有记录的结果

📖 说明

本单元所有 SQL 语句的运行结果都是在 Access 2010 的 "SQL 视图" 窗口输入相应的 SQL 语句，然后运行查询的结果。SQL 语句中各部分之间必须使用空格分隔，SQL 语句中的空格必须是半角空格，如果输入全角空格，SQL 查询运行将会出现如图 6-7 所示的错误提示信息。

图 6-7　错误提示信息对话框

从图 6-6 所示的运行结果来看，该数据表中包含了 6 条记录，7 个字段，如果只需显示前面 3 条记录，Select 语句如下所示。

```
Select  Top  3  *  From 图书信息 1
```

该 Select 语句的运行结果如图 6-8 所示，从图中可以看出，运行结果只包括了前 3 条记录，并且包括了所有的 7 个字段。

图书编号	图书名称	作者	出版社名称	出版日期	价格	图书数量
TP3/2601	Oracle 11g数据库应用、设计与管理	陈承欢	电子工业出版社	2015-07-01	¥37.50	30
TP3/2602	实用工具软件任务驱动式教程	陈承欢	高等教育出版社	2014-11-01	¥26.10	30
TP3/2604	网页美化与布局	陈承欢	高等教育出版社	2015-08-01	¥38.50	10

记录：第 4 项(共 4 项) 无筛选器 搜索

图 6-8　"查询 6-1"的运行结果

【任务 6-2】 查询时选择"图书信息 1"数据表中的部分字段

【任务描述】

从"图书信息 1"数据表中查询"图书编号"、"图书名称"和"出版社"3 个字段对应的数据。

【任务实施】

（1）打开 SQL 视图。

（2）输入 SQL 语句。在"SQL 视图"窗口输入如下所示的 Select 语句。

Select 图书编号, 图书名称, 出版社名称 From 图书信息1

（3）保存查询。将该查询进行保存，其名称为"查询 6-2"。

（4）运行 SQL 语句。该 Select 语句的运行结果如图 6-9 所示，从运行结果可以看出只包括了 3 个字段。

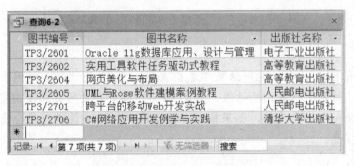

图书编号	图书名称	出版社名称
TP3/2601	Oracle 11g数据库应用、设计与管理	电子工业出版社
TP3/2602	实用工具软件任务驱动式教程	高等教育出版社
TP3/2604	网页美化与布局	高等教育出版社
TP3/2605	UML与Rose软件建模案例教程	人民邮电出版社
TP3/2701	跨平台的移动Web开发实战	人民邮电出版社
TP3/2706	C#网络应用开发例学与实践	清华大学出版社

记录：第 7 项(共 7 项) 无筛选器 搜索

图 6-9　"查询 6-2"的运行结果

 说 明

选择的字段置于 Select 关键字之后，且使用","分隔，Select 关键字与第 1 个字段名之间使用半角空格分隔，可以使用多个半角空格，其效果等效于一个空格。

【任务 6-3】 查询"图书信息 1"表时更改查询结果的列标题

【任务描述】

从"图书信息 1"中查询 3 个字段："图书编号"、"图书名称"和"价格"，要求查询结果中这 3 个字段分别以"BookNum"、"BookName"和"Price"英文名称作为其标题。

【任务实施】

（1）打开"SQL 视图"。

（2）输入 SQL 语句。在"SQL 视图"窗口输入如下所示的 Select 语句。

```
Select 图书编号 As BookNum, 图书名称 As BookName, 价格 As Price
From 图书信息1
```

（3）保存查询。将该查询进行保存，其名称为"查询 6-3"。

（4）运行 SQL 语句。该 Select 语句的运行结果如图 6-10 所示，从运行可以看出列标题都是英文名称。

BookNum	BookName	Price
TP3/2601	Oracle 11g数据库应用、设计与管理	￥37.50
TP3/2602	实用工具软件任务驱动式教程	￥26.10
TP3/2604	网页美化与布局	￥38.50
TP3/2605	UML与Rose软件建模案例教程	￥25.00
TP3/2701	跨平台的移动Web开发实战	￥29.00
TP3/2706	C#网络应用开发例学与实践	￥28.00

图 6-10　"查询 6-3"的运行结果

说明

使用"As"关键字来为查询中的字段或表达式设置标题名称，这些名称既可以用来改善查询输出的外观，也可以用来为一般情况下没有标题名称的表达式设置名称，称为别名。使用 As 为字段或表达式设置标题名称，只是改变输出结果中列标题的名称，对该列显示的内容没有影响。使用 As 为字段和表达式设置标题名称相当于实际的列名，是可以再被其他检索等 SQL 语句使用的。

【任务 6-4】 查询"图书信息 1"表时计算其每种图书的总金额

【任务描述】

查询"图书信息 1"数据表时计算其每种图书的总金额，要求输出"图书编号"、"图书名称"、"价格"、"图书数量"和"金额"5 个字段。

【任务实施】

（1）打开"SQL 视图"

（2）输入 SQL 语句。在"SQL 视图"窗口输入如下所示的 Select 语句。

```
Select 图书编号, 图书名称, 价格, 图书数量, 价格*图书数量 As 金额
From 图书信息1;
```

（3）保存查询。将该查询进行保存，其名称为"查询 6-4"。

（4）运行 SQL 语句。该 Select 语句的运行结果如图 6-11 所示。

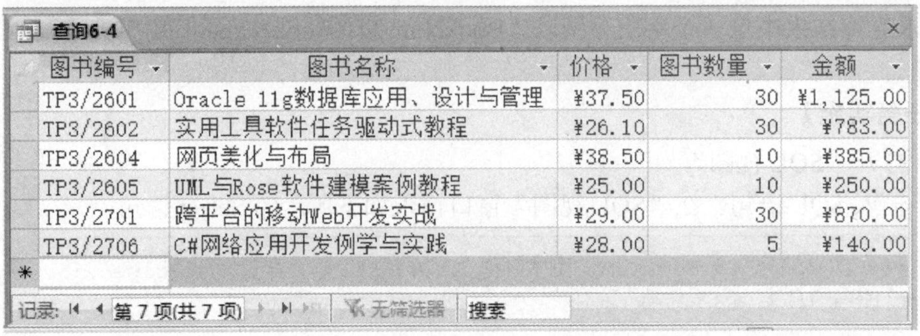

图书编号	图书名称	价格	图书数量	金额
TP3/2601	Oracle 11g数据库应用、设计与管理	￥37.50	30	￥1,125.00
TP3/2602	实用工具软件任务驱动式教程	￥26.10	30	￥783.00
TP3/2604	网页美化与布局	￥38.50	10	￥385.00
TP3/2605	UML与Rose软件建模案例教程	￥25.00	10	￥250.00
TP3/2701	跨平台的移动Web开发实战	￥29.00	30	￥870.00
TP3/2706	C#网络应用开发例学与实践	￥28.00	5	￥140.00

记录: ◄ ◄ 第 7 项(共 7 项) ► ►► 无筛选器 搜索

图 6-11 "查询 6-4"的运行结果

提示

Select 语句中 Select 关键字后面可以使用表达式作为检索对象，表达式可以出现在检索的字段列表的任何位置，如果表达式是数学表达式，则显示的结果是数学表达式的计算结果。要求计算每种图书的总金额，可以使用表达式"价格*图书数量"计算，并且使用"金额"作为输出结果的列标题。

在 Select 语句使用表达式时，表达式中使用的字段名必须是 From 子句所包含的数据表中的字段名，可以在单个表达式中包含多个属性名，只要形成的表达式是一个合法的表达式即可。

6.1.2 查询时选择行

【任务 6-5】 从"图书信息 1"数据表中查询无重复的出版社名称

由于"图书信息 1"数据表中"出版社"字段包括了大量的重复值，即一个出版社出版了多种图书，"高等教育出版社"出现了两次，"人民邮电出版社"也出现了两次，为了剔除查询结果清单中的重复记录，值相同的记录只返回其中的第一条记录，可以使用 Distinct 关键字实现本查询要求。

【任务描述】

从"图书信息 1"数据表中查询所有图书的出版社，要求剔除结果中的重复值。

【任务实施】

（1）打开"SQL 视图"

（2）输入 SQL 语句。在"SQL 视图"窗口输入如下所示的 Select 语句。

```
Select Distinct 出版社名称 From 图书信息1
```

（3）保存查询。将该查询进行保存，其名称为"查询 6-5"。

（4）运行 SQL 语句。该 Select 语句的运行结果如图 6-12 所示，从运行结果可看出，出版社没有出现重复值，由于关键字 Distinct 决定了只有互不相同的字段值才被操作。

图 6-12　"查询 6-5"的运行结果

【任务 6-6】 使用 Where 子句从"图书信息 1"表中检索满足指定条件的数据

Where 子句后面是一个逻辑表达式表示的条件，用来限制 Select 语句检索
的记录，即查询结果中的记录都应该是满足该条件的记录。使用 Where 子句并
不会影响所要检索的字段，Select 语句要检索的字段由 Select 关键字后面的字
段列表决定。数据表中所有的字段都可以出现在 Where 子句的表达式中，不管
它是否出现在要检索的字段列表中。

Where 子句后面的逻辑表达式中可以使用比较运算符（=、<>、>、<、<=、>=）和逻辑
运算符（And、Or、Not）。对于比较运算符"="就是比较两个值是否相等，若相等，则表达
式的计算结果为"逻辑真"。

Where 子句后面的逻辑表达式中可以包含"数字"、"货币"、"文本"、"日期/时间"等类
型的字段和常量。对于"日期"类型的常量必须使用"# #"作为标记，例如"#1/1/2016#"，
对于文本类型的常量（即字符串）必须使用单引号（''）作为标记，例如'电子工业出版社'。

【任务描述】

【任务 6-6-1】从"图书信息 1"数据表中检索"电子工业出版社"出版的图书，要求只输
出"图书编号"、"图书名称"和"出版社"3 个字段。

【任务 6-6-2】从"图书信息 1"数据表中检索作者为"陈承欢"，图书的价格大于或等于
32 元的图书信息，要求输出"图书编号"、"图书名称"、"作者"和"价格"4 个字段。

【任务 6-6-3】从"图书信息 1"数据表中检索出在 2016 年 1 月 1 日至 2016 年 6 月 30 日
之间出版的图书信息，要求只包括"图书编号"、"图书名称"和"出版日期"3 个字段。

【任务 6-6-4】从"图书信息 1"数据表中检索出作者为"陈承欢"或"郭常圳"的图书信
息，要求输出结果只包括"图书编号"、"图书名称"和"作者"3 个字段。

【任务 6-6-5】从"图书信息 1"数据表中检索作者姓名第一个字为"陈"（即通常所说的
姓"陈"的作者）的图书信息，要求输出"图书编号"、"图书名称"和"作者"3 个字段。

【任务实施】

1.【任务 6-6-1】的实施过程

（1）打开"SQL 视图"。

（2）输入 SQL 语句。如果检索数据时，只需要输出满足条件的部分记录，可以使用 Where
子句，Where 子句给出某个字段或字段集的条件限制表达式筛选查询结果。在"SQL 视图"
窗口输入如下所示的 Select 语句。

```
Select 图书编号, 图书名称, 出版社名称
From 图书信息 1
Where 出版社名称='电子工业出版社'
```

（3）保存查询。将该查询进行保存，其名称为"查询6-6-1"。

（4）运行 SQL 语句。该 Select 语句的运行结果如图 6-13 所示，从运行结果可以看出只包括了"电子工业出版社"出版的图书信息。

图 6-13　"查询 6-6-1"的运行结果

2.【任务 6-6-2】的实施过程

（1）打开"SQL 视图"。

（2）输入 SQL 语句。由于有两个限制条件：其一是作者为"陈承欢"，写成表达式为"作者='陈承欢'"；其二是图书的价格大于或等于 32 元，写成表达式为"价格>=32"。要同时满足两个条件，所以使用逻辑运算符"And"连接两个表达式，即"作者='陈承欢' AND 价格>=32"。

在"SQL 视图"窗口输入如下所示的 Select 语句。

```
Select 图书编号，图书名称，作者，价格
From 图书信息1
Where 作者='陈承欢' AND 价格>=32
```

（3）保存查询。将该查询进行保存，其名称为"查询6-6-2"。

（4）运行 SQL 语句。该 Select 语句的运行结果如图 6-14 所示。

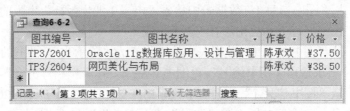

图 6-14　"查询 6-6-2"的运行结果

3.【任务 6-6-3】的实施过程

（1）打开"SQL 视图"。

（2）输入 SQL 语句。要检索出在某一个日期范围内的图书信息，可以使用由 And 连接的逻辑表达式，即"出版日期>= #1/1/2016#　And　出版日期<=#6/30/2016#"。而使用 Between 关键字限制需要查询的数据范围更方便。

在"SQL 视图"窗口输入如下所示的 Select 语句。

```
Select   图书编号，图书名称，出版日期
From     图书信息1
Where    出版日期 Between #1/1/2015#  And  #6/30/2015#
```

（3）保存查询。将该查询进行保存，其名称为"查询6-6-3"。

（4）运行 SQL 语句。该 Select 语句的运行结果如图 6-15 所示。

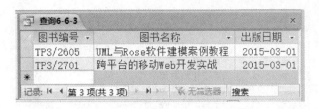

图 6-15 "查询 6-6-3"的运行结果

4.【任务 6-6-4】的实施过程

（1）打开"SQL 视图"。

（2）输入 SQL 语句。由于查询条件是作者为"陈承欢"或"郭常圳"，写成逻辑表达式为"作者='陈承欢' Or 作者='郭常圳'"。而使用 In 关键字可以取代 Or 运算符，使用 In 关键字查找多个指定值更加简便。

在"SQL 视图"窗口输入如下所示的 Select 语句。

```
Select 图书编号, 图书名称, 作者
From 图书信息1
Where 作者 In ('陈承欢','郭常圳')
```

（3）保存查询。将该查询进行保存，其名称为"查询 6-6-4"。

（4）运行 SQL 语句。该 Select 语句的运行结果如图 6-16 所示。

图书编号	图书名称	作者
TP3/2601	Oracle 11g数据库应用、设计与管理	陈承欢
TP3/2602	实用工具软件任务驱动式教程	陈承欢
TP3/2604	网页美化与布局	陈承欢
TP3/2605	UML与Rose软件建模案例教程	陈承欢
TP3/2701	跨平台的移动Web开发实战	陈承欢
TP3/2706	C#网络应用开发例学与实践	郭常圳

记录: ◄ ◄ 第 7 项(共 7 项) ► ►► 无筛选器 搜索

图 6-16 "查询 6-6-4"的运行结果

5.【任务 6-6-5】的实施过程

（1）打开"SQL 视图"。

（2）输入 SQL 语句。检索具有某些相同内容的字符串或者已知字符串的一部分，但不知道整个字符串时，可以使用 Like 子句实现。构建模式符时，使用通配符来代替字符串中未知的部分。Access 2010 中使用的通配符有两种："*"表示匹配任意多个字符，"?"表示匹配任意单个字符。通配符和其他字符必须用单引号标识。例如，作者姓名第一个字为"陈"应写成"作者 Like '陈*'"，如果进一步限制作者姓名只能为两个字的，则写成"作者 Like '陈?'"。

在"SQL 视图"窗口输入如下所示的 Select 语句。

```
Select 图书编号, 图书名称, 作者
From 图书信息1
Where 作者 Like '陈*'
```

（3）保存查询。将该查询进行保存，其名称为"查询 6-6-5"。

（4）运行 SQL 语句。该 Select 语句的运行结果如图 6-17 所示。

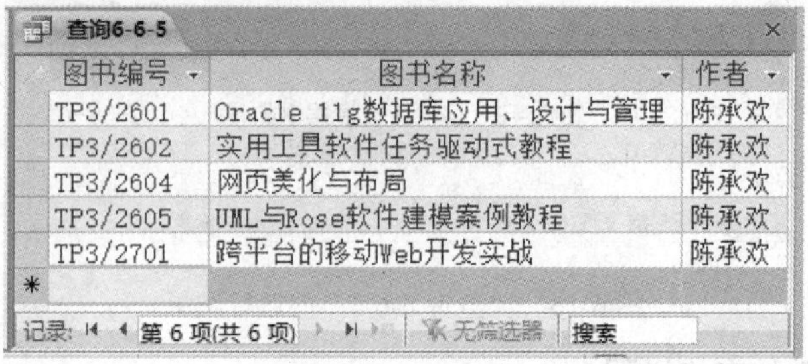

图书编号	图书名称	作者
TP3/2601	Oracle 11g数据库应用、设计与管理	陈承欢
TP3/2602	实用工具软件任务驱动式教程	陈承欢
TP3/2604	网页美化与布局	陈承欢
TP3/2605	UML与Rose软件建模案例教程	陈承欢
TP3/2701	跨平台的移动Web开发实战	陈承欢

记录: ◄ ◄ 第 6 项(共 6 项) ► ►◄ ▼ 无筛选器 搜索

图 6-17 "查询 6-6-5"的运行结果

【任务 6-7】 使用聚合函数从"图书信息 1"表中查询数据

聚合函数对一组数据值进行计算并返回单一值，所以也被称为组合函数。Select 子句中可以使用聚合函数进行计算，计算结果作为新列出现在查询结果集中。在聚合运算的表达式中，可以包括字段名、常量以及由运算符连接起来的函数。Access 2010 提供的聚合函数如表 6-4 所示。

表 6-4 常用的聚合函数

函 数 名	功 能	函 数 名	功 能
Count(*)	统计数据表中满足条件的记录数	Avg	计算指定字段的算术平均值
Max	计算指定字段或表达式的最大值	Sum	计算指定字段所有值的总和
Min	计算指定字段或表达式的最小值		

在使用聚合函数时，Count、Sum、Avg 可以使用 Distinct 关键字，以保证计算时不包含重复的行。

【任务描述】

【任务 6-7-1】计算"图书信息 1"数据表中由"电子工业出版社"出版的图书有多少种？

【任务 6-7-2】计算"图书信息 1"数据表中由"电子工业出版社"出版的图书总量。

【任务 6-7-3】从"图书信息 1"数据表中检索 2015 年出版的图书信息，要求输出"图书编号"、"图书名称"和"出版日期"3 个字段。

【任务实施】

1.【任务 6-7-1】的实施过程

（1）打开"SQL 视图"。

（2）输入 SQL 语句。对于关系数据库，我们不仅可以对查询返回的数据进行算术计算，而且还可以在该数据上运行专用的聚合函数。例如，求平均值、最大值和最小值等。可以使用 Count 函数统计满足条件的记录数。

在"SQL 视图"窗口输入如下所示的 Select 语句。

```
Select Count(*) As 电子工业出版社
From 图书信息 1
Where 出版社名称='电子工业出版社'
```

（3）保存查询。将该查询进行保存，其名称为"查询 6-7-1"。

（4）运行 SQL 语句。该 Select 语句的运行结果如图 6-18 所示。

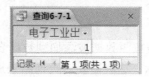

图 6-18　"查询 6-7-1"的运行结果

2.【任务 6-7-2】的实施过程

（1）打开"SQL 视图"。

（2）输入 SQL 语句。使用 Sum 函数计算指定的数字类型字段的总和，在"SQL 视图"窗口输入如下所示的 Select 语句。

```
Select Sum(图书数量) As 电子工业出版社的图书总数量
From 图书信息1
Where 出版社名称='电子工业出版社'
```

（3）保存查询。将该查询进行保存，其名称为"查询 6-7-2"。

（4）运行 SQL 语句。该 Select 语句的运行结果如图 6-19 所示。

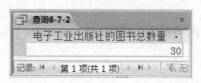

图 6-19　"查询 6-7-2"的运行结果

3.【任务 6-7-3】的实施过程

（1）打开"SQL 视图"。

（2）输入 SQL 语句。使用 Year 函数从日期类型数据中计算出年份。在"SQL 视图"窗口输入如下所示的 Select 语句。

```
Select 图书编号, 图书名称, 出版日期
From 图书信息1
Where Year(出版日期)='2015'
```

（3）保存查询。将该查询进行保存，其名称为"查询 6-7-3"。

（4）运行 SQL 语句。该 Select 语句的运行结果如图 6-20 所示。

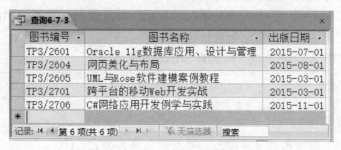

图 6-20　"查询 6-7-3"的运行结果

6.1.3 查询时的排序操作

从数据表中查询数据，结果是按照数据被添加到数据表时的顺序显示的，在实际编程时，需要按照指定的字段进行排序显示，这就需要对查询结果进行排序。

使用 Order By 子句可以对查询结果集的相应列进行排序，排序方式分为升序和降序，Asc 关键字表示升序，Desc 关键字表示降序，默认情况下为 Asc，即按升序排列。Order By 子句可以同时对多个列进行排序，当有多个排序列时，每个排序列之间用半角逗号分隔，而且每个排序列后可以跟一个排序方式关键字。多列进行排序时，会先按第 1 列进行排序，然后使用第 2 列对前面的排序结果中相同的值再进行排序。

使用 Order By 子句查询时，默认情况下认为 Null 是最大值。若存在 Null 值，按照升序排序时含 Null 值的记录在最后显示，按照降序排序时则在最前面显示。

排序时，对于数字类型数据直接比较其大小；对日期类型数据也是比较其大小，首先比较年份，年份相同比较月份，月份相同的再比较日期；对于文本类型数据如果是英文字母，按其字母表中顺序进行比较，"A"最小，"Z"最大，如果是汉字，则按其拼音进行比较。具体的比较规则请参考帮助信息。

【任务 6-8】 查询时对查询结果进行排序

 【任务描述】

【任务 6-8-1】从"图书信息 1"数据表中检索出"图书编号"、"图书名称"、"出版社名称"和"价格"4 个字段的数据，且要求输出结果按价格的降序排序。

【任务 6-8-2】从"图书信息 1"数据表中检索出"图书编号"、"图书名称"、"出版日期"和"价格"4 个字段的数据，且要求输出结果按出版日期的升序排序，出版日期相同的再按价格的降序排序。

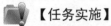 【任务实施】

1.【任务 6-8-1】的实施过程

（1）打开"SQL 视图"。

（2）输入 SQL 语句。一般情况，数据表中记录是无序的，可以使用 Order By 子句对查询结果进行排序。升序使用关键字 Asc 标识，没有指定排序方式时，默认为升序，也就是说 Asc 可以省略不写；降序使用关键字 Desc 标识。

Order By 可以用来对"数字"、"文本"、"货币"、"日期/时间"类型字段的值进行排序。Order By 还可以对表达式的计算结果进行排序。

在"SQL 视图"窗口输入如下所示的 Select 语句。

```
Select 图书编号, 图书名称, 出版社名称, 价格
From 图书信息 1
Order By 价格 Desc
```

（3）保存查询。将该查询进行保存，其名称为"查询 6-8-1"。

（4）运行 SQL 语句。该 Select 语句的运行结果如图 6-21 所示。

查询6-8-1

图书编号	图书名称	出版社名称	价格
TP3/2604	网页美化与布局	高等教育出版社	¥38.50
TP3/2601	Oracle 11g数据库应用、设计与管理	电子工业出版社	¥37.50
TP3/2701	跨平台的移动Web开发实战	人民邮电出版社	¥29.00
TP3/2706	C#网络应用开发例学与实践	清华大学出版社	¥28.00
TP3/2602	实用工具软件任务驱动式教程	高等教育出版社	¥26.10
TP3/2605	UML与Rose软件建模案例教程	人民邮电出版社	¥25.00

记录: 第 1 项(共 6 项)　无筛选器　搜索

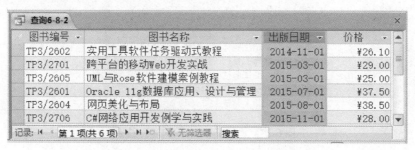

图 6-21　“查询 6-8-1”的运行结果

2.【任务 6-8-2】的实施过程

（1）打开“SQL 视图”。

（2）输入 SQL 语句。Order By 子句中可以指定多个字段，数据表的记录可以在这些字段上进行多重排序，所谓多重排序是指查询结果先按第 1 个字段的值排序，第 1 个字段的值相同时，再按第 2 个字段的值排序，以此类推。要使用多重排序，只需要将相关的字段在 Order By 子句中按排序要求排列即可，例如，本任务中，先按出版日期的升序排序，出版日期相同的再按价格的降序排序，可以写成“Order By 出版日期 Asc，价格 Desc”，其中表示升序排列的“Asc”可以省略不写。

在“SQL 视图”窗口输入如下所示的 Select 语句。

```
Select 图书编号, 图书名称, 出版日期, 价格
From 图书信息 1
Order By 出版日期, 价格 Desc
```

（3）保存查询。将该查询进行保存，其名称为“查询 6-8-2”。

（4）运行 SQL 语句。该 Select 语句的运行结果如图 6-22 所示。

查询6-8-2

图书编号	图书名称	出版日期	价格
TP3/2602	实用工具软件任务驱动式教程	2014-11-01	¥26.10
TP3/2701	跨平台的移动Web开发实战	2015-03-01	¥29.00
TP3/2605	UML与Rose软件建模案例教程	2015-03-01	¥25.00
TP3/2601	Oracle 11g数据库应用、设计与管理	2015-07-01	¥37.50
TP3/2604	网页美化与布局	2015-08-01	¥38.50
TP3/2706	C#网络应用开发例学与实践	2015-11-01	¥28.00

记录: 第 1 项(共 6 项)　无筛选器　搜索

图 6-22　“查询 6-8-2”的运行结果

6.1.4 查询时的分组与汇总

一般情况下，使用统计函数返回的是所有行数据的统计结果，如果需要按某一列数据值进行分类，在分类的基础上再进行查询，就要使用 Group By 子句。如果要对分组或聚合指定查询条件，则可以使用 Having 子句，该子句用于限定对统计组的查询。一般与 Group By 子句一起使用，对分组数据进行过滤。

【任务 6-9】 查询时对查询结果进行分组与汇总操作

【任务描述】

【任务 6-9-1】统计"图书信息 1"数据表中各出版社出版的图书总数量，统计结果按图书总数量的降序排序。

【任务 6-9-2】统计"图书信息 1"数据表中在 2016 年以前出版的各出版社的图书总数量，要求只输出图书总数量在 5 本以上的出版社，且按图书总量的降序排列。

【任务实施】

1.【任务 6-9-1】的实施过程

（1）打开"SQL 视图"。

（2）输入 SQL 语句。Group By 子句可以将查询结果按照指定字段进行分组统计，将指定字段的值相等的记录分为一组。Group By 子句一般和聚合函数一起使用，在包括 Group By 子句的 Select 语句中，Select 关键字后面的所有字段列表，除聚合函数之外，都必须包含在 Group By 子句中，否则会出错。

在"SQL 视图"窗口输入如下所示的 Select 语句。

```
Select 出版社名称, Sum(图书数量) As 出版社的图书总数量
From 图书信息 1
Group By 出版社名称
Order By Sum(图书数量)  Desc
```

（3）保存查询。将该查询进行保存，其名称为"查询 6-9-1"。

（4）运行 SQL 语句。该 Select 语句的运行结果如图 6-23 所示。

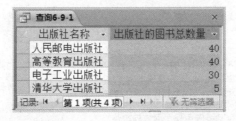

图 6-23 "查询 6-9-1"的运行结果

 提 示

Order By 子句可以与 Group By 子句共同使用，对分组查询结果进行排序。在使用 Order By 子句对查询结果进行排序时，Order By 子句必须跟在 Group By 子句之后，顺序是不可以调换的，并且 Order By 子句中不能包含 Group By 子句组成部分以外的字段名，但聚合函数除外。

2.【任务 6-9-2】的实施过程

（1）打开"SQL 视图"。

（2）输入 SQL 语句。本任务是综合应用 Where 子句、Group By 子句、Having 子句和 Order By 子句。

① Where 子句可以在使用了 Group By 子句的 Select 语句中使用，这样做可以对记录中哪些内容应包括在查询结果中作出了进一步的限制。在使用了 Group By 子句的 Select 语句中使用 Where 子句时，Where 子句将首先应用于数据以决定哪些记录应该包括在查询结果中，然后对使用 Where 子句选择记录进行分组，生成实际的查询结果。

② Group By 子句是在 Where 子句筛选记录后对查询结果进行分组的，而 Having 子句则在查询结果分组之后对结果进行筛选。Having 子句中的表达式适用于每个分组而不是单独的每一条记录，这些组是一个整体。

在"SQL 视图"窗口输入如下所示的 Select 语句。

```
Select      出版社名称, Sum(图书数量) As 图书总数量
From        图书信息 1
Where       Year(出版日期)<2016
Group By    出版社名称
Having      Sum(图书数量)>5
Order By    Sum(图书数量)  Desc
```

（3）保存查询。将该查询进行保存，其名称为"查询 6-9-2"。

（4）运行 SQL 语句。该 Select 语句的运行结果如图 6-24 所示。

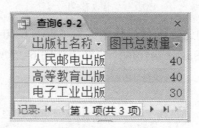

图 6-24 "查询 6-9-2"的运行结果

> **注意**
>
> 从 Select 语句可看出，Select 关键字后面、Having 子句和 Order By 子句三处都使用了函数 Sum。要注意，在 Having 子句不能单独使用字段名，而且 Having 子句中的表达式必须与 Select 关键字后面的选项列表中表达式一致。在 Select 语句中，Group By 子句、Having 子句和 Order By 子句同时使用时，它们的顺序不能任意调换。

6.2 使用 Select 语句实现多表查询

前面主要介绍了单表查询，实际查询时，需要检索的数据存储在多个不同的数据表中，这就需要对多个数据表进行查询，也就是多表查询。

例如，"图书信息 2"数据表中存储了有关图书的信息，其中包含"出版社编号"字段，而"出版社"数据表中存储了有关出版社的信息，其中包含"出版社编号"、"出版社名称"等字段，如果需要从"图书信息 2"数据表中检索"图书编号"、"图书名称"，从"出版社"数据表中检索"出版社名称"，则需要使用带连接条件的多表查询。

【任务 6-10】 应用 Select 语句从多个数据表检索数据

【任务描述】

【任务 6-10-1】从"图书信息 2"和"出版社"两个数据表中，检索"图书编号"、"图书名称"和"出版社名称"3 个字段的数据。

【任务 6-10-2】从"图书信息 2"和"出版社"两个数据表中，检索"电子工业出版社"出版的价格在 20 元以上的图书信息，要求查询结果中包括"图书编号"、"图书名称"、"出版社名称"和"价格"4 个字段的数据。

【任务实施】

1.【任务 6-10-1】的实施过程

（1）打开"SQL 视图"。

（2）输入 SQL 语句。在"SQL 视图"窗口输入如下所示的 Select 语句。

```
Select 图书信息2.图书编号，图书信息2.图书名称，出版社.出版社名称
From 图书信息2，出版社
Where 图书信息2.出版社编号 = 出版社.出版社编号
```

（3）保存查询。将该查询进行保存，其名称为"查询 6-10-1"。

（4）运行 SQL 语句。该 Select 语句的运行结果如图 6-25 所示。

图书编号	图书名称	出版社名称
TP3/2601	Oracle 11g数据库应用、设计与管理	电子工业出版社
TP3/2602	实用工具软件任务驱动式教程	高等教育出版社
TP3/2604	网页美化与布局	高等教育出版社
TP3/2706	C#网络应用开发例学与实践	清华大学出版社
TP3/2605	UML与Rose软件建模案例教程	人民邮电出版社
TP3/2701	跨平台的移动Web开发实战	人民邮电出版社

记录：第 1 项（共 6 项） 无筛选器 搜索

图 6-25 "查询 6-10-1"的运行结果

> **说 明**
>
> 两表连接的条件"图书信息 2.出版社编号 = 出版社.出版社编号"指明了在两个数据表进行连接所生成的记录中，只有"图书信息 2"数据表中的"出版社编号"字段与"出版社"数据表中的"出版社编号"字段相等的那些记录才会在查询结果中出现。

在引用的多个数据表的字段时，如果字段名在多个数据表中同名，如"出版社编号"，必须在 Select 语句的字段名前加上数据表名称作为前缀，即"数据表名称.字段名"，以明确区分两个数据表的字段。

2.【任务 6-10-2】的实施过程

（1）打开"SQL 视图"。

（2）输入 SQL 语句。在"SQL 视图"窗口输入如下所示的 Select 语句。

```
Select  图书信息2.图书编号，图书信息2.图书名称，
       出版社.出版社名称，图书信息2.价格
From    图书信息2  Inner Join   出版社
       ON   图书信息2.出版社编号 = 出版社.出版社编号
Where   出版社名称='电子工业出版社'   And  价格>20
```

（3）保存查询。将该查询进行保存，其名称为"查询 6-10-2"。

（4）运行 SQL 语句。该 Select 语句的运行结果如图 6-26 所示。

图 6-26　"查询 6-10-2"的运行结果

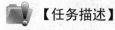 说　明

　　本任务中的 Select 语句中使用了 Join 子句。Join 子句可以同时查询具有连接关系的两个数据表的记录数据。其中 Inner Join 表示将返回两个数据表连接字段的值相等的记录。除了可以使用 Inner Join 子句外，还可以使用 Left Join 和 Right Join 子句，它们的具体用法请参考帮助信息。

6.3　使用 Select 语句实现嵌套查询

　　在 Select 语句的 Where 子句中可以置入另一个 Select 语句，即在 Select-From-Where 结构的查询内部再嵌入另一个 Select 语句，这种查询称为嵌套查询，置入 Where 子句的 Select 语句称为子查询。

【任务 6-11】从"出版社"数据表中检索出图书数量超过 20 本的出版社信息

【任务描述】

　　使用嵌套查询，从"出版社"数据表中检索出图书数量超过 20 本的出版社信息，要求查询的结果中包括"出版社编号"、"出版社名称"和"地址"3个字段，且查询结果中不出现重复的记录。

【任务实施】

（1）打开"SQL 视图"。

（2）输入 SQL 语句。在"SQL 视图"窗口输入如下所示的 Select 语句。

```
Select Distinct 出版社编号，出版社名称，地址
From 出版社
Where 出版社编号 In (Select 出版社编号 From 图书信息2 Where 图书数量>20)
```

（3）保存查询。将该查询进行保存，其名称为"查询 6-11"。

（4）运行 SQL 语句。该 Select 语句的运行结果如图 6-27 所示。

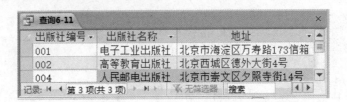

图 6-27　"查询 6-11" 的运行结果

 说　明

　　子查询被嵌套在一个 Select 语句中，并为该 Select 语句提供所要使用的数据，我们将嵌套查询的那个外部 Select 语句称为外查询，被嵌套在内部的子查询称为内查询。内查询从"图书信息 2"数据表中查询出所有图书数量在 20 本以上的出版社编号，外查询根据内查询的结果从"出版社"数据表中查询出那些出版社编号所对应的"出版社编号"、"出版社名称"和"地址"数据。

　　子查询可以嵌套在 Select、Insert、Update、Delete 语句的 Where 或 Having 子句内，或者其他子查询中。

　　In 表达式用来检验一个值是否与一组值中的某一个值相匹配，子查询可以用来提供那组值。通过 In 引入的子查询是一个值的集合，外查询将利用子查询返回的结果。

6.4　使用 Insert 语句向数据表添加记录

　　用 Insert 语句添加记录时，必须指明添加记录的数据表名，如果只填入该记录的部分数据，则必须使字段名列表与字段值列表在排列顺序上完全一致，但不要求排列顺序与数据表创建时完成相同；字段名列表中没有列出的字段，新添加的记录在这些字段上的值用空值或指定默认值填充。

　　如果没有字段名列表，Insert 语句则要求为数据表中的每个字段都提供一个值，而且这些值的排列与创建数据表时的字段的排列顺序完全一致。

【任务 6-12】　使用 Insert 语句向"图书信息 2"表中添加一条记录

【任务描述】

　　在"图书信息 2"数据表中使用 Insert 语句添加一条记录，新添加的记录数据如表 6-5 所示。

表 6-5　新添加的记录数据

图书编号	图书名称	作者	出版社编号	出版日期	价格	图书数量
TP3/2715	Android 移动应用开发任务驱动教程	陈承欢	001	2015-11-1	33.8	20

【任务实施】

　　（1）打开"SQL 视图"。

　　（2）输入 SQL 语句。在"SQL 视图"窗口输入如下所示的 Insert 语句。

```
Insert Into 图书信息2 ( 图书编号，图书名称，作者，
        出版社编号，出版日期，价格，图书数量 )
Values ("TP3/2715", "Android移动应用开发任务驱动教程", "陈承欢",
      "001", #2015-11-1#, 33.8, 20)
```

（3）保存查询。将该查询进行保存，其名称为"查询 6-12"。

（4）运行 SQL 语句。在查询工具的【设计】上下文命令选项卡的"结果"组中单击【运行】按钮，此时会弹出如图 6-28 所示的对话框，单击【是】按钮，向数据表"图书信息 2"添加一条新记录。

图 6-28　【您正准备追加 1 行】提示信息对话框

打开数据表"图书信息 2"，可以看到新添加的一条记录，如图 6-29 所示。

图书编号	图书名称	作者	出版社编号	出版日期	价格	图书数量
TP3/2601	Oracle 11g数据库应用、设计与管理	陈承欢	001	2015-07-01	¥37.50	
TP3/2602	实用工具软件任务驱动式教程	陈承欢	002	2014-11-01	¥26.10	
TP3/2604	网页美化与布局	陈承欢	002	2015-08-01	¥38.50	
TP3/2605	UML与Rose软件建模案例教程	陈承欢	004	2015-03-01	¥25.00	
TP3/2701	跨平台的移动Web开发实战	陈承欢	004	2015-03-01	¥29.00	
TP3/2706	C#网络应用开发例学与实践	郭常圳	003	2015-11-01	¥28.00	
TP3/2715	Android移动应用开发任务驱动教程	陈承欢	001	2015-11-01	¥33.80	

图 6-29　数据表"图书信息 2"中新添加了一条记录

6.5　使用 Update 语句修改数据表中的数据

Update 语句中必须指明要更新的表名，使用 Set 子句，将字段值赋给要更新的字段，使用 Where 子句限定要更新记录，如果没有 Where 子句，将会对数据表中所有的记录进行修改。

【任务 6-13】　修改"图书信息 2"表中新添加记录的"价格"

【任务描述】

将数据表"图书信息 2"中新添加记录的"价格"修改为 40 元。

【任务实施】

（1）打开"SQL 视图"。

（2）输入 SQL 语句。在"SQL 视图"窗口输入如下所示的 Update 语句。

```
Update  图书信息2
Set     价格=40
Where   图书编号="TP3/2715"
```

（3）保存查询。将该查询进行保存，其名称为"查询6-13"。

（4）运行 SQL 语句。在查询工具的【设计】上下文命令选项卡的"结果"组中单击【运行】按钮，此时会弹出如图 6-30 所示的对话框，单击【是】按钮，则对"图书信息 2"表中符合条件的数据进行修改操作。

图 6-30 【您正做准备更新 1 行】提示信息对话框

更新完成后，打开数据表"图书信息 2"，可以看到新添加记录的价格已修改为"40"，如图 6-31 所示。

图书名称	作者	出版社编号	出版日期	价格	图书数量
Oracle 11g数据库应用、设计与管理	陈承欢	001	2015-07-01	¥37.50	30
实用工具软件任务驱动式教程	陈承欢	002	2014-11-01	¥26.10	30
网页美化与布局	陈承欢	002	2015-08-01	¥38.50	10
UML与Rose软件建模案例教程	陈承欢	004	2015-03-01	¥25.00	10
跨平台的移动Web开发实战	陈承欢	004	2015-03-01	¥29.00	30
C#网络应用开发例学与实践	郭常圳	003	2015-11-01	¥28.00	5
Android移动应用开发任务驱动教程	陈承欢	001	2015-11-01	¥40.00	20

图 6-31 数据表"图书信息 2"中修改"价格"字段的值

6.6 使用 Delete 语句删除数据表中的记录

【任务 6-14】 从数据表"图书信息 2"中删除指定的记录

【任务描述】

从数据表"图书信息 2"删除【任务 6-12】中新添加的那条记录，该记录的图书编号为"TP3/2715"。

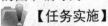【任务实施】

（1）打开"SQL 视图"。

（2）输入 SQL 语句。在"SQL 视图"窗口输入如下所示的 Delete 语句。

```
Delete  *
From    图书信息 2
Where   图书编号="TP3/2715"
```

（3）保存查询。将该查询进行保存，其名称为"查询 6-14"。

（4）运行 SQL 语句。在查询工具的【设计】上下文命令选项卡的"结果"组中单击【运行】按钮，此时会弹出如图 6-32 所示的对话框，单击【是】按钮，则从"图书信息 2"中删除符合条件的记录。

图 6-32　【您正准备从指定表删除 1 行】提示信息对话框

6.7　使用 Alter 语句添加、修改和删除字段

第 4 单元介绍了在数据表的"设计视图"中修改数据表的结构定义，本节简单介绍使用 Alter 语句来添加、修改和删除字段。

6.7.1　向现有的数据表中添加字段

【任务 6-15】向"图书信息 2"数据表中添加两个新字段

【任务描述】
向"图书信息 2"数据表中添加两个新字段：图书类型编号（Text,5）、字数（Number）。

【任务实施】
（1）打开"SQL 视图"。
（2）输入 SQL 语句。在"SQL 视图"窗口输入如下所示的添加字段的 Alter 语句。

```
Alter Table 图书信息2 Add 图书类型编号 Text(5), 字数 Number
```

（3）保存查询。将该查询进行保存，其名称为"查询 6-15"。
（4）运行 SQL 语句。在查询工具的【设计】上下文命令选项卡的"结果"组中单击【运行】按钮，成功向"图书信息 2"数据表中添加两个新字段。

打开数据表"图书信息 2"，可以看到新添加了两个字段"图书类型编号"、"字数"，如图 6-33 所示。

图书名称	作者	出版社编号	出版日期	价格	图书数量	图书类型编号	字数
Oracle 11g数据库应用、设计与管理	陈承欢	001	2015-07-01	¥37.50	30		
实用工具软件任务驱动式教程	陈承欢	002	2014-11-01	¥26.10	30		
网页美化与布局	陈承欢	002	2015-08-01	¥38.50	10		
UML与Rose软件建模案例教程	陈承欢	004	2015-03-01	¥25.00	10		
跨平台的移动Web开发实战	陈承欢	004	2015-03-01	¥29.00	30		
C#网络应用开发例学与实践	郭常圳	003	2015-11-01	¥28.00	5		

记录：第 1 项（共 6 项）　无筛选器　搜索

图 6-33　数据表"图书信息 2"中成功添加两个字段

6.7.2 删除现有数据表中的字段

【任务 6-16】 从"图书信息 2"数据表中删除两个字段

【任务描述】

从"图书信息 2"数据表中删除【任务 6-15】新增的两个字段（图书类型编号、字数）。

【任务实施】

（1）打开"SQL 视图"。

（2）输入 SQL 语句。在"SQL 视图"窗口输入如下所示的删除字段的 Alter 语句。

```
Alter  Table  图书信息2  Drop  图书类型编号 ，字数
```

（3）保存查询。将该查询进行保存，其名称为"查询 6-16"。

（4）运行 SQL 语句。在查询工具的【设计】上下文命令选项卡的"结果"组中单击【运行】按钮，成功从"图书信息 2"数据表中删除【任务 6-15】新增的两个字段。

6.8 使用"SQL 视图"查看与修改已创建的查询

在 Access 中，创建和修改查询最便利的方法是使用"查询设计视图"，但是，在创建查询时并不是所有的查询都可以在"查询设计视图"中完成的，有的查询只能通过 SQL 语句来实现。

SQL 查询是使用 SQL 语句直接创建的一种查询。实际上，Access 的所有查询都可以认为是一个 SQL 查询。在"查询设计视图"中创建查询时，Access 将自动生成等效的 SQL 语句。当查询设计完成后，可以通过"SQL 视图"查看对应的 SQL 语句。

【任务 6-17】 使用"SQL 视图"修改已创建的查询

【任务描述】

使用"SQL 视图"修改已创建的查询，创建"统计各出版社 2015 年出版的图书数量"的查询。

【任务实施】

（1）打开"SQL 视图"。先将单元 5 的【任务 5-6】中创建的查询"统计各个出版社出版的图书数量"导入至本单元的数据库"Book6.accdb"中，再在"查询设计视图"中打开该查询，然后在查询工具【设计】上下文命令选项卡的"结果"组中单击【视图】按钮的下拉箭头，在弹出的下拉菜单中选择【SQL 视图】命令，如图 6-34 所示，打开如图 6-35 所示"SQL 视图"窗口，该窗口中显示了已创建的 SQL 语句。

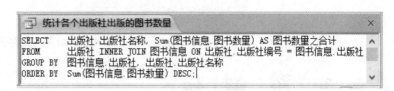

图 6-34　【视图】的下拉菜单　　　图 6-35　"统计各个出版社出版的图书数量"查询的 SQL 视图

（2）在"SQL 视图"窗口中修改 SQL 语句。

①　在 Select 语句中字段"出版社.出版社名称,"的右侧添加"Year([图书信息.出版日期])
As　出版年份,"。

②　在"FROM"子句下面增加 Where 子句"Where　Year([图书信息.出版日期])=2015",
该子句限制只检索 2015 年出版的图书信息。

③　将 Group By 子句修改为"Group By　出版社.出版社名称, Year([图书信息.出版日期])"。

④　将 Order By 子句修改为"Order By Sum(图书信息.图书数量);"

SQL 视图中，修改完成后的 SQL 语句如下所示。

```
Select 出版社.出版社名称，Year([图书信息.出版日期]) As 出版年份，
              Sum(图书数量) As 图书数量总计
From 出版社 Inner Join 图书信息 On 出版社.出版社编号=图书信息.出版社
Where Year([图书信息.出版日期])=2015
Group By 出版社.出版社名称,Year([图书信息.出版日期])
Order By Sum(图书信息.图书数量);
```

（3）保存查询。将该查询进行保存，其名称为"查询 6-17"。

（4）切换到查询的设计视图窗口，与 SQL 语句对应的设计视图窗口如图 6-36 所示。

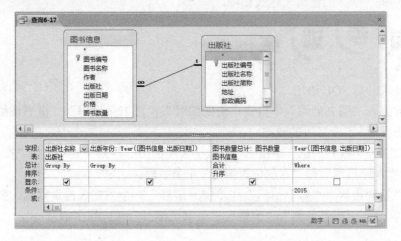

图 6-36　"统计各出版社 2015 年出版的图书数量"查询的设计视图其设置结果

（5）运行该查询，查询结果如图 6-37 所示。该结果显示了"图书信息"数据表中所包含的图书中 2016 年出版的各个出版社的图书总数量。

出版社名称	出版年份	图书数量总计
清华大学出版社	2015	5
高等教育出版社	2015	10
电子工业出版社	2015	30
人民邮电出版社	2015	40

图 6-37　"统计各出版社 2015 年出版的图书数量"查询的运行结果

疑难解析

【问题 1】：Select 语句中 Where 子句与 Having 子句各有何功能？

答：Where 子句用于指定 From 子句中列出的表中的哪些记录受 Select 语句的影响，Where 子句用于确定要选择的记录，使用 Where 子句来去除不想用 Group By 子句分组的记录。

Group By 子句用于在 Select 语句中指定显示哪些分组记录。一旦使用 Group By 子句对记录进行了分组，则由 Having 确定要显示的记录。在 Group By 对记录进行组合之后，Having 将显示由满足 Having 子句条件的 Group By 子句进行分组的任何记录。

【问题 2】：要查询"图书信息"数据表中价格在 30 元～50 元之间的图书信息，要求只包括"图书编号"、"图书名称"和"价格"3 个字段，请写出 SQL 语句，要求使用两种不同的方法实现。

答：两种方法分别如下。

方法一：使用"Between…And"关键字，包括 30 元和 50 元这两个值，SQL 语句为"Select 图书编号, 图书名称, 价格 From 图书信息 Where 价格 Between 30 And 50"。

方法二：使用逻辑运算符 And，SQL 语句为"Select 图书编号, 图书名称, 价格 From 图书信息 Where 价格>=30 And 价格<=50"。

使用"Between…And"关键字可以很方便地限制需要查询的数据范围，进行查询的效果与使用">="和"<="的逻辑表达式相同。

同步训练

按以下要求书写 SQL 语句。

（1）从数据表"图书借阅"中检索"借阅编号"、"图书条形码"、"借书证编号"、"借出日期"、"应还日期"5 个字段的数据。

（2）从数据表"藏书信息"中检索 2015 年入库的图书数据，要求包括"图书条形码"、"图书编号"、"入库日期"和"存放位置编号"4 个字段。

（3）从"超期罚款"、"藏书信息"和"图书信息"3 个数据表检索数据，要求包括以下字段："罚款编号"、"图书名称"、"价格"、"借书证编号"、"应罚金额"。

检索 2015 年入库的图书数据时，Where 条件可以写成"Where　Year(入库日期)=2015"，也可以写成"Where 入库日期 Between #1/1/2015#　And　#12/31/2015#"。

本单元主要介绍了 SQL 语句的语法格式、Select 语句的组成、利用 Select 语句从数据表中检索数据的方法，介绍了 Insert 语句、Update 语句和 Delete 语句的语法格式及其应用，另外还介绍了 Alter 语句的语法格式及其应用、使用"SQL 视图"查看与修改已创建查询的方法。

1．填空题

（1）SQL 语言集数据定义、（　　　　　　）、（　　　　　　）和数据控制等功能于一体，其中最主要的功能是（　　　　　　）功能。

（2）（　　　　　　）子句用来设定条件以返回需要的记录，（　　　　　　）子句主要用于将查询结果按某一列或多列值分组，值相等的为同一组。

（3）（　　　　　　）语句是 SQL 语言的核心。除此之外，SQL 还能提供用于定义和维护表结构的数据定义语句和用于维护数据的（　　　　　　）语句。

（4）在使用 Alter Table 修改数据表结构的语句格式中，（　　　　　　）子句用于增加新的字段，（　　　　　　）子句用于删除指定的字段。

（5）在 SQL 语言中，插入记录可以使用（　　　　　　）语句。

2．选择题

（1）SQL 查询语句中，用于对选定的字段进行排序的子句是（　　）。

A．Order By　　　　　B．From　　　　　C．Where　　　　　D．Group By

（2）下面有关 SQL 语句的说法错误的是（　　）。

A．Insert 语句可以向数据表中追加新数据记录

B．Update 语句用来修改数据表中已经存在的数据记录

C．Delete 语句用来删除数据表中的记录

D．Select 语句可以将两个或更多表或查询中的记录合并到一个数据表中

（3）若要检索"Student"数据表中的所有记录和字段，则 SQL 语句为（　　）。

A．Select　姓名, 性别　From　Student

B．Select　*　From　Student

C．Select　姓名, 性别　From　Student　Where　姓名="张山"

D．Select　*　From　Student　Where　姓名="张山"

（4）与"Where 图书数量 Between 10 And 30"完全等价的是（　　）。

A. Where 图书数量>10 And 图书数量<30

B. Where 图书数量>=10 And 图书数量<30

C. Where 图书数量>=10 And 图书数量<=30

D. Where 图书数量>10 And 图书数量<=30

（5）在 SQL 的 Select 语句的下列子句中，通常和 Having 子句一起使用的是（　　）。

A. Order By 子句　　　B. Where 子句　　　C. Group By 子句　　　D. 不确定

（6）若要检索"读者信息"表中所有"性别"为"男"，并按"读者编号"降序排列的记录，正确的 SQL 语句是（　　）。

A. Select * From 读者信息 Where 性别 Like "男" Order By 读者编号 Desc

B. Select * From 读者信息 Where 性别 Like "男" Order By 读者编号 Asc

C. Select * From 读者信息 Where 性别 Like "男" Order By 读者编号

D. Select * From 读者信息 Where 性别 Like "男" Group By 读者编号 Desc

单元 **7**

创建与使用 Access 报表

报表是 Access 数据库的一种对象，是展示数据的一种有效方式，它根据指定的规则打印输出格式化的数据信息，如图书信息、图书借阅信息、各个出版社所出版的图书数量统计数据等。报表的功能主要包括：可以输出格式化的数据；可以分组汇总数据；可以完成计数、求平均值、求和等统计计算；可以包含子报表以及图表数据；可以打印输出标签、订单等多种样式的报表；可以嵌入图片来丰富数据的显示与输出。报表从数据表或查询获取数据，而报表的标题、日期、页码等内容则在报表设计时添加。

教学目标	(1) 学会使用报表工具快速创建报表
	(2) 学会使用空报表工具创建报表
	(3) 学会使用报表向导创建报表
	(4) 学会使用标签向导创建报表
	(5) 学会使用报表设计视图创建报表
	(6) 学会预览报表
教学方法	任务驱动法、分组讨论法、理论实践一体化、探究学习法
课时建议	6 课时

1. 报表的视图

Access 2010 报表操作提供了以下四种视图。

（1）设计视图。设计视图用于创建与编辑报表的结构，在报表的设计视图中可以调整报表的布局和报表所包括对象的位置和尺寸，绘制表格线，添加报表标题、日期和页码，添加数据源的数据，设置报表属性以及报表所包括对象的属性，进行页面设置等，但是在设计视图中无法预览报表的效果。图书信息报表设计视图如图 7-1 所示。

（2）报表视图。报表视图用于浏览创建完成的报表效果，报表视图中浏览报表时不能调整报表的布局、修改报表的结构、设置报表的属性，图书信息报表的报表视图如图 7-2 所示。

（3）布局视图。布局视图同时具有设计视图和报表视图两方面的功能，既可以查看报表的版式设置、浏览报表效果，也可以调整报表的布局、设置报表及其所包含对象的属性。图书信息报表的布局视图如图 7-3 所示。

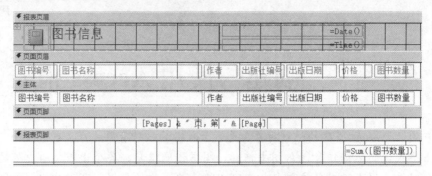

图 7-1　图书信息报表的设计视图

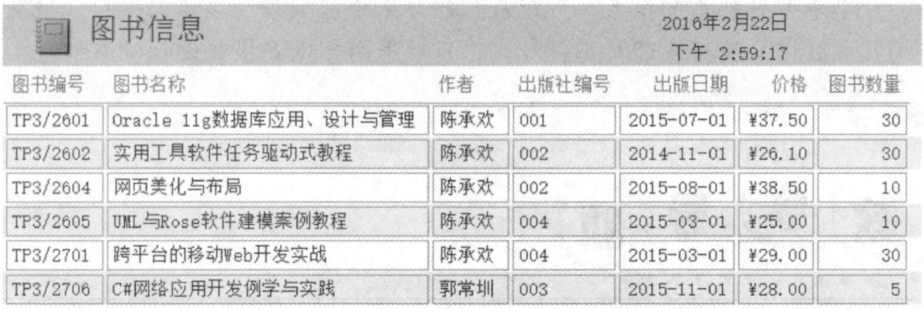

图书信息　2016年2月22日　下午 2:59:17

图书编号	图书名称	作者	出版社编号	出版日期	价格	图书数量
TP3/2601	Oracle 11g数据库应用、设计与管理	陈承欢	001	2015-07-01	¥37.50	30
TP3/2602	实用工具软件任务驱动式教程	陈承欢	002	2014-11-01	¥26.10	30
TP3/2604	网页美化与布局	陈承欢	002	2015-08-01	¥38.50	10
TP3/2605	UML与Rose软件建模案例教程	陈承欢	004	2015-03-01	¥25.00	10
TP3/2701	跨平台的移动Web开发实战	陈承欢	004	2015-03-01	¥29.00	30
TP3/2706	C#网络应用开发例学与实践	郭常圳	003	2015-11-01	¥28.00	5

图 7-2　图书信息报表的报表视图

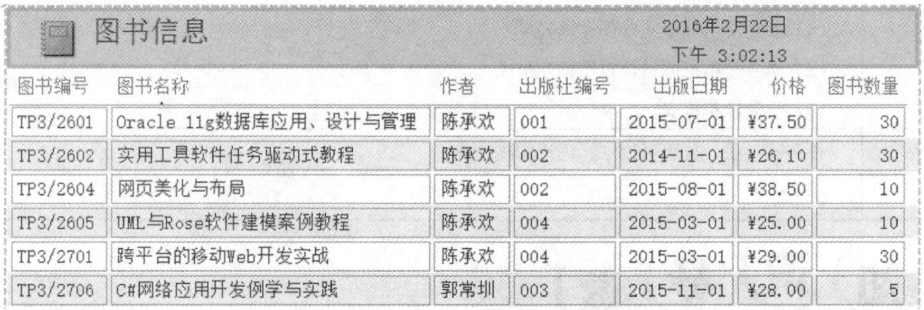

图书信息　2016年2月22日　下午 3:02:13

图书编号	图书名称	作者	出版社编号	出版日期	价格	图书数量
TP3/2601	Oracle 11g数据库应用、设计与管理	陈承欢	001	2015-07-01	¥37.50	30
TP3/2602	实用工具软件任务驱动式教程	陈承欢	002	2014-11-01	¥26.10	30
TP3/2604	网页美化与布局	陈承欢	002	2015-08-01	¥38.50	10
TP3/2605	UML与Rose软件建模案例教程	陈承欢	004	2015-03-01	¥25.00	10
TP3/2701	跨平台的移动Web开发实战	陈承欢	004	2015-03-01	¥29.00	30
TP3/2706	C#网络应用开发例学与实践	郭常圳	003	2015-11-01	¥28.00	5

图 7-3　图书信息报表的布局视图

（4）打印预览视图。打印预览视图用于查看报表的页面数据输出形式，图书信息报表的打印预览视图如图 7-4 所示。

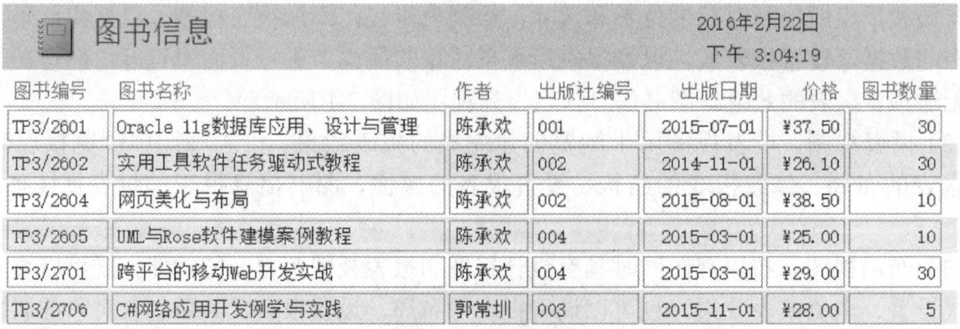

图书信息　2016年2月22日　下午 3:04:19

图书编号	图书名称	作者	出版社编号	出版日期	价格	图书数量
TP3/2601	Oracle 11g数据库应用、设计与管理	陈承欢	001	2015-07-01	¥37.50	30
TP3/2602	实用工具软件任务驱动式教程	陈承欢	002	2014-11-01	¥26.10	30
TP3/2604	网页美化与布局	陈承欢	002	2015-08-01	¥38.50	10
TP3/2605	UML与Rose软件建模案例教程	陈承欢	004	2015-03-01	¥25.00	10
TP3/2701	跨平台的移动Web开发实战	陈承欢	004	2015-03-01	¥29.00	30
TP3/2706	C#网络应用开发例学与实践	郭常圳	003	2015-11-01	¥28.00	5

图 7-4　图书信息报表的打印预览视图

4 种视图之间的切换可以通过【开始】选项卡中【视图】按钮的下拉菜单进行，如图 7-5 所示。

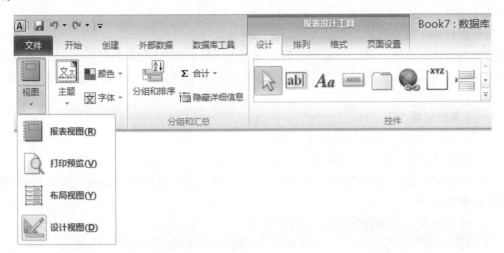

图 7-5　切换各种视图通过【设计】选项卡中【视图】的下拉菜单操作

也可以通过如图 7-6 所示的状态栏中切换视图的按钮进行切换操作。

图 7-6　状态栏中切换视图的按钮

2．报表的组成

报表的设计视图如图 7-1 所示，报表划分为多个节，主要包括报表页眉、页面页眉、主体、页面页脚和报表页脚等节。我们知道，对于一本图书，由封面、正文和封底三个部分组成，通常在封面打印"图书名称"、"作者"和"出版社名称"等内容，在封底打印"价格"和"条形码"等内容，封面和封底的内容只会打印一次。而正文包括多个页面，每页包括"页眉"、"正文内容"和"页脚"三个部分。报表的结构与图书类似，报表页眉相当于图书的封面，报表页脚相当于图书的封底，主体相当于图书的正文部分，页面页眉相当于正文的页眉，页面页脚相当于正文的页脚。

（1）报表页眉。报表页眉与图书封面相似，只在报表第一页打印一次。使用报表页眉可以放置通常可能出现在封面上的信息，如徽标、标题或日期等，图 7-1 中的"图书信息"就是该报表的标题。报表页眉打印在页面页眉之前。如果在报表页眉中放置一个计算控件，则计算的值是针对整个报表的。例如，如果将使用 Sum 聚合函数的控件放在报表页眉中，则计算的是整个报表的总计。

（2）页面页眉。页面页眉打印在每页的顶部，一般把报表中每页都需要显示的内容放置在报表的页面页眉中。

（3）主体。报表主体对记录源中的每行打印一次，主体节是构成报表主要部分的控件所在的位置。

（4）页面页脚。页面页脚打印在每页的结尾。使用页面页脚可以打印页码或每页的特定信息，图 7-1 所示的报表中，页码就是放置在页面页脚节内的。

（5）报表页脚。报表页脚在报表结尾打印一次。使用报表页脚可以打印针对整个报表的报表汇总或其他汇总信息。在设计视图中，报表页脚显示在页面页脚的下方。不过，在打印或预览报表时，在最后一页上，报表页脚出现在页面页脚的下方，紧靠最后一个组页脚或明细行之后。

根据需要，在报表设计五个基本节的基础上，还可以使用【分组与排序】功能来设置"组页眉/组页脚"区域，以实现报表的分组输出和分组统计。

组页眉打印在每个新记录组的开头。使用组页眉可以打印组名称。例如，"图书信息"报表中按"出版社"分组，可以使用组页眉打印"出版社名称"。如果将使用 Sum 聚合函数的计算控件放在组页眉中，则总计是针对当前组的。组页脚打印在每个记录组的结尾，使用组页脚可以打印组的汇总信息。

3．报表的分类

Access 2010 的报表主要分为以下几类。

（1）纵栏式报表：即窗体式报表，以垂直方式在每页上显示一条或多条记录。

（2）表格式报表：数据按表格的形式显示，在报表中可以将数据分组，并对每组中的数据进行计算与统计。

（3）图表报表：用图表形式显示的报表。

（4）标签报表：以类似准考证的形式，在报表中以两列或多列的形式显示多条记录。

4．创建报表的方法

创建报表的方法主要有以下几种。

（1）使用报表工具快速创建报表。

（2）使用空报表工具创建报表。

（3）使用报表向导创建报表。

（4）使用标签向导创建报表。

（5）使用报表设计视图创建报表。

7.1 使用报表工具快速创建报表

报表工具提供了快捷的报表创建方式，它能快速生成报表，而没有任何提示信息。使用报表工具快速创建的报表，可能无法满足用户的最终需要，但是对于迅速查看数据表或查询中的数据非常有用。

【任务 7-1】 表工具快速创建图书信息报表

 【任务描述】

使用"报表"工具快速创建"图书信息报表 7-1"，该报表在报表视图中的显示效果如图 7-7 所示。

图书编号	图书名称	作者	出版社编号	出版日期	价格	图书数量
	图书信息			2016年2月22日 下午 3:20:02		
TP3/2601	Oracle 11g数据库应用、设计与管理	陈承欢	001	2015-07-01	¥37.50	30
TP3/2602	实用工具软件任务驱动式教程	陈承欢	002	2014-11-01	¥26.10	30
TP3/2604	网页美化与布局	陈承欢	002	2015-08-01	¥38.50	10
TP3/2605	UML与Rose软件建模案例教程	陈承欢	004	2015-03-01	¥25.00	10
TP3/2701	跨平台的移动Web开发实战	陈承欢	004	2015-03-01	¥29.00	30
TP3/2706	C#网络应用开发例学与实践	郭常圳	003	2015-11-01	¥28.00	5

图 7-7　使用报表工具所创建的报表在报表视图中的显示效果

【任务实施】

（1）启动 Access 2010，打开数据库"Book7.accdb"。

（2）在导航窗格的"表"列表中选择"图书信息"选项，在【创建】选项卡的"报表"组中单击【报表】按钮，如图 7-8 所示，此时 Access 2010 自动生成如图 7-9 所示的报表。

图 7-8　【创建】选项卡的"报表"组

图书编号	图书名称	作者	出版社编号	出版日期	价格	图书数量
	图书信息			2016年2月22日 下午 3:20:02		
TP3/2601	Oracle 11g数据库应用、设计与管理	陈承欢	001	2015-07-01	¥37.50	30
TP3/2602	实用工具软件任务驱动式教程	陈承欢	002	2014-11-01	¥26.10	30
TP3/2604	网页美化与布局	陈承欢	002	2015-08-01	¥38.50	10
TP3/2605	UML与Rose软件建模案例教程	陈承欢	004	2015-03-01	¥25.00	10
TP3/2701	跨平台的移动Web开发实战	陈承欢	004	2015-03-01	¥29.00	30
TP3/2706	C#网络应用开发例学与实践	郭常圳	003	2015-11-01	¥28.00	5

图 7-9　使用报表工具快速生成的报表

（3）在快速访问工具栏中单击【保存】按钮，在弹出的【另存为】对话框中的"报表名称"文本框中输入报表名称"图书信息报表 7-1"，如图 7-10 所示，然后单击【确定】按钮，将该报表以"图书信息报表 7-1"名称进行保存。

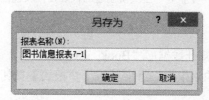

图 7-10　在【另存为】对话框中输入报表名称

（4）在【开始】选项卡的【视图】按钮的下拉菜单中选择【设计视图】命令，所创建报表在设计视图中的效果如图 7-11 所示。

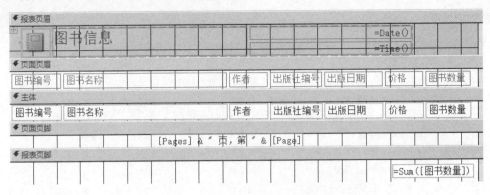

图 7-11　使用报表工具所生成报表的设计视图效果

（5）所创建的报表在报表视图中的显示效果如图 7-7 所示。

7.2　使用"空报表"工具创建报表

使用"空报表"工具也是创建报表的一种快捷方法，可以直接使用鼠标将所需字段拖到"空报表"中。

【任务 7-2】　使用"空报表"工具创建出版社报表

【任务描述】

使用"空报表"工具创建"出版社报表"，该报表在报表视图中的显示效果如图 7-12 所示。

【任务实施】

（1）启动 Access 2010，打开数据库"Book7.accdb"。

（2）在【创建】选项卡的"报表"组中单击【空报表】按钮，打开如图 7-13 所示的空报表和【字段列表】窗口。

（3）在【字段列表】窗口中单击"出版社"左侧的"+"，展开该数据表所包含的字段列表，如图 7-14 所示。

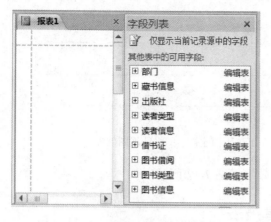 

图 7-13　空报表和【字段列表】窗口　　　　图 7-14　"出版社"数据表的字段列表

（4）在"出版社"数据表的"字段列表"中双击字段"出版社编号"，"出版社编号"字段被自动添加到空报表中，如图 7-15 所示。

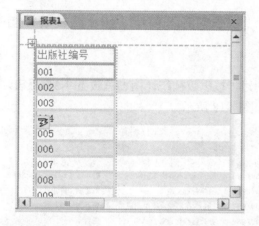

图 7-15　"出版社编号"字段添加到空报表中

（5）在快速访问工具栏中单击【保存】按钮，打开【另存为】对话框，在"报表名称"文本框中输入报表的名称"出版社报表"，然后单击【确定】按钮。

（6）继续从"字段列表"窗格中将"出版社名称"、"地址"和"邮政编码"字段添加到空报表中，结果如图 7-16 所示。

出版社编号	出版社名称	地址	邮政编码
001	电子工业出版社	北京市海淀区万寿路173信箱	100036
002	高等教育出版社	北京西城区德外大街4号	100011
003	清华大学出版社	北京清华大学学研大厦	100084
004	人民邮电出版社	北京市崇文区夕照寺街14号	100061
005	机械工业出版社	北京市西城区百万庄大街22号	100037

图 7-16　在空报表中添加"出版社"数据表中的 4 个字段

（7）在【开始】选项卡的【视图】按钮的下拉菜单中选择【设计视图】命令，所创建报表的设计视图中效果如图 7-17 所示。

图 7-17　使用"空报表"工具所创建报表的设计视图效果

（8）所创建报表在报表视图中的显示效果如图 7-12 所示。

7.3　使用"报表向导"创建报表

使用"报表向导"创建报表不仅可以选择报表上需要显示的字段，还可以对指定的数据进行分组和排序。使用"报表向导"创建报表可以使用来自多个数据表或查询的字段。

【任务 7-3】　使用"报表向导"创建"按出版社统计图书总数量"报表

【任务描述】

使用"报表向导"创建"按出版社统计图书总数量 7-3"报表，该报表在报表视图中的显示效果如图 7-18 所示。

出版社名称	图书数量	图书编号	图书名称	作者	出版日期	价格
电子工业出版社	5	TP39/886	Photoshop6特效制作	Rhoda Grossman、Sherr	2015-08-01	¥58.00
	5	TP3/2742	数据恢复技术	戴士剑、陈永红	2015-08-01	¥39.00
	5	TP39/857	Excel在管理决策中的应用	唐五湘、程桂枝	2015-10-01	¥25.00
	5	TP39/862	办公自动化设备	王付华	2016-01-01	¥20.00
	8	TP312/146	C++程序设计与软件技术基础	梁普选	2015-07-01	¥28.00
	10	TP39/717	Web数据库开发技术	廖彬山、高峰霞、徐颖	2015-03-01	¥30.00
	10	TP3/2737	Visual Basic.NET实用教程	佟伟光	2015-08-01	¥18.00
	10	TP3/2715	Visual Basic.NET控件应用	胡海潞	2015-08-01	¥48.00
	10	TP3/2728	计算机基础与因特网应用	姚琳、徐德民	2015-07-01	¥28.00
	10	TP393/23	计算机网络技术实用教程	褚建立、刘彦舫、马骍	2015-07-01	¥28.00
	10	TP393/44	计算机网络实训教程	欧阳江林	2015-01-01	¥19.00
	30	TP3/2601	Oracle 11g数据库应用、设计	陈承欢	2015-07-01	¥37.50

汇总 '出版社名称' = 电子工业出版社 (12 项明细记录)

合计　　　　　　　118

图 7-18　使用"报表向导"所创建的报表在报表视图中的显示效果

【任务实施】

（1）启动 Access 2010，打开数据库"Book7.accdb"。

（2）在【创建】选项卡的"报表"组中单击【报表向导】按钮，打开【报表向导】对话框。

（3）在"表/查询"下拉列表中选择"表:图书信息"选项，如图 7-19 所示。

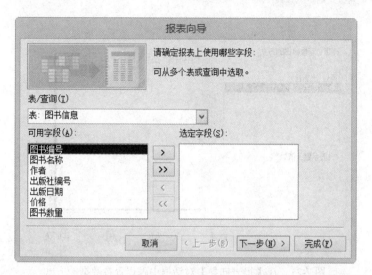

图 7-19　在【报表向导】对话框中选择"表:图书信息"选项

（4）依次将"图书信息"表中的"可用字段"列表的字段"图书编号"、"图书名称"、"作者"添加到右边的"选定字段"列表中。然后在"表/查询"下拉列表中选择"表:出版社"，并将左边的"可用字段"列表中的字段"出版社名称"添加到右边的"选定字段"列表中，接着将"图书信息"表中的"可用字段"列表的字段"出版日期"、"价格"和"图书数量"添加到右边的"选定字段"列表中，如图 7-20 所示。注意字段的添加顺序，"出版社名称"应在字段"作者"与"出版日期"之间，字段添加完成的结果如图 7-20 所示。

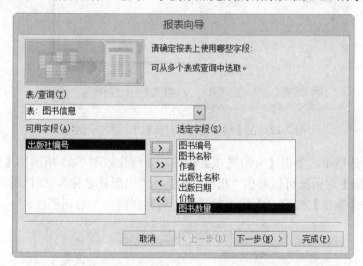

图 7-20　从"图书信息"和"出版社"数据表中选择所需的字段

（5）单击【下一步】按钮，切换到下一个对话框，在"请确定查看数据的方式"列表中选择"通过图书信息"选项，如图 7-21 所示。

（6）单击【下一步】按钮，切换到下一个对话框，在"是否添加分组级别"列表中选择"出版社名称"选项，然后单击 > 按钮，将其添加到右侧的列表中，如图 7-22 所示。

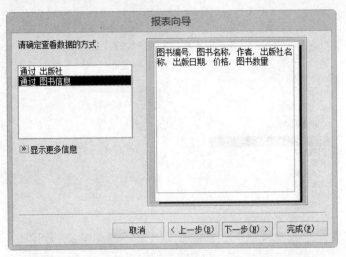

图 7-21　在【报表向导】对话框中确定查看数据的方式

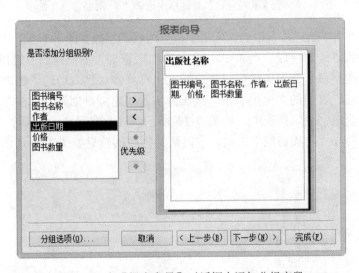

图 7-22　在【报表向导】对话框中添加分组字段

（7）在该对话框中，单击【分组选项】按钮，会打开如图 7-23 所示的【分组间隔】对话框。从【分组间隔】对话框可以看出"组级字段"为"出版社名称"，即报表将会按"出版社"进行分组，单击【确定】按钮，关闭该对话框，返回到前一个对话框中。

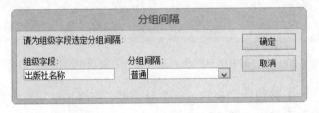

图 7-23　在【分组间隔】对话框中为组级字段选定分组间隔

（8）在前一个对话框中单击【下一步】按钮，切换到下一个对话框，在第一个下拉列表中选择"图书数量"选项，排序方式为"升序"，即保留默认的排序方式，如图 7-24 所示。

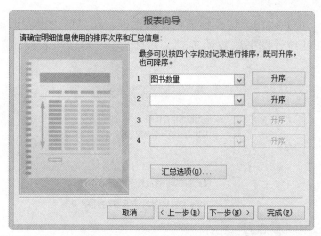

图 7-24　在【报表向导】对话框中确定的排序字段和排序方式

（9）在该对话框中单击【汇总选项】按钮，打开如图 7-25 所示的【汇总选项】对话框，在【汇总选项】对话框里选择"图书数量"行与 "汇总"列对应的复选框，也就是按"出版社"汇总图书数量，其他的选项保持不变，然后单击【确定】按钮关闭【汇总选项】对话框，返回前一个对话框。

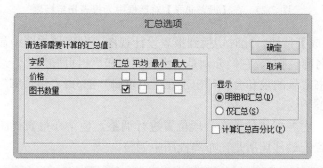

图 7-25　在【汇总选项】对话框中选择需要计算的汇总值

（10）单击【下一步】按钮，切换到下一个对话框，在【布局】中选择"块"单选框，在【方向】中选择"纵向"单选框，如图 7-26 所示。

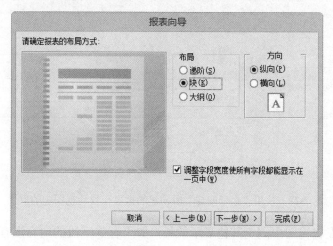

图 7-26　在【报表向导】对话框中确定报表布局方式

（11）单击【下一步】按钮，切换到下一个对话框，在"请为报表指定标题"文本框中输入报表标题"按出版社统计图书总数量 7-3"，并且选中"修改报表设计"单选框，如图 7-27 所示。

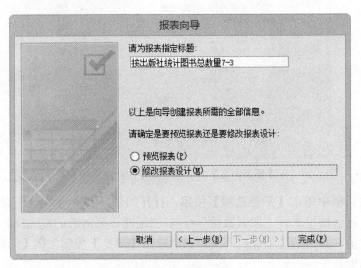

图 7-27　在【报表向导】对话框中为报表指定标题

（12）单击【完成】按钮，此时切换到报表设计视图，发现该视图中显示了"出版社名称页眉"和"出版社名称页脚"，它们分别是"组页眉"和"组页脚"。"汇总"、"合计"等文字以及汇总条件和图书数量的求和公式都出现在"组页脚"部分，"组页脚"打印在每个新记录组的结尾，如图 7-28 所示。

在设计视图中，对各标签位置和字段位置进行调整，使得在报表视图中能完全显示字段内容，调整字段位置的最佳场所是在布局视图中调整。

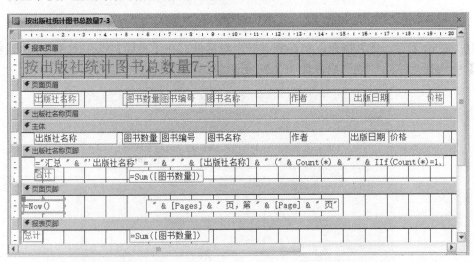

图 7-28　使用"报表向导"所创建的报表在设计视图中的效果

（13）切换到报表视图中浏览其他显示效果，如果有些字段的内容没有完全显示出来，切换到布局视图继续调整，直到合适为止。在报表视图中的显示效果如图 7-18 所示。

（14）在快速访问工具栏中单击【保存】按钮，保存对报表所作的修改。

7.4　使用"标签向导"创建报表

在日常工作中，经常需要制作诸如准考证、借书证、出入证之类证件，有时需要制作图书标签、商品标签，这种标签内容较少，数据排列相对集中，便于裁切。在 Access 2010 使用"标签向导"可以很方便地制作标签。

【任务 7-4】　使用"标签向导"创建"借书证"标签

【任务描述】

使用"标签向导"创建"借书证"标签，该标签报表在报表视图中的显示效果如图 7-29 所示。

【任务实施】

（1）启动 Access 2010，打开数据库"Book7.accdb"。

（2）在导航窗格的"查询"组中单击　"借书证查询"。

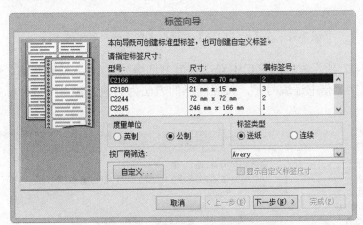

图 7-29　"借书证"标签的报表视图效果

（3）在【创建】选项卡的"报表"组中单击【标签】按钮，打开【标签向导】对话框。在该对话框中可以选择标准型号的标签，也可以自定义标签的大小。在此选择"C2166"标签样式，如图 7-30 所示。

图 7-30　在【标签向导】对话框中指定标签尺寸、度量单位和标签类型

（4）单击【下一步】按钮，切换到下一个对话框，字体选择"宋体"、字号选择"10"，字体粗细选择"正常"，文字颜色选择"黑色"，如图 7-31 所示。

（5）单击【下一步】按钮，在【标签向导】对话框中指定邮件标签的显示内容，在"可用字段"列表中双击第一个字段"借书证编号"，光标置于"原型标签"列表中"{借书证编号}"的右侧，然后按"Enter"键换行；然后再在"可用字段"列表中双击第二个字段"姓名"，光标置于"原型标签"列表中"{姓名}"的右侧，然后按"Enter"键换行；按照同样的方法添加另外两个字段"发证日期"和"读者类型编号"，结果如图 7-32 所示。

图 7-31　在【标签向导】对话框中选择文本的字体和颜色等

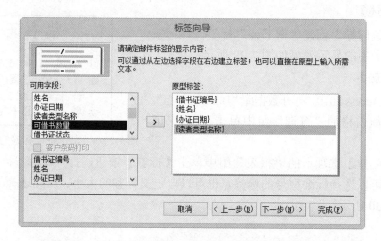

图 7-32　在【标签向导】对话框中依次选择所需的字段

（6）在图 7-32 所示右侧的窗口中双击"借书证编号"，进入编辑状态，使用键盘输入两个空格和标签文字"借书证编号："，按照同样的方法为其他行输入空格和标签文字，结果如图 7-33 所示。

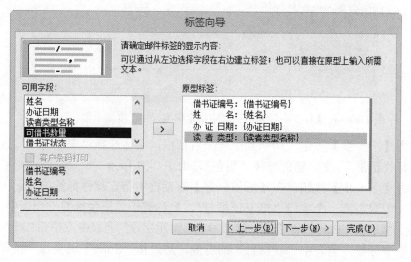

图 7-33　在【标签向导】对话框中调整标签中显示的内容及其位置

（7）单击【下一步】按钮，在【标签向导】对话框中确定排序字段，在"可用字段"列表中双击 "借书证编号"字段，将其添加到"排序依据"列表中，如图 7-34 所示。

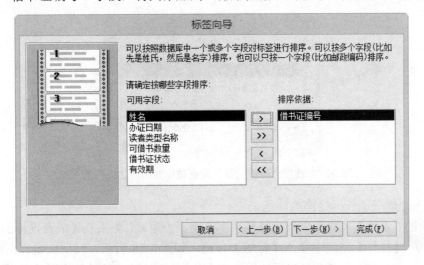

图 7-34　在【标签向导】对话框中确定排序字段

（8）单击【下一步】按钮，在【标签向导】对话框中指定报表的名称为"借书证标签 7-4"，打开方式保持默认设置，如图 7-35 的所示。

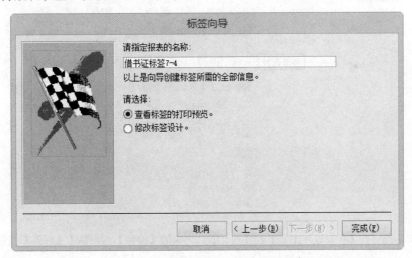

图 7-35　在【标签向导】对话框中指定报表的名称

（9）单击【完成】按钮，打开如图 7-36 所示的打印预览效果。

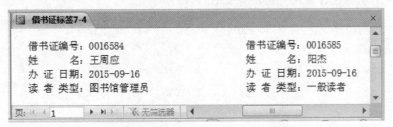

图 7-36　使用"标签向导"所创建标签的报表视图效果

（10）在功能区的【打印预览】选项卡的"关闭预览"组中单击【关闭打印预览】按钮，返回到报表的设计视图中，如图 7-37 所示。

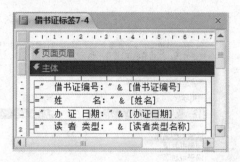

图 7-37　使用"标签向导"所创建标签的设计视图效果

（11）为"借书证"标签添加标题。

在报表的"主体"区域选中所有控件往下拖动一段距离，然后在【报表设计工具】的【设计】选项卡的【控件】列表中单击【标签】按钮，如图 7-38 所示。然后在报表主体区域，按住鼠标左键拖动绘制标签控件，在设计视图的主体区域添加标签的标题，输入标题文字为"借书证"。

图 7-38　在【报表设计工具】的【设计】选项卡的【控件】列表单击【标签】按钮

在报表的主体区域选择标签文字"借书证"，然后在【报表设计工具】的【格式】选项卡设置标签文字的字体为"黑体"，大小为"16"，且加粗居中，【报表设计工具】的【格式】选项卡如图 7-39 所示。设计视图中的结果如图 7-40 所示。

图 7-39　【报表设计工具】的【格式】选项卡

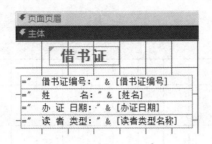

图 7-40　标签报表的设计视图

（12）在快速访问工具栏中单击【保存】按钮，保存对标签报表的修改。

（13）切换到标签报表的报表视图，其显示效果如图 7-29 所示。

7.5　使用报表设计视图创建报表

使用"报表向导"可以方便地创建报表，但是使用"报表向导"创建出来的报表形式较单一，并且没有表格线，布局也较简单，有时候不能满足用户的要求，这时可以使用报表的设计视图对向导所创建的报表进行修改，也可以直接使用报表的设计视图创建报表。

【任务 7-5】　使用报表的设计视图创建"图书信息统计报表"

【任务描述】

使用报表的设计视图创建"图书信息统计报表"，该报表在报表视图中的显示效果如图 7-41 所示。

出版社名称	图书名称	作者	出版日期	图书数量	价格	金额
电子工业出版社	Oracle 11g数据库应用、设计与管理	陈承欢	2015-07-01	30	¥37.50	¥1,125.00
高等教育出版社	实用工具软件任务驱动式教程	陈承欢	2014-11-01	30	¥26.10	¥783.00
高等教育出版社	网页美化与布局	陈承欢	2015-08-01	10	¥38.50	¥385.00
人民邮电出版社	UML与Rose软件建模案例教程	陈承欢	2015-03-01	10	¥25.00	¥250.00
人民邮电出版社	跨平台的移动Web开发实战	陈承欢	2015-03-01	30	¥29.00	¥870.00
清华大学出版社	C#网络应用开发例学与实践	郭常圳	2015-11-01	5	¥28.00	¥140.00

图 7-41　"图书信息统计报表"在报表视图中的显示效果

【任务实施】

（1）启动 Access 2010，打开数据库"Book7.accdb"。

（2）在【创建】选项卡的"报表"组中单击【报表设计】按钮，打开如图 7-42 所示的报表设计视图窗口。

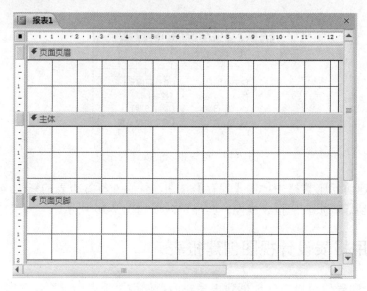

图 7-42　报表设计视图窗口

　　(3) 在【报表设计工具】的【设计】上下文命令选项卡的"工具"组中单击【属性表】按钮,如图 7-43 所示,打开【属性表】窗口。

图 7-43　【报表设计工具】的【设计】
上下文命令选项卡的"工具"组

　　(4) 在该【属性表】窗口中选择【数据】选项卡,切换到【数据】选项卡。在"记录源"列表框右侧单击 ∨ 按钮显示下拉列表,在下拉列表中选择【图书信息查询】选项,如图 7-44 所示。

　　(5)在报表设计工具的【设计】上下文命令选项卡的"控件"组的控件按钮列表中单击【标签】控件。

　　(6) 拖动鼠标指针置于报表设计视图的"页面页眉"区域,可以发现鼠标指针变成"+"且右下角带一个字母"A",如图 7-45 所示。

图 7-44　报表的属性表及记录源列表

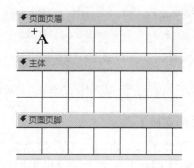

图 7-45　单击【标签】控件后鼠标置于
设计视图的"页面页眉"区域

提示

如果需要取消标签控件的选中状态，只需在"控件"组中单击【标签】控件，使其恢复为默认状态即可。

（7）在报表设计视图的"页面页眉"区域，按住鼠标左键不放，向右下方向拖动鼠标，此时会出现一个细线方框，如图 7-46 所示。

（8）按住鼠标左键且拖动鼠标到合适位置，松开鼠标左键，此时页面页眉中会出现一个标签控件，然后单击该标签控件，在其中输入文字"出版社名称"，如图 7-47 所示。

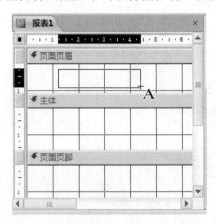

图 7-46　按住鼠标左键拖动鼠标绘制标签控件

图 7-47　在设计视图的页面页眉中添加一个标签控件

（9）在快速访问工具栏中单击【保存】按钮，以"图书信息报表 7-5"为报表名称保存所创建报表。

（10）按照同样的方法，在报表设计视图的页面页眉中添加"图书名称"、"作者"、"出版社名称"、"出版日期"、"图书数量"、"价格"和"金额"等标签控件，结果如图 7-48 所示。

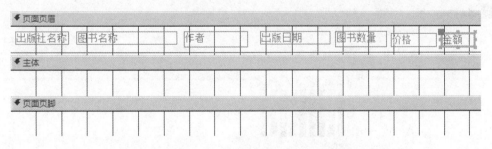

图 7-48　在设计视图的页面页眉中添加所需的标签控件

（11）按住"Shift"键，依次选中页面页眉中的所有标签控件，然后在【排列】选项卡"调整大小和排序"组的"大小/窗格"下拉菜单中选择【正好容纳】命令，如图 7-49 所示，接着在"对齐"下拉菜单中选择【靠上】命令，如图 7-50 所示。

页面页眉中所有的标签对齐后的设计效果如图 7-51 所示。

图 7-49　【排列】选项卡的"大小/窗格"下拉菜单　　　图 7-50　【排列】选项卡的"对齐"下拉菜单

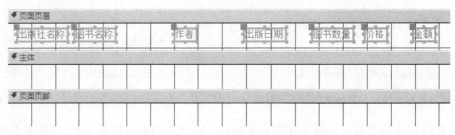

图 7-51　页面页眉中所有的标签控件对齐后的设计效果

　　然后在报表设计工具的【格式】上下文命令选项卡的"字体"组中单击【背景色】按钮，在打开的【主题颜色】列表中选择"蓝色"，如图 7-52 所示。

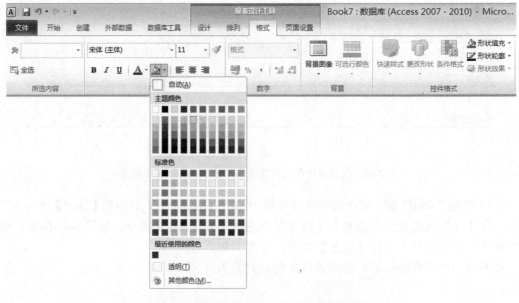

图 7-52　在主题颜色列表中选择一种背景色

此时页面页眉中所有标签控件的背景颜色都改变为"蓝色",显示效果如图 7-53 所示。

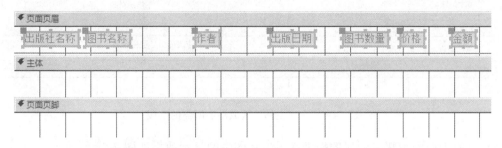

图 7-53 设置页面页眉中所有标签的背景颜色为"蓝色"

(12)在报表设计工具的【设计】上下文命令选项卡的"工具"组中单击【添加现有字段】按钮,打开如图 7-54 所示的【字段列表】窗口。

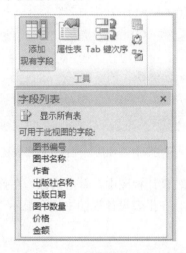

图 7-54 【添加现有字段】按钮与【字段列表】窗口

(13)在字段列表中选择字段"出版社名称",此时按住鼠标左键不放,拖动到"主体"区域,鼠标指针会变成 形状,如图 7-55 所示。

然后松开鼠标左键,并删除标签控件,调整文本框到与页面页眉中标签位置对应的位置,如图 7-56 所示。

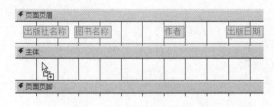

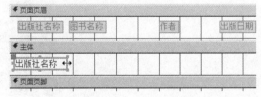

图 7-55 鼠标指针移置于"主体"
区域时的形状

图 7-56 按住鼠标左键并拖动到相关
区域添加一个控件

(14)按照同样的方法,在"字段列表"中依次拖动"图书名称"、"作者"、"出版日期"、"图书数量"、"价格"和"金额"到报表设计视图的"主体"区域,同时删除控件的标签,将添加的文本框控件进行对齐,且左右调整其位置,结果如图 7-57 所示。

页面页眉
出版社名称
图书名称
作者
出版日期
图书数量
价格
金额
主体
出版社名称
图书名称
作者
出版日期
图书数量
价格
金额
页面页脚

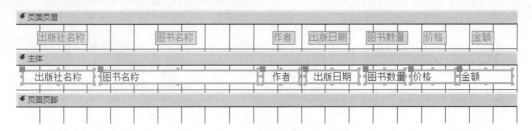

图 7-57　在“主体”区域添加所需的字段

（15）根据前面步骤所创建的报表在报表视图中的显示效果如图 7-58 所示。

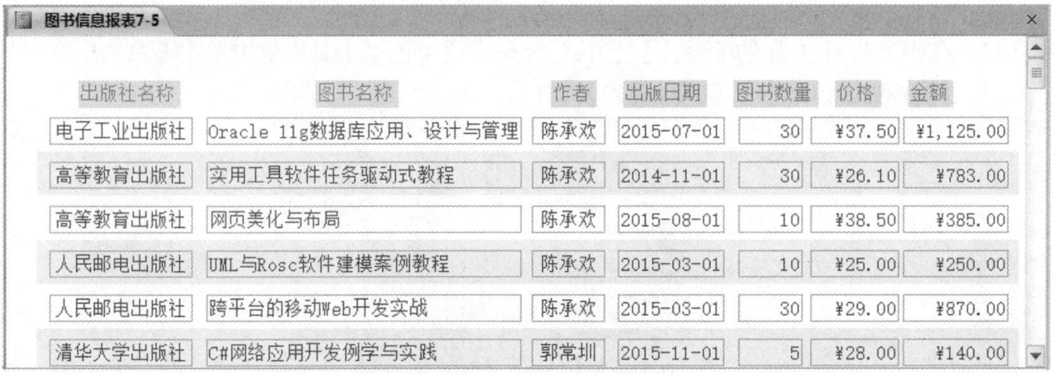

图书信息报表7-5
出版社名称 图书名称 作者 出版日期 图书数量 价格 金额
电子工业出版社 Oracle 11g数据库应用、设计与管理 陈承欢 2015-07-01 30 ¥37.50 ¥1,125.00
高等教育出版社 实用工具软件任务驱动式教程 陈承欢 2014-11-01 30 ¥26.10 ¥783.00
高等教育出版社 网页美化与布局 陈承欢 2015-08-01 10 ¥38.50 ¥385.00
人民邮电出版社 UML与Rosc软件建模案例教程 陈承欢 2015-03-01 10 ¥25.00 ¥250.00
人民邮电出版社 跨平台的移动Web开发实战 陈承欢 2015-03-01 30 ¥29.00 ¥870.00
清华大学出版社 C#网络应用开发例学与实践 郭常圳 2015-11-01 5 ¥28.00 ¥140.00

图 7-58　利用设计视图所创建报表的报表视图效果

（16）添加报表标题。在报表设计视图中，右击鼠标，在弹出的快捷菜单中选择【报表页眉/页脚】命令，如图 7-59 所示，在报表设计视图中便会显示“报表页眉”和“报表页脚”设计区域。

事件生成器(E)...
排序和分组(S)
Tab 键次序(B)...
粘贴(P)
填充/背景色(L)
替补填充/背景色(T)
标尺(R)
网格(R)
工具箱(X)
页面页眉/页脚(A)
报表页眉/页脚(H)
报表属性(R)
属性(P)

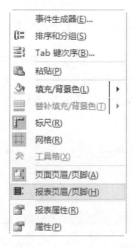

图 7-59　在快捷菜单中选择【报表页眉/页脚】命令

在【报表设计工具】的【设计】上下文命令选项卡的“页眉/页脚”组中单击【标题】按钮 标题，如图 7-60 所示，在报表设计视图的“报表页眉”区域便会添加一个标签控件，在标签中输入报表标题文字“图书信息统计报表”，如图 7-61 所示。

图 7-60 在【报表设计工具】的【设计】选项卡"页眉/页脚"组中单击【标题】按钮

（17）在快速访问工具栏中单击【保存】按钮，保存对报表的修改。

（18）切换到报表的报表视图中，显示效果如图 7-41 所示。

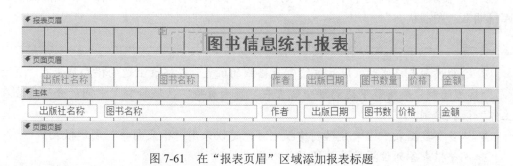

图 7-61 在"报表页眉"区域添加报表标题

【问题 1】：如何基于多表创建报表？

答：基于多表创建报表一般有两种方法。

方法一：使用"报表向导"创建报表，在使用"报表向导"创建报表的第一步中，可以从多个数据表中选择报表中所需的字段。

方法二：首先创建所需的查询，然后再基于该查询创建相应的报表即可。

【问题 2】：使用"报表向导"创建报表时，经常会显示"#错误？"或"#名称？"之类的信息，分析其原因。

答：出现"#错误？"或"#名称？"之类的信息有许多原因，可能是字段名拼写有误、表达式语法错误或者控件的循环引用等，使用"报表向导"创建报表时，也会出现类似的错误，切换到报表的设计视图，发现页码的表达式"="共" & [Pages]　"页，第" & [Page] & "页""有误，缺少一个连接运算符"&"，修改为以下形式 "="共" & [Pages] & "页，第" & [Page] & " 页""，报表中的页码便能正确显示。

【问题 3】：如何在报表中计算并显示百分比？

答：在报表中计算并显示百分比的方法如下。

（1）在设计视图中打开相应的报表，并添加用于计算记录总计或者组总计或者报表总计的文本框。

（2）在适当的节中添加计算百分比的文本框。如果要计算每个项目对组总计或报表总计的百分比，可将文本框添加到"主体"节中；如果要计算每组项目对报表总计的百分比，可将文本框添加到组页眉或组页脚中。

（3）打开该文本框的属性表，在"控件来源"属性框中，输入所需的计算百分比的表达式，然后将文本框的"格式"属性设置为"百分比"即可。

（1）以"图书借阅"为数据源，创建"图书借阅情况"报表，要求包括该数据表中所有字段，且必须绘制表格线。

（2）以"藏书信息"、"图书信息"和"出版社"三个数据表为数据源，创建"藏书信息汇总"报表，要求包括以下字段："图书条形码"、"图书编号"、"图书名称"、"出版社名称"、"入库日期"、"图书状态"。

> **提示**
>
> ① 绘制横向表格线时，应注意绘制表格线的位置，表格最上边的横向线应在"页面页眉"区域绘制，表格最下边的横向线应在"页面页脚"区域绘制，中间的分隔线应在"主体"区域绘制。
>
> ② 从多个数据表中检索数据创建报表时，建议采用"报表向导"创建报表。
>
> ③ 调整报表各列位置的最佳场所是布局视图。
>
> ④ 在报表中插入页码的代码为 "="第" & [Page] & "页，共" & [Pages] & "页""。

本单元介绍了报表的视图与组成、创建报表的多种方法，重点介绍了使用"报表向导"和报表设计视图创建报表的方法。通过实例应用学会采用合适的方法创建报表。

1. 填空题

（1）在 Access 中，报表中的数据源主要有（　　　　　　）、（　　　　　　）和（　　　　　　）。

（2）（　　　　）是数据库的一种对象，是打印输出数据表中数据的一种有效方式。

（3）在 Access 中，不管是使用什么方式创建的报表，都可以在（　　　　　　）中添加或更改其中的控件或格式。

（4）若要设计出带表格线的报表，则需要向报表中添加（　　　　　　）控件来完成表格线的显示。

（5）Access 的报表要实现排序和分组统计操作，应使用【报表设计工具】的【设计】上下文命令选项卡"分组和汇总"组中的（　　　　　　　　）命令。

2. 选择题

（1）报表的数据来源不包括（　　　　　　）。

A. 数据表　　　　　　B. 窗体　　　　　　C. 查询　　　　　　D. SQL 语句

（2）用来显示整份报表的汇总数据是（　　　　　　）。

A. 报表页脚　　　　　B. 主体　　　　　　C. 页面页眉　　　　D. 页面页脚

（3）如果对使用向导生成的报表不满意，可以在（　　　　　　）视图中对其进行进一步的修改和完善。

A. 设计　　　　　　　B. 报表　　　　　　C. 布局　　　　　　D. 标签

（4）报表的视图方式不包括（　　　　　　）。

A. 设计视图　　　　　B. 打印预览视图　　　C. 布局视图　　　D. 数据表视图

（5）如果需要制作一个公司职员的名片，应该使用（　　　　　　）。

A. 图表式报表　　　　B. 标签式报表　　　　C. 主-子报表　　　D. 表格式报表

单元 8
创建与使用 Access 窗体

窗体是用于显示和输入数据的数据库对象，是一种人机交互界面，可以将窗体作为切换面板来打开数据库中的其他窗体和报表，也可以用作定义对话框来接收数据输入。本单元主要介绍常用的窗体创建方法和窗体中数据的操作方法。

教学目标	（1）掌握创建窗体的各种方法，熟练掌握使用向导和窗体设计视图创建窗体的方法
	（2）学会在窗体的设计视图中对窗体进行修改
	（3）了解窗体中添加控件，调整控件位置和尺寸的方法
	（4）掌握窗体中数据的操作方法
教学方法	任务驱动法、分组讨论法、理论实践一体化、探究学习法
课时建议	6 课时

1. 窗体的功能

窗体是程序运行时的窗口，在设计时称其为窗体。在程序运行时，用户通过该窗口实现与系统的交互操作，从而操纵数据库。

窗体是用于显示和输入数据的数据库对象，多数窗体都与数据库中的一个或多个数据表或查询绑定，在窗体中可以显示标题、文本、日期、页码和图形等元素，还可以显示报表中表达式的计算结果。

窗体是用户和数据库之间的交互界面，其作用主要体现在以下 3 个方面。

（1）显示和编辑数据。窗体提供了对数据库中的数据进行操作的基本方法。用户可以通过窗体这个操作界面，对数据进行添加、修改及删除等操作。另外窗体中的信息也可以打印出来。

（2）接受用户的操作请求和显示提示信息。在窗体中，可以接受用户的操作指令，完成相应的操作。例如，对于创建一个自定义对话框，为用户提供多种选项，当需要进行相应操作时，先显示该对话框，然后由用户选择需要的选项，并进行相应的操作。

利用窗体，也可以向用户提供必要的提示信息。例如，当用户进行了错误的操作，窗体可以向用户显示一个警告信息，通知用户当前操作有误。

（3）控制应用程序流程。利用窗体，还可以操纵和控制应用程序的运行，在窗体上放置各种命令按钮控件，通过单击相应的命令按钮，可以进入不同的操作环境，完成相应的操作。

例如，切换面板窗体和主窗体，可实现窗体的层层调用。

2．窗体视图

Access 2010 中为窗体主要提供了 3 种视图：窗体视图、布局视图和设计视图，除此之外还提供了数据表视图、数据透视表视图和数据透视图视图。由于教材篇幅的限制，本单元只介绍窗体的窗体视图、布局视图和设计视图，窗体的数据表视图、数据透视表视图和数据透视图视图的创建方法请读者参考 Access 2010 的帮助信息或其他相关书籍。

（1）窗体视图。窗体的窗体视图是显示记录数据的窗口，主要用于添加或修改数据表中的数据。在导航窗格中"窗体"组双击某个窗体对象，就可以打开该窗体的窗体视图。"图书信息"窗体的窗体视图如图 8-1 所示。

（2）布局视图。窗体的布局视图是用于修改窗体的最直观的视图，窗体布局视图中窗体实际上处于运行状态，所看到的数据显示效果与窗体视图的效果非常相似，同时在布局视图中也能对窗体中的控件进行调整。"图书信息"窗体的布局视图如图 8-2 所示。

图 8-1 "图书信息"窗体的窗体视图 图 8-2 "图书信息"窗体的布局视图

在【开始】选项卡的"视图"组中单击【视图】按钮，在弹出的下拉菜单单击【布局视图】按钮即可切换到窗体的布局视图，如图 8-3 所示。也可以直接在状态栏右下角单击【布局视图】按钮进行切换操作。

（3）设计视图。窗体的设计视图用于创建或修改窗体，在设计视图中可以添加、修改、删除或移动窗体控件，还可以完成输入文本、插入图片、设置窗体元素的样式、编辑页眉和页脚、绑定数据源等操作。"图书信息"窗体的设计视图如图 8-4 所示。

在【开始】选项卡的"视图"组中单击【视图】按钮，在弹出的下拉菜单单击【设计视图】按钮即可切换到窗体的设计视图。也可以直接在状态栏右下角单击【设计视图】按钮进行切换操作。

（4）数据表视图。窗体的数据表视图是以行列二维表格式显示数据表、查询或其他窗体的数据记录，在数据表视图中可以编辑、添加、修改、查找或删除数据。窗体的数据表视图与普通数据表的数据表视图基本相同。"出版社"数据表窗体的数据表视图如图 8-5 所示。

图8-3 切换布局视图的下拉菜单　　　　　　　图8-4 "图书信息"窗体的设计视图

图8-5 "出版社"数据表窗体的数据表视图

在【创建】选项卡的"窗体"组中单击【其他窗体】按钮,在弹出的下拉菜单中单击【数据表】命令即可创建数据表窗体。

(5)数据透视表视图。窗体的数据透视表视图通过指定视图的行字段、列字段和汇总字段来形成新的显示数据记录。数据透视表视图用于查看明细数据或汇总数据,允许在行、列、汇总或明细、筛选4个区域添加字段并进行重排。

在【创建】选项卡的"窗体"组中单击【其他】按钮,在弹出的下拉菜单中选择【数据透视表】命令创建数据透视表窗体。数据透视图表窗体如图8-6所示。

图8-6 按出版社汇总图书数量的数据透视表

（6）数据透视图视图。窗体的数据透视图视图以更直观的图形方式来显示数据。在【创建】选项卡的"窗体"组中单击【数据透视图】按钮创建数据透视图窗体。数据透视图如图 8-7 所示。

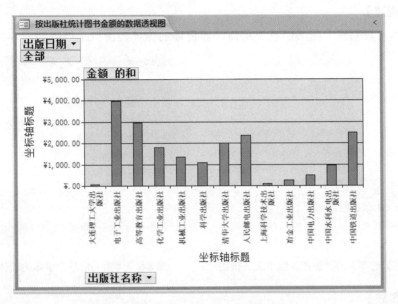

图 8-7　按出版社统计图书金额的数据透视图

数据透视表和数据透视图具有强大的数据分析功能，在创建过程中，用户可以动态地改变窗体的布置版式，以便按照不同方式对数据进行分析。当源数据发生改变时，数据透视表和数据透视图中的数据也将即时更新。

3．创建窗体的方法

创建窗体的方法主要有以下几种。

（1）使用窗体工具创建窗体。

（2）使用分割窗体工具创建分割窗体。

（3）使用空白窗体工具创建窗体。

（4）使用窗体向导和窗体设计视图创建窗体。

8.1　创建窗体

8.1.1　使用窗体工具创建窗体

在导航窗格中选择希望在窗体上显示数据的数据表或查询，在【创建】选项卡的"窗体"组中单击【窗体】按钮即可自动生成窗体，使用这种方法创建窗体时，来自数据源的所有字段都显示在窗体上。【窗体】组的工具按钮如图 8-8 所示。使用窗体工具创建的窗体一次只能显示一条记录。

【任务 8-1】 使用窗体工具创建"图书信息"窗体

【任务描述】

使用窗体工具创建"图书信息"窗体,该窗体的窗体视图显示效果如图 8-9 所示。

图 8-8 【创建】选项卡的"窗体"组中工具按钮 图 8-9 "图书信息"窗体的窗体视图显示效果

【任务实施】

(1)启动 Access 2010,打开数据库"Book8.accdb"。

(2)在导航窗格的"表"列表中选择"图书信息"选项,在【创建】选项卡的"窗体"组中单击【窗体】按钮,生成如图 8-10 所示的窗体。

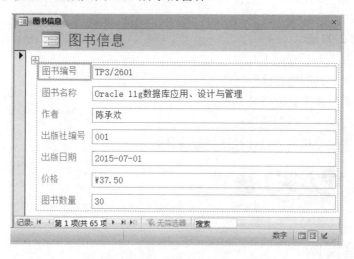

图 8-10 "图书信息"窗体的布局视图

(3)在快速访问工具栏中单击【保存】按钮,打开如图 8-11 所示的【另存为】对话框,在"窗体名称"文本框输入"图书信息窗体 8-1",然后单击【确定】按钮,保存所创建的窗体。

(4)在【开始】选项卡的"视图"组中单击【视图】按钮,在弹出的下拉菜单单击【设计视图】按钮,切换到窗体的设计视图,如图 8-12 示。也可以直接在状态栏右下角单击【设计视图】按钮进行切换操作。

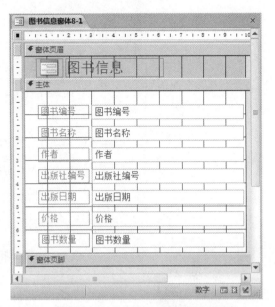

图 8-12 "图书信息"窗体的设计视图

图 8-11 在【另存为】对话框输入窗体名称
"图书信息窗体 8-1"

切换到窗体的设计视图时，功能区会自动出现【窗体布局工具】的【设计】、【排列】和【格式】上下文命令选项卡，如图 8-13 所示。在窗体的设计视图中可以对窗体进行修改，然后在快速访问工具栏中单击【保存】按钮，保存对窗体的修改。

图 8-13 Access 2010 功能区中的【窗体布局工具】上下文命令选项卡

（5）切换到窗体的窗体视图，如图 8-9 所示。

8.1.2 使用分割窗体工具创建分割窗体

Access 2010 的分割窗体可以同时提供数据的两种视图：窗体视图和数据表视图，并且两种视图连接到同一数据源，总是保持相互同步，如果在窗体的一个视图中选择了一个字段，则会在窗体的另一个视图中选择相同的字段。

【任务 8-2】使用分割窗体工具创建"出版社"窗体

 【任务描述】

使用分割窗体工具创建"出版社"窗体，该窗体的窗体视图的显示效果如图 8-14 所示。

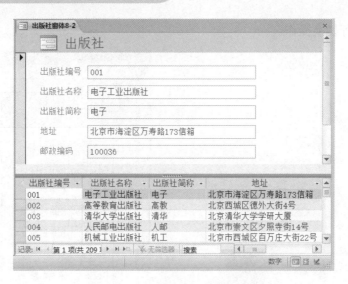

图 8-14 "出版社"窗体的窗体视图

【任务实施】

（1）启动 Access 2010，打开数据库"Book8.accdb"。

（2）在导航窗格的"表"列表中选择"出版社"选项，在【创建】选项卡的"窗体"组中单击【其他窗体】按钮，在弹出的下拉菜单中选择【分割窗体】命令，如图 8-15 所示，生成如图 8-16 所示的窗体。

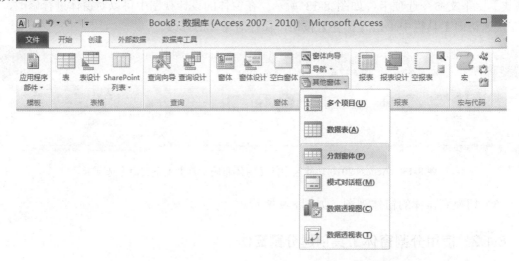

图 8-15 在【其他窗体】的下拉菜单中选择【分割窗体】命令

（3）将该窗体以"出版社窗体 8-2"名称进行保存。

（4）在状态栏右下角单击【设计视图】按钮切换到窗体的设计视图，如图 8-17 所示，在设计视图中可以对窗体进行修改，然后在快速访问工具栏中单击【保存】按钮，保存对窗体的修改。

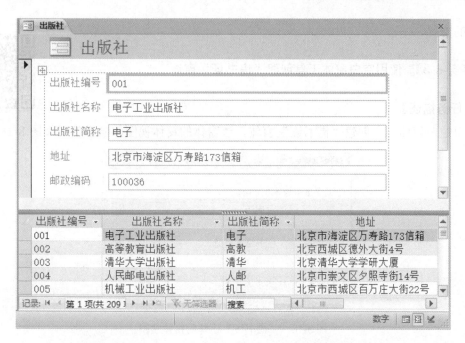

图 8-16　"出版社"窗体的布局视图

图 8-17　"出版社"窗体的设计视图

（5）切换到窗体的窗体视图，如图 8-14 所示。

8.1.3　使用空白窗体工具创建窗体

使用空白窗体工具创建窗体也是一种创建窗体的快捷方法，主要适用于窗体中显示的字段较少的情况。

【任务 8-3】 使用空白窗体工具创建"借书证"窗体

【任务描述】

使用空白窗体工具创建"借书证"窗体，该窗体的窗体视图的显示效果如图 8-18 所示。

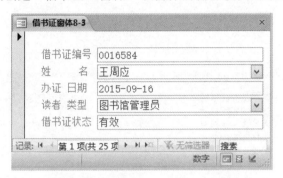

图 8-18 "借书证"窗体的窗体视图

【任务实施】

（1）启动 Access 2010，打开数据库"Book8.accdb"。

（2）在【创建】选项卡的"窗体"组中单击【空白窗体】按钮，此时在布局视图中打开一个空白窗体，如图 8-19 所示，同时显示"字段列表"窗格。

（3）在【字段列表】窗口中单击"借书证"左侧的按钮⊞，展开"借书证"中所有的字段，如图 8-20 所示。

图 8-19 利用【空白窗体】工具创建的空白窗体

图 8-20 【字段列表】窗口

（4）在展开的字段列表中双击"借书证编号"字段，该字段将自动添加到空白窗体中，如图 8-21 所示，同时【字段列表】窗口也发生了变化，如图 8-22 所示。

 提示

如果要一次添加多个字段，可以按住"Ctrl"键的同时单击所需的多个字段，然后将它们同时拖动到窗体中。

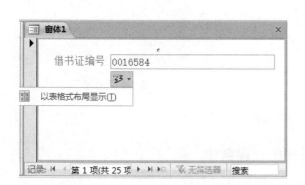

图 8-21　在空白窗体中添加一个字段　　　　图 8-22　添加字段后的【字段列表】窗口

（5）分别将"借书证"窗体中的必要字段添加到窗体中，如图 8-23 所示。

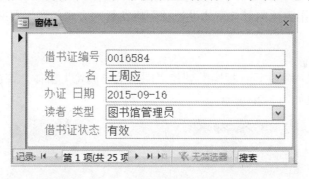

图 8-23　添加多个必要字段后的窗体效果

💡 提 示

　　"借书证"窗体中的"借书证编号"、"办证日期"和"借书证状态"字段内容来自于数据表"借书证"，"姓名"来自于相关表"读者信息"，"读者类型"来自于相关表"读者类型"。

（6）将所创建的窗体以"借书证窗体 8-3"名称进行保存。

（7）在状态栏右下角单击【设计视图】按钮切换到窗体的设计视图，然后鼠标右击窗体区域，在弹出的快捷菜单中选择【网格】选项，取消【网格】选项的选中状态，如图 8-24 所示，从而隐藏窗体设计视图中网络线，如图 8-25 所示。

　　在设计视图中对窗体进行修改，然后在快速访问工具栏中单击【保存】按钮，保存对窗体的修改。

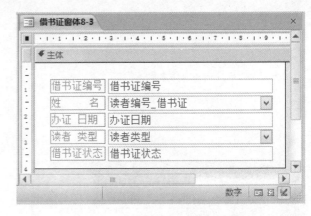

图 8-24　在快捷菜单中选择【网格】选项　　　　　图 8-25　"借书证"窗体的设计视图

（8）切换到窗体的窗体视图，如图 8-18 所示。

8.1.4　使用窗体向导和窗体设计视图创建窗体

使用窗体向导创建窗体可以指定数据的组合和排序方式，还可以使用来自多个数据表或查询中的字段。

【任务 8-4】 使用窗体向导与窗体设计视图相结合的方式创建"图书信息浏览"窗体

【任务描述】

使用"窗体向导＋窗体设计视图"创建"图书信息浏览"窗体，该窗体的窗体视图显示效果如图 8-26 所示。

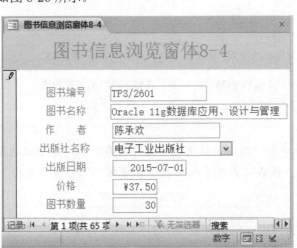

图 8-26　"图书信息浏览"窗体的窗体视图

【任务实施】

1. 使用窗体向导创建一个窗体

（1）启动 Access 2010，打开数据库"Book8.accdb"。

（2）在【创建】选项卡的"窗体"组中单击【窗体向导】按钮，打开【窗体向导】对话框。在"表/查询"下拉列表中选择"表:图书信息"选项，在"可用字段"列表中依次双击字段"图书编号"、"图书名称"和"作者"3 个字段，如图 8-27 所示。

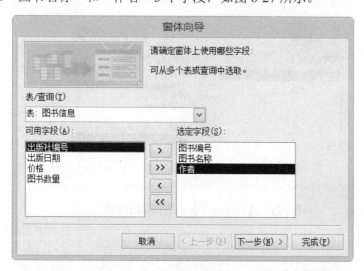

图 8-27　【窗体向导】中选择"图书信息"表中的 3 个字段

然后在"表/查询"下拉列表中选择"表:出版社"选项，在"可用字段"列表中双击字段"出版社名称"，如图 8-28 所示。

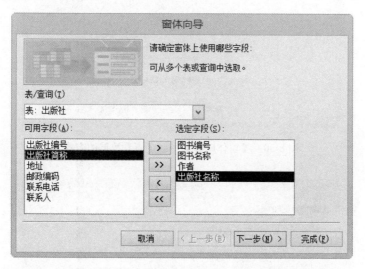

图 8-28　【窗体向导】中选择"出版社"表中的"出版社名称"字段

接着在"表/查询"下拉列表中再一次选择"表:图书信息"选项，在"可用字段"列表中依次双击字段"出版日期"、"价格"和"图书数量"，如图 8-29 所示。

（3）单击【下一步】按钮，切换到下一个对话框，在"请确定查看数据的方式"列表中选择"通过图书信息"选项，如图 8-30 所示。

（4）单击【下一步】按钮，切换到下一个对话框确定窗体使用的布局，这里选择"纵栏表"单选框，如图 8-31 所示。

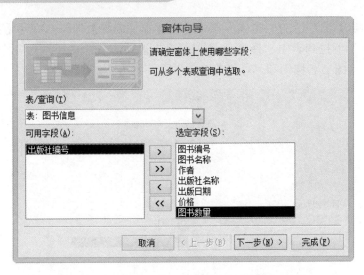

图 8-29 【窗体向导】中选择了所需的全部字段

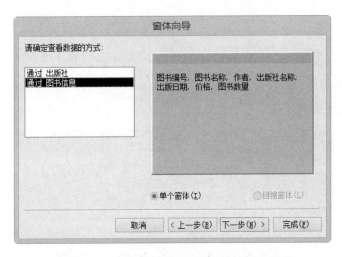

图 8-30 【窗体向导】中确定查看数据的方式

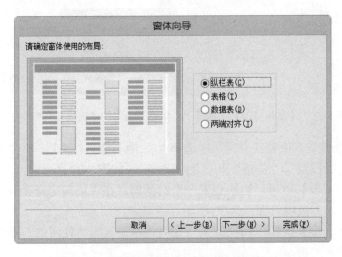

图 8-31 【窗体向导】中确定窗体使用的布局

（5）单击【下一步】按钮，切换到下一个对话框，在"请为窗体指定标题"文本框中输入窗体名称"图书信息浏览窗体 8-4"，保持"打开窗体查看或输入信息"单选框的选中状态不变，如图 8-32 所示。

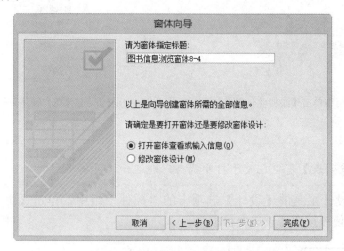

图 8-32　【窗体向导】中为窗体指定标题

（6）单击【完成】按钮，打开创建的窗体，如图 8-33 所示。

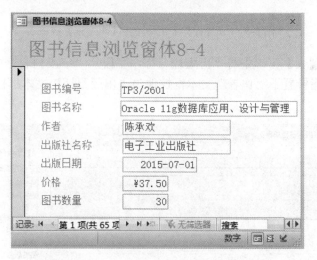

图 8-33　"图书信息浏览"窗体的窗体视图

2. 在窗体的设计视图中对窗体进行修改

（1）切换到窗体的设计视图，选中"出版社名称"文本框，如图 8-34 所示，然后按"Delete"键将其删除。

（2）在窗体设计工具的【设计】选项卡"工具"组中单击【添加现有字段】按钮，如图 8-35 所示，打开"图书信息浏览"窗体对应的【字段列表】窗口，如图 8-36 所示。

图 8-34　在窗体的设计视图中选中"出版社名称"对应的文本框控件

图 8-35　在"工具"组中单击【添加现有字段】按钮　　图 8-36　　"图书信息浏览"窗体对应的【字段列表】窗口

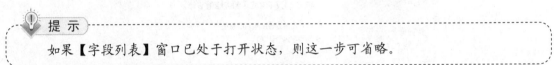

提　示

　　如果【字段列表】窗口已处于打开状态，则这一步可省略。

　　（3）在窗体设计工具的【设计】选项卡的"控件"组中，单击【组合框】按钮，如图 8-37 所示，使该按钮处于选中状态。

图 8-37　在【控件】组中单击【组合框】按钮

　　然后从【字段列表】窗口中将"出版社名称"字段从"字段列表"窗格中拖动到窗体的设计视图中，鼠标指针置于"作者"文本框控件与"出版日期"文本框控件之间，如图 8-38 所示。

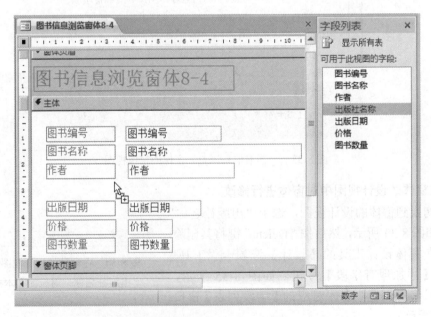

图 8-38　在窗体的设计视图中拖动添加字段

然后松开鼠标左键，此时会自动弹出【组合框向导】对话框，在该向导第一个对话框中选择"使用组合框获取其他表或查询中的值"单选框，如图 8-39 所示。这个选项表示组合框下拉列表中的选项是来自于已有的数据表中的数据。

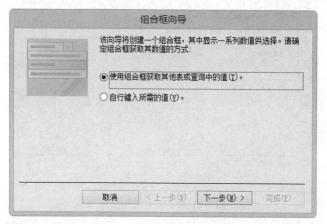

图 8-39   选择"使用组合框获取其他表或查询中的值"单选框

单击【下一步】按钮，在下一个对话框选择为组合框提供数值的表或查询，这里选择"表：出版社"，视图选择"表"单选框，如图 8-40 所示。

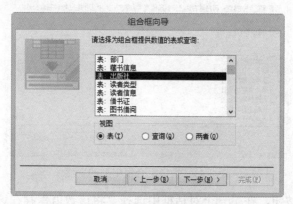

图 8-40   选择为组合框提供数值的表或查询

单击【下一步】按钮，在下一个对话框中选择包含到组合框中的字段，这里选择"出版社名称"，如图 8-41 所示。

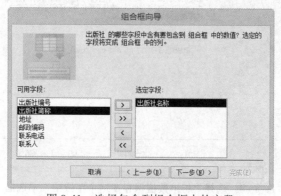

图 8-41   选择包含到组合框中的字段

单击【下一步】按钮，在下一个对话框中选择排序字段和排序方式，这里选择"出版社编号"和"升序"，如图8-42所示。

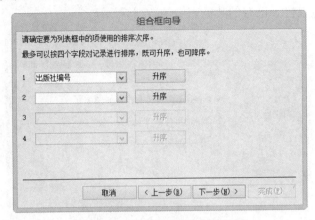

图8-42　选择排序字段和排序方式

单击【下一步】按钮，在下一个对话框中指定组合框中列的宽度，如图8-43所示。

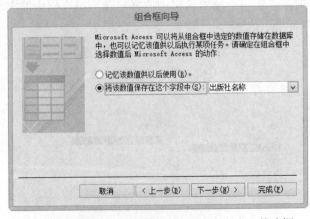

图8-43　指定组合框中列的宽度

单击【下一步】按钮，在下一个对话框中选择"将该数值保存在这个字段中"单选框，同时在列表框中选择"出版社名称"选项，如图8-44所示。

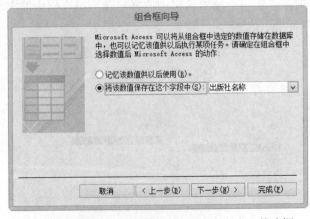

图8-44　选择"将该数值保存在这个字段中"单选框

单击【下一步】按钮，在下一个对话框中为组合框指定标签名称，在文本框中输入"出版社名称"，如图 8-45 所示。

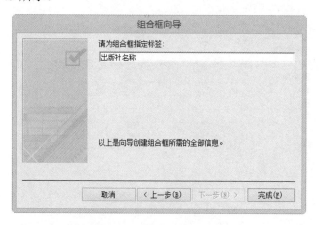

图 8-45　为组合框指定标签名称

最后，单击【完成】按钮，此时一个组合框控件便插入到"作者"文本框与"出版日期"文本框之间，如图 8-46 所示。

（4）在该窗体的设计视图中，单击"出版社名称"组合框，然后在【窗体设计工具】的【设计】选项卡的"工具"组单击【属性表】按钮，如图 8-47 所示。

图 8-46　窗体中添加组合框控件　　　　图 8-47　在【窗体设计工具】的【设计】选项卡的
　　　　　　　　　　　　　　　　　　　　　　"工具"组中的单击【属性表】按钮

打开【属性表】窗口，在【属性表】窗口中，单击【数据】选项卡，切换到【数据】选项卡，在"行来源"一行的文本框中可以看到如下的 SQL 语句："SELECT 出版社.出版社编号，出版社.出版社名称 FROM 出版社 ORDER BY 出版社.出版社编号;"，如图 8-48 所示。

（5）在快速访问工具栏中单击【保存】按钮，保存对窗体的修改。

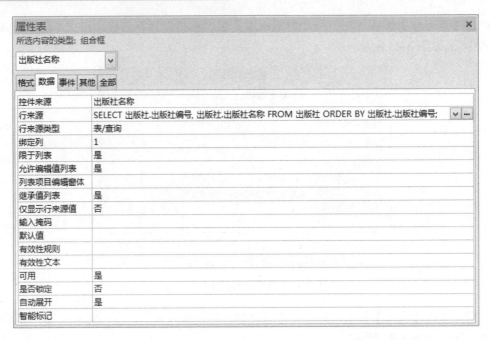

图8-48　在【属性表】窗口的"行来源"文本框中查看SQL语句

（6）切换到该窗体的窗体视图中，单击"出版社名称"组合框右侧的▼按钮，打开组合框的列表项，选择相应的"出版社名称"如图8-49所示。

（7）在该窗体的设计视图中选择"出版日期"文本框，打开该控件的【属性表】窗口，在"格式"下拉列表中选择"短日期"选项，如图8-50所示。

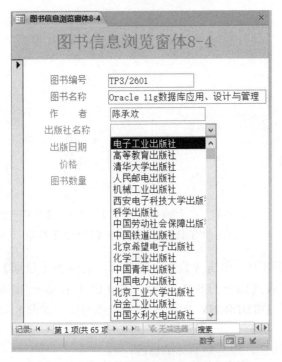

图8-49　在"图书信息浏览"窗体中选择
"出版社名称"

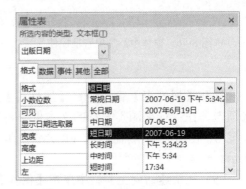

图8-50　在【属性表】窗口中设置
"出版日期"的格式

（8）在该窗体的设计视图中选择所有的标签控件，设置标签控件的文本居中，并调整文本位置。

（9）在快速访问工具栏中单击【保存】按钮，保存对该窗体的修改。

（10）切换到窗体的窗体视图，如图 8-26 所示。

8.2　窗体中数据的操作

在 Access 2010 的窗体中可以查看、筛选数据表中的数据，也可以对数据表进行添加、修改与删除记录数据等操作，对窗体中数据的操作通常在窗体的窗体视图中进行。

【任务 8-5】　在图书信息窗体中操作数据

【任务描述】

（1）在"图书信息浏览窗体 8-4"中查看数据。

（2）在"图书信息浏览窗体 8-4"中添加记录。

（3）在"图书信息浏览窗体 8-4"中修改数据。

（4）在"图书信息浏览窗体 8-4"中删除数据。

【任务实施】

1．查看数据

在窗体的窗体视图和布局视图中，窗体的最下面有一排导航按钮（即记录导航栏），利用这些导航按钮可以方便快捷地定位于某条记录、查看该记录的数据，导航按钮的功能如图 8-51 所示。

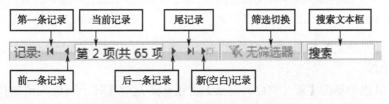

图 8-51　记录导航栏及导航按钮的功能

在 Access 2010 导航窗格中，双击"窗体"列表中的"图书信息浏览窗体 8-4"选项，打开该窗体的窗体视图，以下操作都是在该窗体的窗体视图中进行的。

（1）在窗体视图的导航栏的【当前记录】文本框中输入"5"，然后按"Enter"键，定位到记录序号为"5"的记录，如图 8-52 所示。

（2）单击【上一条记录】按钮◀，定位到上一条记录，如图 8-53 所示。

（3）单击【下一条记录】按钮▶，定位到下一条记录，如图 8-54 所示。

 提示

这里定位到下一条记录是相对第 5 条记录而言的。

（4）单击【第一条记录】按钮◀◀，定位到第一条记录，如图 8-55 所示。

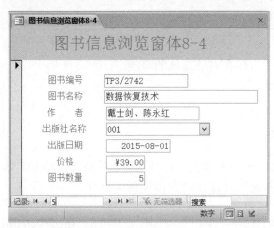

图 8-52　查看数据源中记录序号为"5"的记录

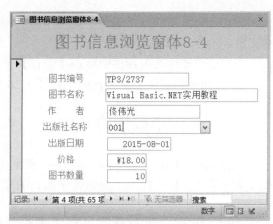

图 8-53　查看数据源中当前记录的上一条记录

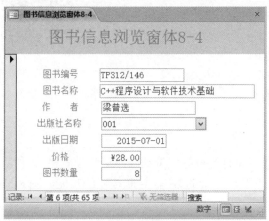

图 8-54　查看数据源中当前记录的下一条记录

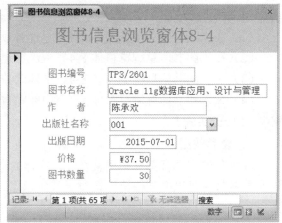

图 8-55　查看数据源中第一条记录

（5）单击【尾记录】按钮 ，定位到最后一条记录，如图 8-56 所示。

2．添加记录

在记录导航栏中单击【新（空白）记录】按钮 ，这时窗体上可输入值的控件变成空白，如图 8-57 所示，然后在各控件输入数据，且保存所输入的数据即可。

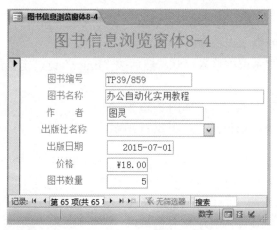

图 8-56　查看数据源中最后一条记录

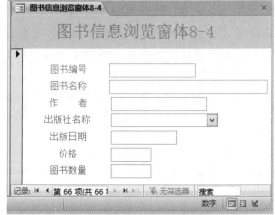

图 8-57　在数据源中添加一条新记录

3．修改数据

在窗体中修改数据比较简单，先通过记录导航栏定位到某一条需要修改数据的记录，然后直接在窗体修改数据即可。在窗体的窗体视图中，对数据的任何修改，都会直接反映到后台的数据表或查询中，为了保存数据的正确性，不要在窗体中随意修改数据。如果某些数据非常重要，应限制这些数据用户无法修改。

限制某些字段的数据不能修改的方法是：先切换到窗体的设计视图，在设计视图中选择控件，打开该控件的【属性表】窗口，然后在【数据】选项卡的"是否锁定"下拉列表中选择【是】选项，如图 8-58 所示。图中将"图书编号"文本框锁定后，若试图在窗体中修改该控件中的数据时，发现无法进行任何修改。

图 8-58　在【属性表】窗口设置控件的"是否锁定"属性

4．删除数据

在窗体中删除数据是不能恢复的，删除记录时应慎重，以免误删除有用的数据。删除数据时先通过记录导航栏定位到需要删除的记录，然后在【开始】选项卡中的"记录"组中单击【删除】按钮，在弹出的下拉菜单中选择【删除记录】选项即可，如图 8-59 所示。

图 8-59　【开始】选项卡中"记录"组中的【删除】按钮及其下拉菜单

【任务 8-6】 在图书信息数据表窗体中进行记录的排序

 【任务描述】

（1）创建"图书信息数据表窗体 8-6"。

（2）在"图书信息数据表窗体 8-6"中进行记录的排序。

【任务实施】

（1）启动 Access 2010，打开数据库"Book8.accdb"。

（2）在导航窗格的"表"列表中选择"图书信息"选项，在【创建】选项卡的"窗体"组中单击【其他窗体】按钮，在弹出的下拉菜单中选择【数据表】命令即可创建数据表窗体。

（3）在快速访问工具栏中单击【保存】按钮，打开【另存为】对话框，在"窗体名称"文本框输入窗体名称"图书信息数据表窗体 8-6"，然后单击【确定】按钮，保存所创建的窗体，其数据表视图如图 8-60 所示。

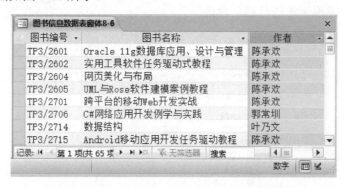

图 8-60　"图书信息数据表窗体 8-6"的数据表视图

（4）在窗体中也可以对记录进行排序，首先选择用于排序的字段，然后在【开始】选项卡的"排序与筛选"组单击【升序】按钮 或【降序】按钮 即可进行排序操作，如图 8-61 所示。如果需要取消排序操作，则单击【清除所有的排序】按钮 即可。

在"图书信息数据表窗体 8-6"的数据表视图中，选择"图书编号"字段，然后在"排序与筛选"组中单击【降序】按钮 ，即图书信息记录按"图书编号"的降序排列，排序结果如图 8-62 所示。

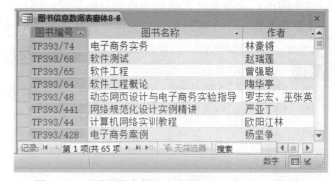

图 8-61　【开始】选项卡的【排序
与筛选】组中的工具按钮

图 8-62　"图书信息数据表窗体 8-6"中的记录数据
按"图书编号"的降序排列结果

【任务 8-7】 在图书信息数据表窗体中筛选出符合条件的记录

在窗体中也可以实现对数据表或查询中的数据进行筛选操作。

【任务描述】

在"图书信息数据表窗体 8-6"中筛选出"作者"为"陈承欢"的记录。

【任务实施】

（1）打开"图书信息数据表窗体 8-6"。

（2）使用记录导航栏，定位到作者为"陈承欢"的任意一条记录，并将光标置于"作者"对应文本框中。

（3）在【开始】选项卡的"排序与筛选"组中单击【选择】按钮，在弹出的下拉菜单中单击  按钮，如图 8-63 所示。

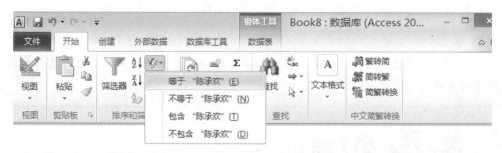

图 8-63　【开始】选项卡的"排序与筛选"组中的【选择】按钮及其下拉菜单

在记录导航栏中【当前记录】文本框中显示"第 1 项(共 6 项)"的筛选结果，并将当前记录定位到所找到记录的第 1 条上，同时【筛选切换】按钮自动显示"已筛选"的文字，如图 8-64 所示。单击该【已筛选】按钮则可以取消筛选，窗体中显示数据源的全部记录。

图书信息数据表窗体8-6		✕
图书编号 ▾	图书名称 ▾	作者
TP3/2601	Oracle 11g数据库应用、设计与管理	陈承欢
TP3/2602	实用工具软件任务驱动式教程	陈承欢
TP3/2604	网页美化与布局	陈承欢
TP3/2605	UML与Rose软件建模案例教程	陈承欢
TP3/2701	跨平台的移动Web开发实战	陈承欢
TP3/2715	Android移动应用开发任务驱动教程	陈承欢

记录: ◄ ◄ 第 1 项(共 6 项) ► ► ▼ 已筛选　搜索

图 8-64　图书信息数据表窗体 8-6 中的筛选结果

疑难解析

【问题 1】：分割窗体与包含数据表的窗体之间有何区别？

答：包含数据表的窗体可以显示来自不同（但通常相关）数据源的数据。而分割窗体则不同，它包含两部分（一个窗体和一个数据表），但这两部分显示相同的数据。这两个部分可以相互跟踪并同时为用户提供数据的两种不同视图。

【问题 2】：如何在窗体中设置计算控件？

答：在窗体中，也会用到计算控件。例如，计算并显示"图书数量"与"价格"的乘积即

"金额"数据，就需要使用计算控件，这里以常用的文本框为例说明如何在窗体中设置计算控件。

（1）打开窗体且切换到设计视图，从【窗体设计工具】的【设计】上下文命令选项卡的"控件"组中选取文本框按钮，并将它放置在窗体上。

（2）在文本框中输入表达式，也可以使用表达式生成器来创建表达式。

（1）在"Book8.accdb"数据库中创建"图书借阅"窗体。

（2）使用分割窗体工具创建"图书信息管理"窗体。

> 💡 提 示
>
> 　　创建窗体的最佳方法是先使用"窗体向导"创建一个初始窗体，然后在窗体的设计视图中对窗体进行修改。

本单元介绍了创建窗体的多种方法，重点介绍了使用窗体向导和窗体设计视图创建窗体的方法，同时也介绍了窗体中数据操作的方法。

1．填空题

（1）在 Access 2010 中，窗体具有 6 种类型的视图，分别是（　　　　　　）、（　　　　　　）、（　　　　　　）和数据表视图、数据透视表视图、数据透视图视图。

（2）最基本的窗体应包含（　　　　　　），但是复杂窗体一般还会包含（　　　　　　）、（　　　　　　）、窗体页眉和窗体页脚。

（3）（　　　　　　　　　）用于查看明细数据或汇总数据，允许在行、列、汇总或明细、筛选 4 个区域添加字段并进行重排。

（4）窗体的数据来源有（　　　　　　）、（　　　　　　）和 SQL 语句。

（5）只有建立了（　　　　　　），才能建立相应的主/子窗体。

2．选择题

（1）在窗体设计视图中，必须包含的部分是（　　　）。

A．主体　　　　　　　　　　　B．窗体页眉和窗体页脚

C．页面页眉和页面页脚　　　　D．以上三项都是

（2）记录数据放在窗体的（　　　）节。

A．窗体页眉和页脚　　　　　　B．页面页眉和页脚

C．主体　　　　　　　　　　　D．组页眉和页脚

（3）如果想要改变窗体内控件的位置和大小，那么应该打开窗体（　　　）视图。

A．窗体　　　　B．数据表　　　　C．设计　　　　D．布局

（4）打开窗体后，通过【开始】选项卡的"视图"组中的【视图】按钮可以切换的视图不包括（　　）。

A．窗体视图　　　B．布局视图　　　C．设计视图　　　D．SQL 视图

（5）在窗体的 5 个主要组成部分中，用于在窗体每页的底部显示页汇总、日期或页码的是（　　）。

A．窗体页眉　　　B．窗体页脚　　　C．页面页眉　　　D．页面页脚

单元 **9**

分析与设计 Access 数据库

前面各单元涉及了许多数据库方面的术语，如数据库应用系统、数据库管理系统、数据库、数据表、二维表、主键、主表、关系表、记录与字段等，本单元将逐一进行介绍，从而达到了解数据库的基本原理和熟悉数据库设计方法的目的。

在数据库应用系统的开发过程中，数据库设计是基础。数据库设计是指对于一个给定的应用环境，构造最优的数据模式，建立数据库，有效存储数据，满足用户的数据处理要求。针对一个具体的应用系统，要保证构造一个满足用户数据处理需求、冗余数据较少、能够符合第三范式的数据库，应该按照用户需求分析、概念结构设计、逻辑结构设计、物理结构设计、设计优化等步骤进行数据库的设计。

教学目标	（1）识记数据库系统的基本概念，了解数据库系统、数据库管理系统和数据库之间的关系，了解数据的完整性约束和关系数据库的范式。
	（2）了解数据库设计的基本原则与设计步骤。
	（3）学会数据库设计的需求分析
	（4）学会数据库的概念结构设计、逻辑结构设计和物理结构设计
教学方法	任务驱动法、分组讨论法、理论实践一体化、探究学习法
课时建议	4 课时

首先我们剖析一下图书馆管理图书的图书管理系统。如今，图书馆中图书的征订、入库、借阅等操作都是借助图书管理系统来完成，图书管理员只是该系统的使用者。图书管理系统通常包括一台或多台服务器，分布在不同工作场所的电脑，这些电脑各司其职，有的完成图书征订工作，有的完成图书入库工作，有的完成图书借阅工作。服务器中通常安装了操作系统、数据库管理系统（如 Access、SQL Server、Oracle、Sybase 等）及其他所需要的软件，图书管理系统的数据库通常也安装在服务器中，图书借阅时，工作电脑屏幕上所显示的数据便是来服务器中的数据库，图书借阅数据也要保存到该数据库中。图书数据库中通常包括多张数据表等对象，如"图书信息"、"图书类型"、"出版社"、"读者"、"借书证"、"图书借阅"等数据表，"图书信息"数据表中存储与图书有关的数据，"图书类型"数据表中存储与图书的类型有关的数据，"出版社"数据表中存储与出版社有关的数据。

图书管理数据库中存储着若干张数据表，查询图书信息时，通过图书管理系统的用户界面输入查询条件，图书管理系统将查询条件转换为查询语句，再传递给数据库管理系统，然后由数据库管理系统执行查询语句，查到所需的图书信息，并将查询结果返回给图书管理系统，并在屏幕上显示出来。图书借阅时，首先通过用户界面指定图书编号、借书证编号、借书日期等数据，然后图书管理系统将指定的数据转换为插入语句，并将该语句传送给数据库管理系统，数据库管理系统执行插入语句并将数据存储到数据库中对应的数据表中，完成一次图书借阅操作。这个工作过程如图 9-1 所示。

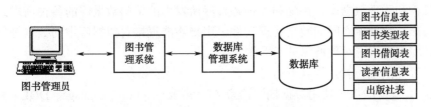

图 9-1   图书管理系统的工作过程示意图

根据以上分析可知，图书管理系统主要涉及图书管理员、图书管理系统、数据库管理系统、数据库、数据表和数据等对象，如图 9-1 所示。在数据库应用系统中也经常用到数据库系统、数据库管理系统、数据库和数据等术语，本单元将重点介绍这些概念。

1. 数据、信息和数据处理

（1）数据和信息。在人们的日常生活中，经常提及数据（Data），数据是信息系统的基本概念和数据库应用系统要处理的基本对象之一。数据是对客观事物进行观察或观测后记载下来的一组可识别的符号，数据包括可以用来计算的数值型数据，也包括非数值数据，如英文字母、汉字、图像和声音等。

信息（Information）不是一般的数据，而是经过加工、处理的数据，信息与数据是信息系统中两个最基本的概念，它们既相互联系，又相互区别。首先，数据是构成信息的原材料，是记录下来可以鉴别的符号，而信息是经过加工的数据，这种数据对接收者的行为有现实或潜在的影响，对接收者的决策具有价值。其次，数据与信息有时是相对的，一种数据经加工后成为下级部门或管理人员决策时采用的信息，而对于上一级部门或高层管理人员来说又可能是数据。

（2）数据处理。数据处理是指对数据进行收集、存储、分类、排序、查询、维护（录入、修改和删除）、统计和传输等一系列活动的总称，是将数据转换为信息的过程。目的是获得人们所需要的数据并提取有用的信息，作为人们进行决策的依据。数据经过加工、处理后即可得到有用的信息。

数据、信息与数据处理的关系如图 9-2 所示。

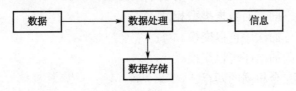

图 9-2   数据、信息与数据处理

2. 数据库系统、数据库管理系统和数据库

（1）数据库系统（DataBase System，DBS）。数据库系统是指应用了数据库技术的计算机应用系统，数据库系统通常包括数据库管理系统、数据库、硬件、管理和使用数据库系统的各类人员四个组成部分，其中管理和使用数据库系统的各类人员，包括负责建立、维护、管理和控制数据库系统的数据库管理员（DataBase Administrator，DBA）以及具体使用数据库应用系统的操作人员等。

（2）数据库管理系统（DataBase Management System，DBMS）。数据库管理系统是管理数据库的软件，由一个互相关联的数据集合和一组访问这些数据的程序所组成，其主要任务是建立、维护和管理数据库，接受和处理各程序所发出的访问数据库的各种请求。数据库管理系统是用户与数据库之间的数据管理软件，用户不能直接对数据库中的数据进行操作，而是通过数据库管理系统对数据库进行操作。

数据库管理系统一般具有以下功能。

① 数据定义：DBMS 使用数据描述语言（Data Description Language，DDL）来定义数据库的结构和数据之间的联系等。

② 数据操纵：DBMS 使用数据操纵语言（Data Manipulation Language，DML）来完成对数据库的各种操作，实现数据的检索、插入、修改、删除和统计等操作。

③ 数据控制：包括数据库的安全性控制、数据的完整性控制和多用户环境中的并发控制等。

Access、SQL Server、Oracle、Sybase、DB2 等软件都属于数据库管理系统，通常所说的数据库系统一般都安装这些软件的一种或几种，数据库应用系统一般是指利用这些数据库管理系统作为数据管理工具，对这些软件所管理的数据进行访问。

（3）数据库（DataBase，DB）。通俗地说，数据库就是存储数据的仓库。例如，前面单元中所创建的数据库中存储了大量数据，这些数据按照规则有序地进行存储，并且数据与数据之间有着相互的联系。

数据库是以一定组织方式存储在一起的、能为多个用户使用的、与具体的应用程序无关的相关数据的集合。

3．关系数据库

关系模型是用二维表格的形式来表示实体与实体之间联系的数据模型。关系模型的数据结构是一个由行和列组成的二维表格，每个二维表称为关系，每个二维表都有一个名字，如"图书信息"、"出版社"等。目前大多数数据库管理系统所管理的数据库都是关系型数据库，Access 数据库就是关系型数据库。

例如，表 9-1 所示的"图书信息"数据表和表 9-2 所示"出版社"数据表就是两张二维表，分别描述"图书"实体对象和"出版社"实体对象，这些二维表具有以下特点。

● 表格中的每一列都是不能再细分的基本数据项。
● 每一列的名字不同，而数据类型相同。
● 表格中任意两行的次序可以交换。
● 表格中任意两列的次序可以交换。．
● 表格中不存在完全相同的两行。

另外"图书信息"数据表和"出版社"数据表有一个共同字段，即"出版社编号"，这两个数据表可以通过该字段建立关联。

表 9-1 "图书信息"数据表及其存储的部分数据

图书编号	图书名称	作者	出版社编号	出版日期	价格	图书数量
TP3/2601	Oracle 11g 数据库应用、设计与管理	陈承欢	001	2015/7/1	￥37.5	30
TP3/2602	实用工具软件任务驱动式教程	陈承欢	002	2014/11/1	￥26.1	30
TP3/2604	网页美化与布局	陈承欢	004	2015/8/1	￥38.5	10
TP3/2701	企业级数据库开发	向传杰	001	2015-1-4	￥18.0	30

表 9-2 "出版社"数据表中的部分记录数据

出版社编号	出版社名称	出版社简称	地址	邮政编码
001	电子工业出版社	电子	北京市海淀区万寿路 173 信箱	100036
002	高等教育出版社	高教	北京西城区德外大街 4 号	100011
003	清华大学出版社	清华	北京清华大学学研大厦	100084
004	人民邮电出版社	人邮	北京市崇文区夕照寺街 14 号	100061
005	机械工业出版社	机工	北京市西城区百万庄大街 22 号	100037

4．关系模型

关系模型是一种以二维的形式表示实体数据和实体之间联系的数据模型，关系模型的数据结构是二维表，一张二维表称为一个关系。实体是指客观存在并可相互区别的事物，可以是实际事物，也可以是抽象事件。例如，"图书"、"出版社"都属于实体。同一类实体的集合称为实体集。

5．关系

关系是一种规范化了的二维表格中行的集合，一个关系就是一张二维表，表 9-1 和表 9-2 就是两个关系。经常将关系简称为表。

6．元组

二维表中的一行称为一个元组，元组也称为记录或行。一个二维表由多行组成，表中不允许出现重复的元组。例如，表 9-1 中有 4 行（不包括第一行），即 4 条记录。

7．属性

二维表中的一列称为一个属性，属性也称为字段或数据项或列。例如，表 9-1 中有 7 列，即 7 个字段，分别为图书编号、图书名称、作者、出版社编号、出版日期、价格和图书数量。属性值是指属性的取值，每个属性的取值范围称为值域。例如，性别的取值范围是"男"或"女"。

8．候选关键字

候选关键字（Alternate Key，AK）也称为候选码，它是能够唯一确定一个元组的属性或属性的组合。一个关系可能会存在多个候选关键字。例如，表 9-1 中"图书编号"属性能唯一地确定表中的每一行，是"图书信息"表的候选关键字，其他属性都有可能会出现重复的值，不能作为该表的候选关键字，因为它们的值不以唯一。表 9-2 中"出版社编号"、"出版社名称"和"出版社简称"都可以作为"出版社"表的候选关键字。

9．主关键字

主关键字（Primary Key，PK）也称为主键或主码。在一个表中可能存在多个候选关键字，选定其中的一个用来唯一标识表中的每一行，将其称为主关键字或主键。例如，表 9-1 中只有一个候选关键字"图书编号"，所以理所当然地选择"图书编号"作为主关键字，而表 9-2 中有三个候选关键字，三个候选关键字都可以作为主关键字，如果选择"出版社编号"作为唯一标识表中每一行的属性，那么"出版社编号"就是"出版社"表的主关键字，如果选择"出版社名称"作为唯一标识表中每一行的属性，那么"出版社名称"就是"出版社"表的主关键字。

一般情况下，应选择属性值简单、长度较短、便于比较的属性作为表的主关键字。对于"出版社"表中的三个候选关键字，从属性值的长度来看，"出版社编号"和"出版社简称"两个属性的值都比较短，从这个角度来看，这两个候选关键字都可以作为主关键字，但是由于"出版社编号"是纯数字，效率比较高，所以选择"出版社编号"作为"出版社"表的主关键字更合适。

10．外关键字

外关键字（Foreign Key，FK）也称为外键或外码。外关键字是指关系中的某个属性（或属性组合），它虽然不是本关系的主键或只是主键的一部分，却是另一个关系的主键，该属性称为本表的外键。例如，"图书信息"表和"出版社"表有一个相同的属性，即"出版社编号"，对于"出版社"表来说这个属性是主关键字，而在"图书信息"表中这个属性不是主关键字，所以"图书信息"表中的"出版社编号"是一个外关键字。

11．域

域是属性值的取值范围。例如，"性别"的域为"男"或"女"，"课程成绩"的取值可以为"0～100"或者为"A、B、C、D"之类的等级。

12．关系模式

关系模式是对关系的描述，包括模式名、属性名、值域、模式的主键等。一般形式为：模式名（属性名 1，属性 2，……，属性 n）。例如，表 9-1 所表示的关系的关系模式为：图书信息（图书编号，图书名称，作者，出版社编号，出版日期，价格，图书数量）。

13．主表与从表

主表和从表是以外键相关联的两个表。以外键作为主键的表称为主表，也称为父表，外键所在的表称为从表，也称为子表或相关表。例如，"出版社"和"图书信息"这两个以外键"出版社编号"相关联的表，"出版社"表称为主表，"图书信息"表称为从表。

14．关系数据库的规范化与范式

任何一个数据库应用系统都要处理大量的数据，如何以最优的方式组织这些数据，形成以规范化形式存储的数据库，是数据库应用系统开发中一个重要问题。

由于应用和需要，一个已投入运行的数据库，在实际应用中不断地变化着。当对原有数据库进行修改、插入、删除时，应尽量减少对原有数据结构的修改，从而减少对应用程序的影响。所以设计数据存储结构时要用规范化的方法设计，以提高数据的完整性、一致性、可修改性。规范化理论是设计关系数据库的重要理论基础，在此简单介绍一下关系数据库的规范化与范式，范式表示的是关系模式的规范化程度。

当一个关系中的所有字段都是不可分割的数据项时，则称该关系是规范的。如果表中有的属性是复合属性，由多个数据项组合而成，则可以进一步分割，或者表中包含有多值数据项时，则该表称为不规范的表。关系规范化的目的是为了减少数据冗余，消除数据存储异常，以保证关系的完整性，提高存储效率。用"范式"来衡量一个关系的规范化的程度，用"NF"

表示范式。

（1）第一范式（1NF）。若在一个关系中，每一个属性不可分解，且不存在重复的元组、属性，则称该关系属于第一范式。例如，表 9-3 "图书"满足上述条件，属于第一范式。

表 9-3   符合第一范式的"图书"关系及其存储的部分数据

图书编号	图书名称	作者	价格	出版社名称	出版社简称	邮政编码
TP3/2601	Oracle 11g 数据库应用、设计与管理	陈承欢	37.5	电子工业出版社	电子	100036
TP3/2602	实用工具软件任务驱动式教程	陈承欢	26.1	高等教育出版社	高教	100011
TP3/2604	网页美化与布局	陈承欢	38.5	人民邮电出版社	人邮	100061
TP3/2701	企业级数据库开发	向传杰	18.0	电子工业出版社	电子	100036

很显然，上述图书关系中，同一个出版社出版的图书，其出版社名称、出版社简称和邮政编码是相同的，这样就会出现许多重复的数据。如果某一个出版社的"邮政编码"改变了，那么该出版社所出版的所有图书的对应记录的"邮政编码"都要进行更改。

满足第一范式的要求是关系数据库最基本的要求，它确保关系中的每个属性都是单值属性，即不是复合属性，但可能存在部分函数依赖，不能排除数据冗余（出版重复的数据）和潜在的数据更新异常问题。所谓函数依赖是指一个数据表中，属性 B 的取值依赖于属性 A 的取值，则属性 B 函数依赖于属性 A，如"出版社简称"函数依赖于"出版社名称"。

（2）第二范式（2NF）。一个关系满足第一范式，且所有的非主属性都完全地依于主关键字，则这种关系属于第二范式。对于满足第二范式的关系，如果给定一个主关键字的值，则可以在这个数据表中唯一确定一条记录。

满足第二范式的关系消除了非主属性对主关键字的部分函数依赖，但可能存在传递函数依赖，可能存在数据冗余和潜在的数据更新异常问题。所谓传递依赖是指一个数据表中的 A、B、C 三个属性，如果 C 函数依赖于 B，B 又函数依赖于 A，那么 C 函数也依赖于 A，称 C 传递依赖于 A。在表 9-3 中，存在"出版社名称"函数依赖于"图书编号"，"邮政编码"函数依赖于"出版社名称"这样的传递函数依赖，也就是说"图书编号"不能直接决定非主属性"邮政编码"。要使关系模式中不存在传递依赖，可以将该关系模式分解为第三范式。

（3）第三范式（3NF）。一个关系满足第一范式和第二范式，且每个非主属性彼此独立，不传递依赖于任何主关键字，则这种关系属于第三范式。从第二范式中消除传递依赖，便是第三范式。将表 9-3 分解为两个表，分别为表 9-4 "图书信息"表和表 9-5 "出版社"表，分解后的两个表都符合第三范式。

表 9-4   "图书信息"表

图书编号	图书名称	作者	价格	出版社名称
TP3/2601	Oracle 11g 数据库应用、设计与管理	陈承欢	37.5	电子工业出版社
TP3/2602	实用工具软件任务驱动式教程	陈承欢	26.1	高等教育出版社
TP3/2604	网页美化与布局	陈承欢	38.5	人民邮电出版社
TP3/2701	企业级数据库开发	向传杰	18.0	电子工业出版社

表 9-5　"出版社"表

出版社名称	出版社简称	邮政编码
电子工业出版社	电子	100036
高等教育出版社	高教	100011
人民邮电出版社	人邮	100061
电子工业出版社	电子	100036

　　第三范式有效地减少了数据的冗余，节约了存储空间，提高了数据组织的逻辑性、完整性、一致性和安全性，提高了访问及修改的效率。但是对于比较复杂的查询，多个数据表之间存在关联，查询时要进行连接运算，响应速度较慢，这种情况下为了提高数据的查询速度，允许保留一定的数据冗余，可以不满足第三范式的要求，设计成满足第二范式也是可行的。

　　由前述可知进行规范化数据库设计时应遵循规范化理论，规范化程度过低，可能会存在潜在的插入、删除异常、修改复杂、数据冗余等问题，解决的方法就是对关系模式进行分解或合并，即规范化，转换成高级范式。但并不是规范化程度越高越好，当一个应用的查询要涉及多个关系表的属性时，系统必须进行连接运算，连接运算要耗费时间和空间。所以一般情况下，数据模型符合第三范式就能满足需要了，规范化更高的巴斯-科德范式（BCNF）、第四范式（4NF）、第五范式（5NF）一般用得较少，本单元没有介绍，请参考相关书籍。

15．数据库设计的基本原则

　　设计数据库时要综合考虑多个因素，权衡各自利弊确定数据表的结构，基本原则有以下几条。

　　（1）把具有同一个主题的数据存储在一个数据表中，也就是"一表一用"的设计原则。

　　（2）尽量消除包含在数据表中的冗余数据，但并不是必须消除所有的冗余数据，有时为了提高访问数据库的速度，可以保留必要的冗余，减少数据表之间连接操作，提高效率。

　　（3）一般要求数据库设计达到第三范式，因为第三范式的关系模式中不存在非主属性对主关键字的不完全函数依赖和传递函数依赖关系，最大限度地消除了数据冗余和修改异常、插入异常和删除异常，具有较好的性能，基本满足关系规范化的要求。在数据库设计时，如果片面地提高关系的范式等级，并不一定能够产生合理的数据库设计方案，原因是范式的等级越高，存储的数据就需要分解为更多的数据表，访问数据表时总是涉及多表操作，会降低访问数据库的速度。从实用角度来看，大多数情况下达到第三范式比较恰当。

　　（4）关系型数据库中，各个数据表之间关系只能为一对一和一对多的关系，对于多对多的关系必须转换为一对多的关系来处理。

　　（5）设计数据表的结构时，应考虑表结构在未来可能发生的变化，保证表结构的动态适应性。

9.1　数据库设计的需求分析

首先，我们来分析表 9-6 所示的"图书"数据表，引出数据库设计问题。

表 9-6　"图书"数据表及其存储的部分数据

图书编号	图书名称	作者	价格	出版社名称	出版社简称	邮政编码
TP3/2601	Oracle 11g 数据库应用、设计与管理	陈承欢	37.5	电子工业出版社	电子	100036
TP3/2602	实用工具软件任务驱动式教程	陈承欢	26.1	高等教育出版社	高教	100011
TP3/2604	网页美化与布局	陈承欢	38.5	人民邮电出版社	人邮	100061
TP3/2701	企业级数据库开发	向传杰	18.0	电子工业出版社	电子	100036

表 9-6 中 "图书"数据表却包含了两种不同类型的数据，即图书数据和出版社数据，由于在一张数据表中包含了多种不同主题的数据，所以会出现以下问题。

（1）数据冗余。由于《Oracle 11g 数据库应用、设计与管理》和《企业级数据库开发》这两本图书都是电子工业出版社出版的，所以"电子工业出版社"的相关数据被重复存储了两次。

一个数据表出现了大量不必要的重复数据，称为数据冗余。在设计数据时应尽量减少不必要的数据冗余。

（2）修改异常。如果数据表中存在大量的数据冗余，当修改某些数据项，可能有一部分数据被修改，另一部分数据却没有修改。例如，若电子工业出版社的邮政编码被更改了，那么需要将表 9-6 中最后两行中的"100036"都进行修改，如果第 1 行修改了，而第 4 行却没有修改，这样就会出现同一个地址对应两个不同的邮政编码，出现修改异常。

（3）插入异常。如果需要新增一个出版社的数据，但由于并没有购买该出版社出版的图书，则该出版社的数据无法插入数据表中，原因是在表 9-6 所示的"图书"表中，"图书编号"是主键，此时"图书编号"为空，数据库系统会根据实体完整性约束拒绝该记录的插入。

（4）删除异常。如果删除表 9-6 中第 3 条记录，此时"人民邮电出版社"的数据也一起被删除了，这样我们就无法找到该出版社的有关信息了。

经过以上分析发现表 9-6 不仅存在数据冗余，而且可能会出现三种异常。设计数据库时如何解决这些问题，设计出结构合理、功能齐全的数据库，满足用户需求，是本单元要探讨的主要问题。

【任务 9-1】 图书管理数据库设计的需求分析

 【任务描述】

实地观察图书馆工作人员的工作情况，对图书管理系统及数据库进行需求分析。

【任务实施】

（1）图书馆业务部门分析。图书馆一般包括征订组、采编组、读者管理组、书库管理组、借阅组、图书馆办公室等部门。征订组主要负责对外联系，征订、采购各类图书和期刊，了解图书、期刊信息等；采编组主要负责图书的编目（编写新书的条形码和图书编号）、登记新书有关信息，同时将编目好的图书入库等；读者管理组主要负责登记读者信息，办理、挂失和注销借书证等；书库管理组主要负责管理书库、整理图书、对书架进行编号和图书盘点等；借阅组主要负责图书、期刊的借出和归还，并能根据借书的期限自动计算还书日期，同时能够进行超期的判断及超期罚款的处理，还能自动将已归还的图书的相关信息存储到图书归还数据表中，将因损坏、遗失或其他原因丢失的图书信息存入出库图书数据表中，并对藏书信息表进行同步更新；图书馆办公室主要处理图书馆的日常工作，对图书及借阅情况进行统计分析，对图书管理系统中的基础信息进行管理和维护等。

（2）对图书馆的业务流程进行简单分析。图书馆的业务主要围绕"图书"和"读者"两个方面展开。

以"图书"为中心的业务主要有：图书的征订、采购；新书的登记、入库（登记图书种类的信息，对于图书名称、出版社、ISBN 编号、作者、版次等信息完全相同的 10 本图书，视为同一种类的图书，在图书信息表中只记载一条信息，即图书编号相同，同时图书数量记为 10）；图书编目，即对登记的新书进行编码（包括图书编号和条形码）后入藏书信息表（记载图书馆中的每本图书的情况，若有 10 本同样的图书，对应在藏书信息表中记载 10 条信息，这些记录的条形码不同）；图书的借出、归还、盘点和超期罚款等。

以"读者"为中心的业务主要有：读者的管理，主要是对读者基本信息的查询和维护等；借书证的管理，主要包括借书证的办理、挂失和注销等。

其他的主要业务还有对图书管理系统的基础信息进行管理和维护（如系统参数设置，图书类型、读者类型、出版社、图书馆、部门、图书管理员等基础数据的管理和维护等），对图书及借阅情况进行统计分析等。

（3）图书借阅操作分析。借书操作时，首先根据输入的借书证编号验证借书证的有效性，包括借书证的状态是否有效、是否已达到允许的借书数量等，该借书证是否存在超期图书未罚款的情况。若满足所有的借书条件，则进行借书处理，若不满足某个条件，则返回相应的提示信息，告知操作人员进行相应的处理。在借书处理时，首先将所借图书的信息写入图书借阅表，然后修改藏书信息表中图书状态标志和借书证表中的允许借书数量。

还书操作时，首先判断图书是否超期，如果超期则进行罚款处理，将罚款信息写入罚款表中，然后进行还书处理，设置藏书信息表中该图书为在藏状态，同时从图书借阅表删除该图书的借阅信息，在借书证表修改允许借书数量，在图书归还记录修改图书的历史信息，以备将来查询。

（4）图书管理系统中的数据分析。经过以上分析，图书管理系统中的数据库应存储以下几个方面的数据：图书馆、图书类型、读者类型、出版社、图书存放位置、图书信息（记载图书馆每个种类的图书信息）、藏书信息（记载图书馆中每本图书信息）、图书入库、图书借阅、出库图书、图书归还、图书罚款、图书征订、库存盘点、借书证、读者信息、管理员、部门等。

（5）图书管理系统中的数据库的主要处理业务分析。图书管理系统中的数据库的主要处理有统计图书总数量、总金额，统计每一类图书的借阅情况，统计每个出版社的图书数量，统计图书超期罚款情况等。要求输出的报表有藏书情况、每一类图书数量统计等。

9.2　数据库的概念结构设计

数据库设计一般分为四个阶段：用户需求分析、概念结构设计、逻辑结构设计、物理结构设计。

（1）首先调查用户的需求，包括用户的数据要求、加工要求和对数据安全性、完整性的要求，通过对数据流程及处理功能的分析，明确以下几个方面的问题。

① 数据类型及其表示。

② 数据间的联系。

③ 数据加工的要求。

④ 数据量大小。

⑤ 数据的冗余度。

⑥ 数据的完整性、安全性和有效性。

（2）其次在系统详细调查的基础上，确定各用户对数据的使用要求，主要包括以下几点。

① 分析用户对信息的需求。分析用户希望从数据库中获得哪些有用的信息，从而可以推导出数据库中应该存储哪些数据，并由此得到数据类型、数据长度、数据量等。

② 分析用户对数据加工的要求。分析用户对数据需要完成哪些加工处理，有哪些查询要求和响应时间要求，以及对数据库保密性、安全性、完整性等方面的要求。

③ 分析系统的约束条件和选用的 DBMS 的技术指标体系。分析现有系统的规模、结构、资源和地理分布等限制或约束条件。了解所选用的数据库管理系统的技术指标。例如，选用了 Microsoft Access，必须了解 Access 允许的最多字段数、最多记录数、最大记录长度、文件大小和系统所允许的数据库容量等。

概念结构设计的主要工作是根据用户需求设计概念性数据模型。概念模型是一个面向问题的模型，它独立于具体的数据库管理系统，从用户的角度看待数据库，反映用户的现实环境，与将来数据库如何实现无关。概念模型设计的典型方法是 E-R 方法，即用实体–联系模型表示。

E-R（Entity-Relationship Approach）方法使用 E-R 图来描述现实世界，E-R 图包含三个基本成分：实体、联系、属性。E-R 图直观易懂，能够比较准确地反映现实世界的信息联系，且从概念上表示一个数据库的信息组织情况。

实体是指客观世界存在的事物，可以是人或物，也可以是抽象的概念。例如，图书馆的"图书"、"读者"、"每次借书"都是实体。E-R 图中用矩形框表示实体。

联系是指客观世界中实体与实体之间的联系，联系的类型有三种：一对一（1:1）、一对多（1:n）、多对多（m:n）。E-R 图中用菱形框表示实体间的联系。例如，学校与校长为一对一的关系；班级与学生为一对多的关系，一个班级有多个学生，每个学生只属于一个班级；学生与课程之间为多对多的关系，一个学生可以选择多门课程，一门课程可以有多个学生选择。其 E-R 图如图 9-3 所示。

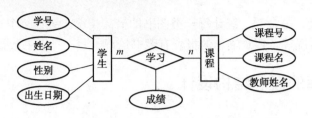

图 9-3　学生与课程之间的关系

属性是指实体或联系所具有的性质。例如，学生实体可由学号、姓名、性别、籍贯等属性来刻画。E-R 图中用椭圆表示实体的属性。

 【任务 9-2】 设计图书管理数据库的概念结构

 **【任务描述】**

在【任务 9-1】数据库设计需求分析的基础上，设计图书管理数据库的概念结构。

【任务实施】

（1）确定实体。根据前面的业务分析可知，图书管理系统主要对图书、读者等对象进行有效管理，实现借书、还书、超期罚款等操作，对图书及借阅情况进行统计分析。通过需求分析后，可以确定该系统涉及的实体主要有图书、读者、部门、出版社、图书馆、图书借阅等。

（2）确定属性。列举各实体的属性构成。例如，图书的主要属性有图书编号、图书名称、图书类型编号、作者、译者、ISBN、出版社、出版日期、版次、印次、价格、页数、字数、图书数量、图书简介、封面图片等。

（3）确定实体联系类型。实体联系类型有三种。例如，借书证与读者是一对一的关系（一本借书证只属于一个读者，一个读者只能办理一本借书证）；出版社与图书是一对多的关系（一个出版社出版多本图书，一本图书由一个出版社出版）；图书信息表中记载每个种类的图书信息，而藏书信息表中记载每一本图书的信息，这两个实体之间的联系类型为一对多；图书借阅表记载图书借出情况，与藏书信息之间的联系类型为一对一；一本借书证可以同时借阅多本图书，而一本图书在同一时间内只能被一本借书证所借阅，因此，借书证和图书借阅之间是一对多的联系；超期罚款表中记载在图书归还时图书因超期而被罚款的情况，它和图书借阅是一对一的联系；图书归还中记载已还图书的信息，它和图书借阅是一对一的联系。

（4）绘制局部 E-R 图。绘制每个处理模块局部的 E-R 图，图书管理系统中的借阅模块不同实体之间的关系如图 9-4 所示，为了便于清晰看出不同实体之间的关系，实体的属性没有出现在 E-R 图中。

（5）绘制总体 E-R 图。综合各模块局部的 E-R 图，获得总体 E-R 图，图书管理系统总体 E-R 图如图 9-5 所示，其中"图书"、"图书借阅"和"读者"是三个关键的实体。

（6）获得概念模型。优化总体 E-R 图，确定最终总体 E-R 图，即概念模型。

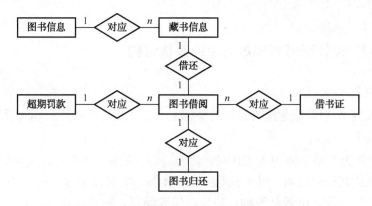

图 9-4   图书管理系统的借阅模块的局部 E-R 图

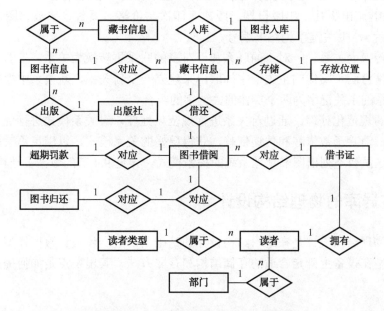

图 9-5   图书管理系统的总体 E-R 图

9.3   数据库的逻辑结构设计

逻辑结构设计的任务是设计数据的结构，把概念模型转换成所选用的 DBMS 支持的数据模型。在由概念结构向逻辑结构的转换中，必须考虑到数据的逻辑结构是否包括了处理所要求的所有关键字段，所有数据项和数据项之间的相互关系，数据项与实体之间的相互关系，实体与实体之间的相互关系，以及各数据项的使用频率等问题，以便确定各数据项在逻辑结构中的地位。

逻辑结构设计主要是将 E-R 图转换为关系模式，设计关系模式时应符合规范化要求。例如，每一个关系模式只有一个主题，每一个属性不可分解，不包含可推导或可计算的数值型字段（如金额、年龄等字段属性可计算的数值型字段）。

【任务 9-3】 设计图书管理数据库的逻辑结构

【任务描述】

在【任务 9-2】数据库概念结构设计的基础上，设计图书管理数据库的逻辑结构。

【任务实施】

（1）实体转换为关系。将 E-R 图中的每个实体转换为一个关系，实体名为关系名，实体的属性为关系的属性。例如，图 9-5 所示的 E-R 图，出版社实体转换为关系：出版社（出版社编号、出版社名称、出版社简称、地址、邮政编码、联系电话、联系人），主关键字为出版社编号。图书实体转换为关系：图书信息（图书编号、图书名称、图书类型编号、作者、译者、ISBN、出版社、出版日期、版次、印次、价格、页数、字数、图书数量、图书简介、封面图片），主关键字为图书编号。

（2）联系转换为关系。一对一的联系和一对多的联系不转换为关系。多对多的联系转换为关系的方法是将两个实体的主关键字抽取出来建立一个新关系，新关系中根据需要加入一些属性，新关系的主关键字为两个实体的关键字的组合。

（3）关系的规范化处理。通过对关系进行规范化处理，对关系模式进行优化设计，尽量减少数据冗余，消除函数依赖和传递依赖，获得更好的关系模式，以满足第三范式。为了避免重复阐述，这里暂不列出图书管理系统的关系模式，详见 9.4 节的数据表结构。

9.4 数据库的物理结构设计

数据库的物理结构设计是在逻辑结构设计的基础上，进一步设计数据模型的一些物理细节，为数据模型在设备上确定合适的存储结构和存取方法，其出发点是如何提高数据库系统的效率。

【任务 9-4】 设计图书管理系统中数据库的物理结构

【任务描述】

根据前面设计的概念结构和逻辑结构，设计图书管理数据库的物理结构。

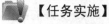【任务实施】

（1）选用数据库管理系统。这里选用 Access 2010 数据库管理系统。

（2）确定数据库文件和数据表的名称及其组成。首先确定数据库文件的名称为"Book9.accdb"，扩展名为"accdb"。其次确定该数据库所包括的数据表及其名称，"Book9.accdb"数据库主要包括的数据表分别为：图书馆信息表、图书类型表、读者类型表、出版社表、图书存放位置、图书信息表、藏书信息表、图书入库表、图书借阅表、出库图书表、图书归还表、图书罚款表、图书征订表、库存盘点表、借书证表、读者信息表、管理员表、部门表等。

（3）确定各个数据表应包括的字段以及所有字段的名称、数据类型和大小。确定数据表的字段应考虑以下问题。

① 每个字段直接和数据表的主题相关。必须确保一个数据表中的每个字段直接描述该表的主题，描述另一个主题的字段应属于另一个数据表。

② 不要包含可推导得到或通过计算可以得到的字段。例如，在"读者信息"表中可以包含"出生日期"字段，但不包含"年龄"字段，原因是年龄可以通过出生日期推算出来。在"图书信息"表中不包含"金额"字段，原因是"金额"字段可以通过"价格"和"图书数量"计算出来。

③ 以最小的逻辑单元存储信息。应尽量把信息分解为比较小的逻辑单元，不要在一个字段中结合了多种信息，以后要获取独立的信息就比较困难。

（4）确定关键字。主关键字，又称主键，它是一个或多个字段的集合，是数据表中存储的每条记录的唯一标识，即通过主关键字，就可以唯一确定数据表中的每条记录。例如，"图书信息"表中的"图书编号"是唯一的，但"图书名称"可能有相同，所以"图书名称"不能作为主关键字。

关系型数据库管理系统能够利用主关键字迅速查找在多个数据表中的数据，并把这些数据组合在一起。确定主关键字时应注意以下几点。

① 不允许在主关键字中出现重复值或 Null 值。所以，不能选择包含有这类值的字段作为主关键字。

② 因为要利用主关键字的值来查找记录，所以它不能太长，便于记忆和输入。

③ 主关键字的长度直接影响数据库的操作速度，因此，在创建主关键字时，该字段值最好使用能满足存储要求的最小长度。

（5）确定数据库的各数据表之间的关系。在 Access 2010 数据库中，每个数据表都是一个独立的对象实体，本身具有完整的结构和功能。但是每个数据表不是孤立的，它与数据库中的其他表之间又存在联系。关系就是指连接在数据表之间的纽带，使数据的处理和表达有更大的灵活性。例如，与"图书信息"相关的表有"出版社"表。

图书管理系统的数据库中主要的数据表如表 9-7～表 9-22 所示，其中标有"*"为主键。

表9-7　"图书馆信息"表结构设计

表名：图书馆信息		
字段名称	数据类型	字段大小
图书馆名称	文本	30
馆长姓名	文本	20
联系电话	文本	15
E-mail	文本	20
图书馆标识图片	OLE 对象	—
备注	备注	—

表9-8　"读者类型"表结构设计

表名：读者类型		
字段名称	数据类型	字段大小
读者类型编号（*）	文本	2
读者类型名称	文本	10
限借数量	数字	整型
限借期限	数字	整型
续借次数	数字	整型
超期日罚金	货币	—

表 9-9　"出版社"表结构设计

表名：出版社		
字段名称	数据类型	字段大小
出版社编号（*）	文本	4
出版社名称	文本	20
出版社简称	文本	6
地址	文本	50
邮政编码	文本	6
联系电话	文本	15
联系人	文本	20

表 9-10　"图书入库"表结构设计

表名：图书入库		
字段名称	数据类型	字段大小
图书条形码（*）	文本	8
图书编号	文本	16
图书名称	文本	50
出版日期	日期/时间	—
版次	数字	整型
存放位置编号	文本	12
操作员	文本	20
入库日期	日期/时间	—

表 9-11　"管理员"表结构设计

表名：管理员		
字段名称	数据类型	字段大小
管理员编号（*）	文本	3
姓名	文本	20
操作密码	文本	10
身份证号	文本	18
照片	OLE 对象	—
图书管理	是/否	—
期刊管理	是/否	—
读者管理	是/否	—
图书借还	是/否	—
期刊借还	是/否	—
系统设置	是/否	—
系统查询	是/否	—
系统维护	是/否	—

表 9-12　"图书信息"表结构设计

表名：图书信息		
字段名称	数据类型	字段大小
图书编号（*）	文本	16
图书名称	文本	50
图书类型	文本	5
作者	文本	20
译者	文本	20
ISBN	文本	30
出版社	文本	4
出版日期	日期/时间	—
版次	数字	整型
价格	货币	—
页数	数字	整型
字数	数字	整型
图书数量	数字	整型
图书简介	备注	—
封面图片	OLE 对象	—

表 9-13　"藏书信息"表结构设计

表名：藏书信息		
字段名称	数据类型	字段大小
图书条形码（*）	文本	8
图书编号	文本	16
入库日期	日期/时间	—
存放位置编号	文本	12
图书状态	文本	4
借出次数	数字	整型

表 9-14　"图书存放位置"表结构设计

表名：图书存放位置		
字段名称	数据类型	字段大小
存放位置编号（*）	文本	12
室编号	文本	3
室名称	文本	20
书架编号	文本	3
书架名称	文本	20
书架层次	文本	2
说明	备注	—

表 9-15　"图书借阅"表结构设计

表名：图书借阅		
字段名称	数据类型	字段大小
借阅编号（*）	文本	8
图书条形码	文本	8
借书证编号	文本	8
借出日期	日期/时间	—
应还日期	日期/时间	—
挂失日期	日期/时间	—
续借次数	数字	整型
操作员	文本	10
图书状态	文本	16

表 9-16　"借书证"表结构设计

表名：借书证		
字段名称	数据类型	字段大小
借书证编号（*）	文本	8
读者编号	文本	12
办证日期	日期/时间	—
读者类型	文本	2
可借书数量	数字	整型
借书证状态	文本	4
有效期	数字	整型
操作员	文本	20

表 9-17　"读者信息"表结构设计

表名：读者信息		
字段名称	数据类型	字段大小
读者编号（*）	文本	12
姓名	文本	20
性别	文本	1
出生日期	日期/时间	—
有效证件	文本	6
证件编号	文本	18
联系电话	文本	15
部门	文本	4
照片	OLE 对象	—
备注	备注	—

表 9-18　"超期罚款"表结构设计

表名：超期罚款		
字段名称	数据类型	字段大小
罚款编号（*）	文本	8
图书条形码	文本	8
借书证编号	文本	8
超期天数	数字	整型
应罚金额	货币	—
实收金额	货币	—
是否交款	是/否	—
罚款日期	日期/时间	—
备注	备注	—

表 9-19　"图书归还"表结构设计

表名：图书归还		
字段名称	数据类型	字段大小
归还编号（*）	文本	4
图书条形码	文本	8
借书证编号	文本	8
归还时间	日期/时间	—
操作员	文本	20
确定归还	是/否	—

表 9-20　"库存盘点"表结构设计

表名：库存盘点		
字段名称	数据类型	字段大小
图书编号（*）	文本	16
图书原始数量	数字	整型
图书盘点数量	数字	整型
盘点人	文本	20
盘点日期	日期/时间	—

表 9-21	"图书类型"	表结构设计

表名：图书类型

字段名称	数据类型	字段大小
图书类型编号（*）	文本	5
图书类型名称	文本	20
描述信息	备注	—

表 9-22	"部门"	表结构设计

表名：部门

字段名称	数据类型	字段大小
部门编号（*）	文本	4
部门名称	文本	30
负责人	文本	20
联系电话	文本	15

9.5 数据库的优化与创建

【任务 9-5】 图书管理数据库的优化与创建

【任务描述】

在【任务 9-4】数据库物理结构设计的基础上，对图书管理数据库进一步进行优化，在 Access 2010 环境中创建数据库"Book9.accdb"，

【任务实施】

1．优化数据库设计

确定了所需数据表及其字段、关系后，应考虑进行优化，并检查可能出现的缺陷。一般可从以下几个方面进行分析、检查。

（1）所创建的数据表中是否带有大量的并不属于某个主题的字段？

（2）是否在某个数据表中重复出现了不必要的重复数据？如果是，则需要将该数据表分解为两个一对多关系的数据表。

（3）是否遗忘了字段？是否有需要的信息没有包括？如果是，他们是否属于已创建的数据表？如果不包含在已创建的数据表中，就需要另外创建一个数据表。

（4）是否存在字段很多而记录却很少的数据表，而且许多记录中的字段值为空？如果是，主要考虑重新设计该数据表，使它的字段减少，记录增加。

（5）是否有些字段由于对很多记录不适用而始终为空？如果是，则意味着这些字段是属于另一个数据表的。

（6）是否为每个数据表选择了合适的主关键字？在使用这个主关键字查找具体记录时，是否容易记忆和输入？要确保主关键字字段的值不会出现重复的记录。

2．创建数据库及数据表

在 Access 2010 环境中创建数据库"Book9.accdb"，在数据库中按照表 9-7～表 9-22 的结构设计建立数据表以及数据表之间的关系。

【问题 1】：何谓数据库系统的三级模式结构？

答：数据库系统的三级模式结构是指数据库系统是由外模式、模式和内模式三级组成。

（1）外模式。外模式也称为用户模式或子模式，它是数据库用户看见和使用的局部数据的逻辑结构和特征的描述，是数据库用户的数据视图，是与某一个具体应用有关的数据的逻辑表示，一个数据库可以有多个外模式。

（2）模式。模式也称为逻辑模式，是数据库中全体数据的逻辑结构和特征的描述，是所有用户的公用数据视图。一个数据库只有一个模式。模式与具体的数据值无关，也与具体的应用程序以及开发工具无关。

（3）内模式。内模式也称为存储模式，它是数据物理存储结构的描述，是数据在数据库内部的保存方式，一个数据库只有一个内模式。

【问题 2】：目前常用的数据模型有哪几种？Access 中的数据表属于哪一种模型？

答：目前常用的数据模型有三种。

（1）层次数据模型：用树形结构表示各类实体以及实体间的联系。

（2）网状数据模型：其数据结构是一个网络结构，任意结点之间都可以有联系。

（3）关系模型：其数据结构是二维表，由行和列组成，一张二维表称为一个关系。

Access 中的数据表属于关系模型。

"学生管理系统"的数据库有两个数据表"班级"和"学生信息"，请确定这两个数据表应包括哪些字段，且为各字段确定合适的数据类型和数据大小。

> ⚠ 提 示
>
> "班级"表至少应包括以下字段：班级编号、班级名称、部门编号，"学生信息"表至少应包括以下字段：学号、姓名、性别、班级编号，其余字段自行确定。

本单元介绍了数据库系统的基本概念、关系数据库、数据的完整性约束、关系数据库的规范化与范式、数据库设计的基本原理和设计步骤。

1. 填空题

（1）（　　　　　）是数据的集合，（　　　　　）是将数据转换为信息的过程。

（2）（　　　　　）是指采用了数据库技术的计算机应用系统，主要包括（　　　　　）、（　　　　　）和硬件、操作系统、管理和使用数据库系统的各类人员等。

（3）（　　　　　）是指系统开发人员利用数据库系统资源开发的面向某一类实际应用的软件系统。

（4）DBMS 的功能主要包括（　　　　　　）、（　　　　　　）和数据控制等方面。

（5）数据操纵主要包括对数据库中数据的检索、（　　　　）、（　　　　　　）和删除等基本操作。

（6）在数据库中，应为每个不同主题建立（　　　　　　）。

（7）关系型数据库中最普遍的联系是（　　　　　　）。

（8）（　　　　　　　　）是指基本关系的主属性的值不能取空值。

2．选择题

（1）DB、DBS、DBMS 三者之间的关系是（　　　）。

A．DB 包含 DBS 和 DBMS
B．DBS 包含 DB 和 DBMS

C．DBMS 包含 DB 和 DBS
D．三者之间没有关系

（2）已知某一个数据库中有两个数据表，它们的主键与外键是一对多的关系，这两个表若要建立关联，则应该建立（　　　）的联系。

A．一对一
B．一对多
C．多对多
D．不能确定

（3）下列不属于关系的三类完整性约束的是（　　　）。

A．实体完整性
B．参照完整性

C．用户定义完整性
D．约束完整性

（4）存储在计算机存储设备中的、结构化的相关数据的集合是（　　　）。

A．数据处理
B．数据库

C．数据库系统
D．数据库应用系统

（5）对于关系模型与关系模式的关系，下列说法正确的是（　　　）。

A．关系模型就是关系模式

B．一个具体的关系模型由若干个关系模式组成

C．一个具体的关系模式由若干个关系模型组成

D．一个关系模型对应一个关系模式

（6）在关系数据库中，用来表示实体之间联系是（　　　）。

A．二维表
B．线性表
C．网状结构
D．树形结构

（7）关系型数据库管理系统中，所谓关系是指（　　　）。

A．各条记录中的数据彼此有一定的关系

B．一个数据库文件与另一个数据库文件之间有一定的关系

C．数据模型是满足一定条件的二维表格形式

D．数据库中各字段之间有一定的关系

（8）在关系数据库设计中经常存在的问题有（　　　）。

A．数据冗余
B．插入异常

C．更新异常和删除异常
D．以上都包括

（9）关系规范化中的删除操作异常是指（　　　）。

A．不该删除的数据被删除
B．不该插入的数据被插入

C．应该删除的数据未被删除
D．应该插入的数据未被插入

（10）关系规范化的插入操作异常是指（　　　）。

A．不该删除的数据被删除
B．插入的数据重复存储

C．应该删除的数据未被删除   D．应该插入的数据未被插入

3．问答题

（1）简述数据和信息的区别。

（2）描述数据库、数据库管理系统和数据库系统三者之间的联系和区别。

（3）数据库系统由哪几部分组成？各有什么作用？

（4）简述数据库管理系统的功能。

（5）简述数据库设计的步骤。

参 考 文 献

[1] 张宇，胡晓燕，陈涛. Access 2010 数据库应用技术[M]. 北京：高等教育出版社，2014.

[2] 沈宏，曹福凯，孙晋. Access 2010 数据库应用教程[M]. 北京：清华大学出版社，2015.

[3] 刘丽，高润泉. Access 2010 数据库基础习题集与实验指导[M]. 武昌：武汉大学出版社，2015.

[4] 杨涛. 中文版 Access 2007 实用教程[M]. 北京：清华大学出版社，2007.

[5] 刘瑞挺、王成钧. Access 数据库实用教程[M]. 北京：清华大学出版社，2006.